坦克武器稳定系统建模与控制技术

Modeling and Control Technology for Tank Weapon Stabilization System

马晓军　袁　东　著

国防工業出版社

·北京·

图书在版编目(CIP)数据

坦克武器稳定系统建模与控制技术 / 马晓军, 袁东著. —北京:国防工业出版社,2019.5
ISBN 978-7-118-11754-7

Ⅰ.①坦… Ⅱ.①马… ②袁… Ⅲ.①坦克—武器装备—稳定系统—系统建模②坦克—武器装备—稳定系统—操作控制 Ⅳ.①TJ811

中国版本图书馆 CIP 数据核字(2019)第 030911 号

※

国防工业出版社出版发行
(北京市海淀区紫竹院南路 23 号 邮政编码 100048)
三河市腾飞印务有限公司印刷
新华书店经售
*

开本 710×1000 1/16 **印张** 15 **字数** 260 千字
2019 年 5 月第 1 版第 1 次印刷 **印数** 1—2000 册 **定价** 88.00 元

(本书如有印装错误,我社负责调换)

国防书店:(010)88540777 发行邮购:(010)88540776
发行传真:(010)88540755 发行业务:(010)88540717

致 读 者

本书由中央军委装备发展部**国防科技图书出版基金**资助出版。

为了促进国防科技和武器装备发展，加强社会主义物质文明和精神文明建设，培养优秀科技人才，确保国防科技优秀图书的出版，原国防科工委于1988年初决定每年拨出专款，设立国防科技图书出版基金，成立评审委员会，扶持、审定出版国防科技优秀图书。这是一项具有深远意义的创举。

国防科技图书出版基金资助的对象是：

1. 在国防科学技术领域中，学术水平高，内容有创见，在学科上居领先地位的基础科学理论图书；在工程技术理论方面有突破的应用科学专著。

2. 学术思想新颖，内容具体、实用，对国防科技和武器装备发展具有较大推动作用的专著；密切结合国防现代化和武器装备现代化需要的高新技术内容的专著。

3. 有重要发展前景和有重大开拓使用价值，密切结合国防现代化和武器装备现代化需要的新工艺、新材料内容的专著。

4. 填补目前我国科技领域空白并具有军事应用前景的薄弱学科和边缘学科的科技图书。

国防科技图书出版基金评审委员会在中央军委装备发展部的领导下开展工作，负责掌握出版基金的使用方向，评审受理的图书选题，决定资助的图书选题和资助金额，以及决定中断或取消资助等。经评审给予资助的图书，由中央军委装备发展部国防工业出版社出版发行。

国防科技和武器装备发展已经取得了举世瞩目的成就，国防科技图书承担着记载和弘扬这些成就，积累和传播科技知识的使命。开展好评审工作，使有限的基金发挥出巨大的效能，需要不断摸索、认真总结和及时改进，更需要国防科技和武器装备建设战线广大科技工作者、专家、教授，以及社会各界朋友的热情支持。

让我们携起手来，为祖国昌盛、科技腾飞、出版繁荣而共同奋斗！

国防科技图书出版基金

评审委员会

国防科技图书出版基金
第七届评审委员会组成人员

序　言

坦克的发明,创造性地将传统单纯武器系统与运载平台有机结合起来,实现了火力、机动力和防护力的综合集成,使得地面突击作战的形态发生了深刻变化,因此从其诞生之日起,就显示出强大的生命力,素有“陆战之王”的美誉。也正是这种特殊的结构模式和作战使命,使其武器稳定系统在性能指标、驱动特性与工作条件等方面呈现出与其他运动控制系统迥然不同的鲜明特征。如性能要求方面,为了实现“先敌开火,首发命中”,要求其稳定系统兼具响应速度快、稳定精度高、低速跟踪平稳等优良特性。随着未来新型武器技术迅猛发展,武器系统的打击距离更远,这些性能指标还将进一步提高。再如,在武器驱动控制链路中,由于内部存在齿圈间隙、摩擦力矩、参数漂移等多种非线性特性,且各种非线性特性相互耦合,系统呈现出强不确定特性,这大大增加了控制难度。此外,武器稳定系统的工作条件也不同于一般运动控制系统,运载平台本身的运动以及路面起伏不平等引起的扰动力矩也将成为影响武器稳定的重要因素,特别是随着坦克越野机动性能的大幅提高和路面复杂程度的增加,坦克武器所受扰动力矩的模式和强度都会急剧地变化,成为制约武器稳定系统性能提升的瓶颈。上述特征使得坦克武器稳定系统的设计与控制成为一项非常重要同时又极具挑战的工作。

我国科研工作者经过百折不挠的艰苦努力,先后突破了坦克炮控系统多项关键技术,取得了一系列具有自主知识产权的研究成果,从根本上改变了传统炮控系统的体系结构和控制方法,实现了炮控系统从传统的电机放大机到PWM控制、直流到交流控制、液压到全电控制、模拟到数字控制的进步,跨越了西方国家炮控系统全液式和直流全电式两个发展阶段,使我国坦克炮控系统的战技指标达到了国际先进水平。同时,我国的坦克顶置遥控武器站等其他武器稳定系统也取得了快速发展,并已陆续开始装备各型新研制的主战坦克。

在此基础上,作者研究团队近年来又持续开展了卓有成效的坦克武器稳定系统的理论研究工作,本书即是这些研究成果的高度总结与凝练。面对这样一个强干扰、快时变与高性能要求的复杂控制系统的建模与控制问题,本书以独特的视角,从最基本的动力学原理(力是改变物体运动状态的原因)入手,建立了基于“扰动链-驱动链”的系统动力学模型,并以此为纽带,构建了武器稳定系统“分析—建模—控制—优化”完整的理论体系。

(1)在系统分析部分，介绍了路面－车体－火炮系统多体动力学瞬态建模与解析方法，基于磁流变液阻尼器的火炮扰动测试和基于希尔伯特－黄变换的扰动时频谱分析方法，从理论解析与实验分析两个角度诠释了扰动力矩的作用机理、影响因素和变化规律。

(2)在系统建模部分，分析了武器稳定系统的构架与参数匹配计算，非线性数学模型与虚拟样机模型的构建以及参数辨识方法，同时对系统运行过程中的稳态“牵移”，驱动死区、延时与振荡，低速“爬行”和高速调炮“超回”等问题进行了理论分析与实验验证。

(3)在系统控制部分，首先针对常规结构，分析了串联滑模控制、可变给定多模态控制等武器稳定系统新型控制结构体系与控制方法，实现系统柔性模态切换与一体化高精度控制；在此基础上，又介绍了一种坦克武器稳定系统高精度无间隙传动的结构及其高精度抗扰控制方法。

(4)在系统优化部分，探讨基于智能优化算法的系统控制参数整定，系统参数优化平台的开发等问题，并进一步介绍了智能学习型武器稳定系统的设计方法。

全书体系完整，理论性强，思想新颖，研究内容涉及机械、力学、电子、控制、信息、兵器等诸多学科领域，也反映了坦克武器稳定系统多学科交叉的基本属性。

衷心希望本书的出版能为从事坦克装甲车辆、武器系统控制以及机载、舰载武器等其他领域工作的科技人员提供参考，促进相关领域技术的进步和发展。

臧克茂[1]

① 臧克茂，中国工程院院士。

前 言

坦克火力系统的总体性能要求为“先敌开火，首发命中”，而武器稳定系统则是实现这一目标的关键环节，对发挥坦克火力性能具有决定性的作用。特别是在新时期高机动作战条件下，坦克武器稳定系统的性能要求越来越高，如何针对系统强干扰、快时变性和高性能要求等特点，进一步提高系统控制性能和抗扰能力，是武器稳定系统研究设计面临的新课题。这一课题涵盖诸多子课题，例如坦克机动对武器稳定有什么影响，如何影响的，影响究竟多大，又如，武器稳定系统应该怎样构架，部件怎样选型设计，如何实现高精度控制等，这些问题涉及系统的理论构架、建模控制及其工程应用等方面，具有耦合性、复杂性、多学科交叉性等特点。

针对上述问题，本书从理论研究和工程实践两个角度系统地进行坦克武器稳定系统建模与控制技术的研究分析，研究内容既注重理论体系构建，又紧密联系装备科研实践和作战需求，分析方法涉及理论计算、仿真分析、工程设计与实装试验。

全书共分为7章：第1章，概论，概述坦克武器及其稳定控制系统的基本原理、结构和性能指标要求，分析近年来系统的发展趋势及关键技术，探讨高机动作战条件下系统面临的挑战与对策；第2章，坦克－武器耦合动力学与扰动谱测试分析技术，从理论计算和测试分析两个方面对坦克机动过程中扰动力矩的传递路径、作用规律、测试方法以及频谱特性进行分析研究；第3章，武器稳定系统构架与建模分析，首先根据系统需求开展部件选型和参数匹配计算，在此基础上，构建系统非线性数学模型，分析系统非线性特性及其对运动性能的影响，最后探讨系统虚拟样机模型构建方法及其应用；第4章，系统非线性状态估计与参数辨识技术，分析状态估计与参数辨识器的构架与设计，提出基于串联结构的辨识器降阶方法，构建状态估计与参数辨识的误差传递模型，探讨辨识误差的动态补偿原理；第5章，武器稳定系统非线性补偿与多模态控制，首先对齿隙、摩擦分析与补偿控制研究中的典型方法进行介绍，在此基础上，分析整系统的多非线性补偿与抗扰控制策略，最后针对武器稳定系统的特殊应用工况，探讨其多模态一体化控制的问题；第6章，无间隙传动武器稳定系统及其高精度控制，针对常规武器稳定系统结构存在的问题，探讨了一种基于座圈电机/直线电机的无间隙传动武器稳定系统体系结构，分析该系统中特种电机设计、驱动器死区抑制等特殊问题，在此基础上讨论高精度抗扰控制策略及其工程实现方法，并对其他应用中的高精度传动技术进行简要概述；第 7 章，系统控制参数自适应调整与自优化技术，探讨基于智能优化算法的系统控制参数整定以及系统参数优化平台的开发方法，在此基础上进一步开展智能学习型武器稳定系统的设计，实现控制参数全程实时自动调整与动态自优化，从而实现系统性能的自动维护，即构成“免维护武器稳定系统”。

全书内容围绕坦克武器稳定系统的“分析—建模—控制—优化”理论体系展开，同时又贯穿武器装备“分析论证—研制设计—使用维护”这一寿命周期。研究大量采用了理论分析与工程实验相结合的方法，二者相互验证，互为补充，各章节的最后还给出了相关理论方法的应用/开发实例分析，为读者进一步开展装备工程实践提供借鉴。

这些内容主要源自研究团队的科研实践，同时也包含了国内外相关技术的最新成果。在长期的科研和本书出版过程中，得到了臧克茂院士、王哲荣院士的亲切关心、指导和帮助，臧克茂院士还欣然为本书作序；研究团队中的魏曙光副教授、廖自力副教授、刘春光副教授、徐礼博士后、徐海亮博士后、冯亮博士、刘秋丽博士、李嘉琪博士等为本书的出版做出了大量工作和重要贡献；此外，中国兵器工业集团的周黎明研高工、吴立新研高工、刘勇研高工，以及陆军装甲兵学院的张豫南教授、李匡成教授、张进秋教授、毕忠安副教授等专家学者对本书内容提出了宝贵意见。在此向上述专家学者表示衷心感谢。同时感谢国防工业出版社和国防科技图书出版基金评审委员会的各位专家，他们为本书出版付出了辛勤劳动和提出了宝贵意见。

限于作者水平和实际工作的局限性，书中难免存在不妥之处，恳请读者批评指正。

目　录

Contents

第1章　绪　论

1.1　坦克武器及其稳定控制原理

1.1.1　坦克武器概述

坦克是陆军机械化部队的基本装备，是地面作战的重要突击兵器，它将各种武器与运载平台有机地结合起来，形成集火力、机动性和防护能力于一体的综合性武器。世界各国在发展现代坦克时，都普遍把如何提高坦克的火力摆在首要位置，坦克火力性能是坦克装备的各种武器及其瞄准、控制系统诸性能的总称，通常包括火力威力、射击精度和火力机动性等要素。坦克火力威力是其在战斗中压制和摧毁各种目标的能力，主要取决于坦克武器的威力。就目前而言，坦克武器一般包括主要武器和辅助武器。主要武器一般是指坦克炮。辅助武器通常有并列机枪和高射机枪等，由于作战用途和设计理念差异，不同坦克辅助武器的种类和数量也有所不同，如有的坦克还装备有炮射导弹、航向机枪或榴弹发射器等其他武器。坦克武器的安装位置如图1-1所示。

图1-1　坦克武器的安装位置

坦克炮的发展经历了移植、自立和领先三个阶段，早期的坦克炮多是由地炮、高炮、舰炮等移植改进设计发展起来的，随着战场需求的不断提高，坦克炮开始了独立设计的道路，经过几十年的发展，坦克火炮技术实现了多次飞跃，坦克炮的威力显著提高，现代坦克炮已具备初速快、膛压高、弹道低伸、直射距离远、穿(破)甲威力大等特点，且新型坦克炮和新概念火炮技术迅猛发展，未来高新技术的不断应用还将进一步使坦克炮在地面战斗中的作用持续加强和扩大。

坦克并列机枪通过机枪架固定在火炮摇架上，这样并列机枪就并列于火炮且与火炮固连成一体，同步运动，用于消灭、压制近距离的敌有生力量和简易火力点。高射机枪安装在炮塔的高射机枪架上，可用于歼灭敌空降力量、武装直升机和俯冲敌机，也可压制、摧毁地面目标。

1.1.2 坦克武器的自动控制

除了火力威力外，射击精度和火力机动性也是构成火力性能的重要因素，射击精度是射弹命中目标的准确度和密集度等指标的总和，火力机动性主要是指武器系统快速准确地发现、捕捉、跟踪和瞄准目标的能力，它们与武器控制系统的性能紧密相关。

早期坦克炮主要是靠手摇高低机和方向机来进行操纵，火炮的瞄准速度低，瞄准精度差，且由于没有坦克炮和炮塔的稳定装置，当坦克在战场上运动时坦克炮和炮塔与车体一起振动和转向，无法保持射角和射向不变，难以进行精确的瞄准和射击。为了克服坦克车体振动对坦克炮行进间瞄准和射击的影响，缩短瞄准时间，提高坦克炮在行进间的射击命中率，世界各国先后研制装备了坦克炮（炮塔）稳定系统，用于自动保持炮身轴线方向不受车体振动的影响，将火炮稳定在所赋予的射角和射向上，以减小车体俯仰振动和水平振动对行进间射击的影响，保证坦克炮能在行进间捕获和跟踪目标，实施行进间射击。20 世纪 40 年代开始出现坦克炮单向稳定器，50 年代出现双向稳定器，进入 70 年代世界各国的主战坦克几乎都装有双向稳定系统，坦克炮（炮塔）稳定系统也称为坦克炮控系统，其稳定原理如图 1－2 所示。与此同时，安装有炮控系统的坦克，还可以通过操纵炮控系统轻便、平稳地控制坦克炮在高低和水平方向的位置，实施调炮和瞄准。

在实现了火炮（炮塔）的稳定控制的基础上，将瞄准镜与火炮刚性连接或采用某种方式从动于火炮，当炮长用操纵台控制火炮运动时，瞄准镜随动于火炮，这样炮长就可以通过瞄准镜搜索和跟踪目标，这种火力控制系统通常称为简易火控系统，其结构如图 1－3（a）所示。但是由于火炮惯量大，干扰强，这种结构中瞄准镜的稳定精度受到很大程度的制约，因此新型坦克一般采用如图 1－3（b）所示的指挥仪式火控系统。其基本特点是火炮与瞄准镜分别进行独立稳定，炮长用操纵台驱动瞄准镜，使瞄准线始终对准目标，火炮不再由炮长直接驱动，而是随动于瞄准线。实际上，这种结构是在炮控系统前置了一个瞄准线稳定系统。由于瞄准镜的惯量小，因此瞄准线的稳定精度可得到大幅提高。随着图像技术的发展，在瞄准线稳定系统上再前置一个跟踪线控制系统时，就可构成目标自动跟踪火控系统，其结构如图 1－3（c）所示。目标自动跟踪火控系统既可有效缓解炮长的劳动强度，又可提高跟踪精度，还能高速高精度的测量出目标信息，使得系统整体性能明显提高。

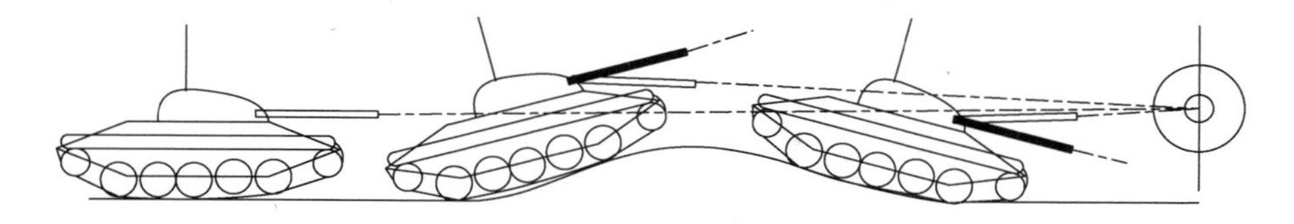

(a) 高低向稳定原理

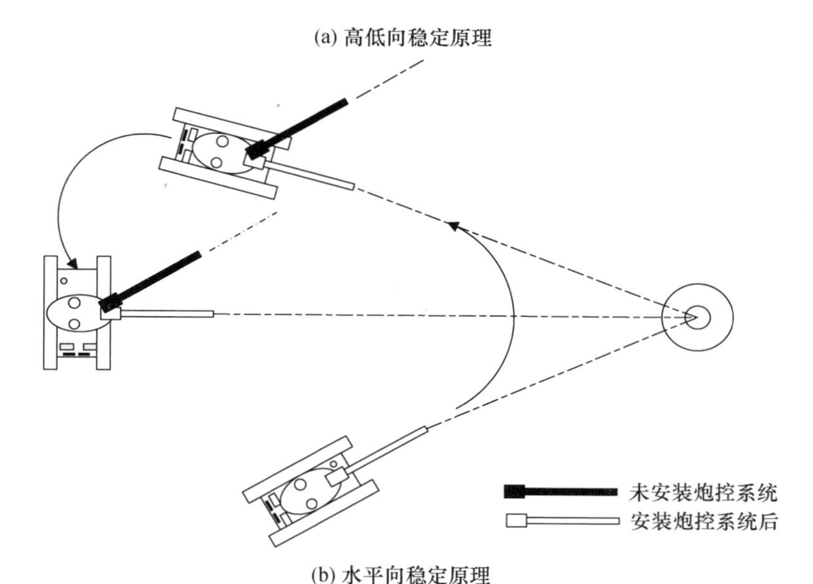

(b) 水平向稳定原理

图 1－2　坦克行进间炮控系统稳定原理

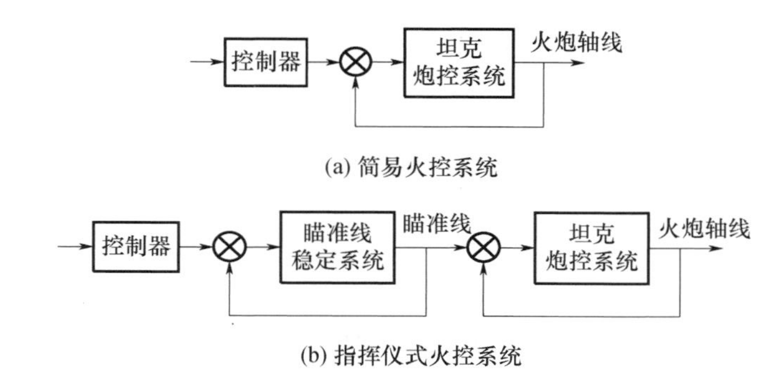

(a) 简易火控系统

(b) 指挥仪式火控系统

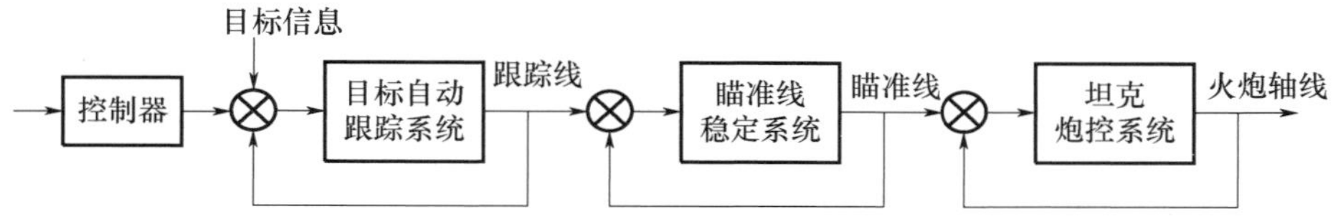

(c) 目标自动跟踪火控系统

图 1－3　坦克火力控制系统的发展过程

纵观上述发展过程,许多高新技术的不断应用使得火力控制主线不断扩展完善,瞄准线和跟踪线的出现使得系统性能明显提高,但是它们在控制精度乃至系统反应速度上的效果,最终是由末端的坦克炮控系统的控制效果来实现的。炮控系统承担着驱动和稳定火炮/炮塔的作用,是充分发挥坦克火力性能,实现"先敌开火、首发命中"的重要保证。相对于控制主线前端的观瞄系统,炮控系统被控对象的惯量大,干扰作用强,性能要求高,系统结构更加复杂,控制难度更大。因此,如何改善炮控系统的性能成为提高坦克火力性能的关键环节和核心要素之一。

对坦克辅助武器的控制,也存在与坦克炮控制类似的问题,对高射机枪的控制,如果采用原始的手动操作,反应时间长,射击精度低,对乘员的要求高;此外,还需操作手将上身探出车外,失去了坦克的装甲防护,对乘员生命构成严重威胁,这在城市巷战中表现得尤为突出。为克服上述问题,新型坦克上陆续开始装备遥控武器站,实现自动化的目标观察、瞄准与射击,操作手在车内就能完成操作,不仅可以缩短射击反应时间,提高射击精度,还能充分发挥坦克固有的装甲防护能力和高射机枪大射界优势,有效地保护人员安全。

考虑研究的系统性和完整性,本书涉及的坦克武器稳定系统主要包含坦克炮控系统和坦克遥控武器稳定系统。这两类系统虽然控制对象不同,但是其功能和原理具有一定相似性,且坦克炮控系统控制难度更大,性能要求更高,因此书中以其为主要对象进行分析研究。为避免累赘,其中可直接推广应用到坦克遥控武器稳定系统的共用技术不再作特别说明,涉及遥控武器稳定系统特有的专用技术再进行单独分析。

1.1.3 坦克武器稳定系统的一般结构

炮控系统的一般结构如图 1－4 所示,由高低向分系统和水平向分系统组成,高低向分系统用于稳定和驱动火炮瞄准,水平向分系统用于稳定和驱动炮塔运动,两个分系统的工作原理相似,只是在具体结构、驱动功率等方面有所区别。

从结构上看,每个方向分系统均由动力子系统和控制子系统两部分组成。动力子系统主要由供电装置、功率放大装置、驱动装置、动力传动装置等构成。由于装备技术的发展阶段和驱动模式的差别,各型炮控系统的动力子系统的部件不尽相同。如功率放大装置一般有电子管放大器、极化继电器、电机放大机、液压放大器、直流脉宽调制变换器、逆变器等;驱动装置有直流电动机、永磁同步电机、动力油缸等;动力传动装置一般有方向机、高低机、齿弧以及丝杠等。控制子系统一般由炮控系统控制箱(即炮控箱)和驱动控制箱(有的炮控系统二者合在一起),辅以相应的操纵装置(操纵台)和陀螺仪(有的炮控系统还有车体陀螺仪)、测速电机、线加速度计、旋转变压器和电流/电压传感器等信号检测装置构成。此外,炮控系统实际装置中还有炮塔配电盒、启动配电盒、电磁离合器、调炮器和炮塔固定器等辅助装置,用于完成系统的供电、操控与保护等功能。

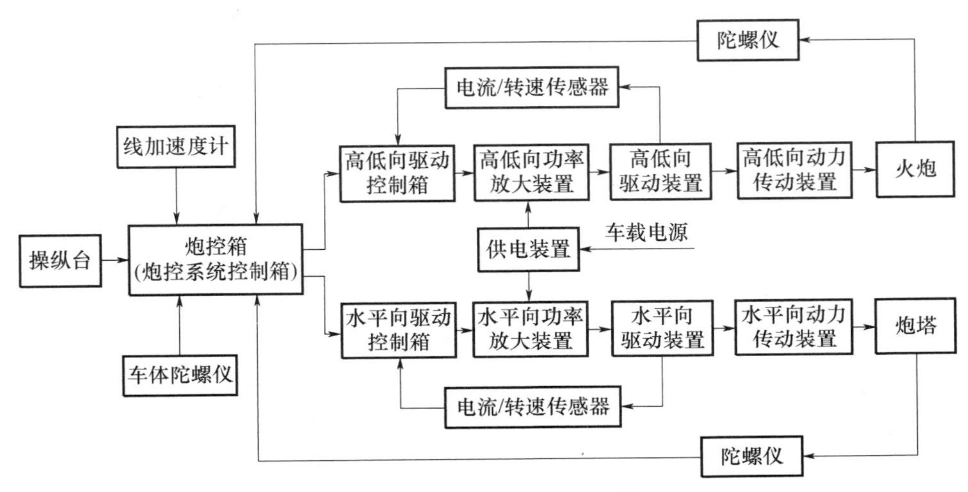

图1-4　炮控系统的一般结构

根据动力子系统的驱动模式不同,可将炮控系统分为全液式炮控系统、电液式炮控系统和全电式炮控系统。全液式炮控系统是指水平向分系统和高低向分系统均采用液压传动系统进行驱动的炮控系统。电液式炮控系统一般为水平向采用电力传动,高低向采用液压传动。全液式炮控系统和电液式炮控系统虽然简单可靠,但存在效率低、噪声大、容易发热、维修困难、费用高等问题;同时液压传动系统一旦发生漏油,容易引起火灾,产生“二次效应”,给乘员和装备造成灾难性的后果。全电式炮控系统水平向和高低向均采用电力传动,具有体积小、噪声小、效率高等优点,且不存在“二次效应”的危害,是目前炮控系统的主要发展方向,也是本书分析的主要对象。

从控制方式来看,炮控系统还可分为模拟/继电控制炮控系统和数字式炮控系统。模拟/继电控制主要是指炮控系统的核心控制算法采用模拟器件搭建电路实现,系统逻辑关系采用继电器实现。早期的炮控系统均采用这种控制方式,这种方式存在器件性能离散性大、温漂严重、指标调整精度差、实现先进控制算法困难等问题,制约了炮控系统性能的提高。此外,模拟控制还难以实现系统信息的采集、处理和传输,影响了炮控系统信息化发展和系统在线故障诊断的实现。随着坦克装甲车辆电气电子系统数字化的发展和坦克综合电子系统的应用,数字控制成为各国坦克炮控系统的发展方向;除核心控制单元采用数字控制外,炮控系统中的陀螺仪、各种反馈和逻辑切换环节也呈现出数字化的趋势。

遥控武器稳定系统结构与之类似，只是系统功率较小，多采用电驱动方式，各装置的具体设计上有所区别。

1.2 坦克武器稳定系统的性能指标

如前所述，火力机动性和射击精度是与武器控制系统紧密相关的两个性能指标，总的要求可以描述为“先敌开火，首发命中”，前者是对火力机动性的要求，后者对应于射击精度要求。对武器稳定系统来说，射击精度由系统稳定精度来保证，火力机动性可采用最低瞄准速度和最大调炮速度等指标进行描述。除了这三个主要指标外，一般还有最大稳定力矩、系统刚性、调炮超回量等考核指标，这些指标会影响前面的三项主要指标，并在其中得到间接体现。因此，目前评价坦克武器稳定系统的性能通常主要采用系统稳定精度、最低瞄准速度和最大调炮速度三项指标。

1.2.1 系统稳定精度

系统稳定精度反映的是坦克在起伏道路上机动时，武器稳定系统使武器对静止目标保持瞄准的能力。高精度稳定是克服车体运动过程中的抖振和其他外界扰动，保持武器稳定，实现运动中射击的重要保证。以坦克炮控系统的水平向分系统为例，其射击目标关系如图 1-5 所示。

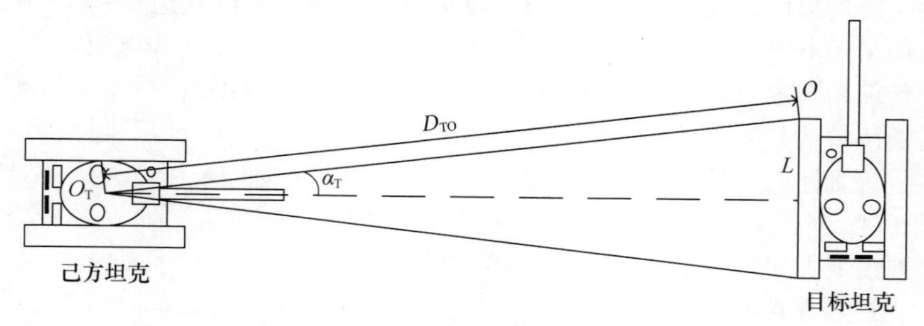

图 1-5　系统稳定精度分析图

图 1-5 中，目标坦克车体长度为 L，己方坦克与目标坦克距离为 D_{TO}。假定射击时瞄准目标坦克中心位置，为了击中目标，火炮射击误差不能大于 $L/2$，则在不考虑漂移时，要求炮控系统控制炮塔的稳定误差满足

$$\alpha_T \leqslant \frac{6000}{2\pi} \cdot \frac{L}{2D_{TO}} \tag{1-1}$$

假定目标坦克车长 6m，射击距离 2km，则根据式(1-1)可知，系统稳定误

差小于 1.5mil 时才能够击中目标，当二者正面格斗时，设目标坦克车宽 3.5m，则要击中目标，系统的稳定精度需要至少达到 0.9mil。由于坦克的车高尺寸更小，因此要求高低向炮控系统的稳定精度更高。四种主战坦克炮控系统的稳定精度如表 1-1 所列。

表 1-1　四种主战坦克炮控系统的稳定精度

坦克型号		T-90（俄罗斯）	"勒克莱尔"（法国）	"豹"2（德国）	M1（美国）
稳定精度/mil	水平向	0.6	0.1~0.2	0.2	0.3~0.4
	高低向	0.4	0.1~0.2	0.2	0.3~0.4

随着高新技术的不断应用，火炮射击距离进一步增加，系统稳定精度要求还会不断提高，因此如何提高稳定精度是坦克炮控系统研制追求的一个重要目标，也是系统定型试验或台架试验时测试的一项重要指标。其测试方法如下：

定型试验时，在标准试验障碍跑道前方规定距离固定一直立靶板，靶板中心标识十字线；在靠近火炮耳轴部位的炮管上固定摄像机（或其他光电测试设备），其光轴与火炮轴线平行。发动坦克，控制火炮瞄准靶板十字线，当坦克达到规定机动速度时停止瞄准，使炮控系统独立工作，启动摄像机开始拍摄。测试结束后，测量拍摄图片中心十字线相对靶板十字线的水平向和高低向距离偏差 Δx、Δy，如将摄像机物镜焦距记为 F，则可求得方位角和高低角偏差分别为

$$\begin{cases} \Delta\alpha_{\mathrm{T}} = \dfrac{6000}{2\pi} \cdot \dfrac{\Delta x}{F} \\ \Delta\alpha_{\mathrm{G}} = \dfrac{6000}{2\pi} \cdot \dfrac{\Delta y}{F} \end{cases} \tag{1-2}$$

将每轮试验结果计算的偏差值以相应的比例绘制出火炮在方向角和高低角随时间的偏差曲线 $\Delta\alpha_{\mathrm{T}}(t)$、$\Delta\alpha_{\mathrm{G}}(t)$。用最小二乘法拟合可求出漂移曲线（炮控系统漂移速度是指未加控制信号时系统在单位时间内使火炮自行移动的角度），如图 1-6 所示。

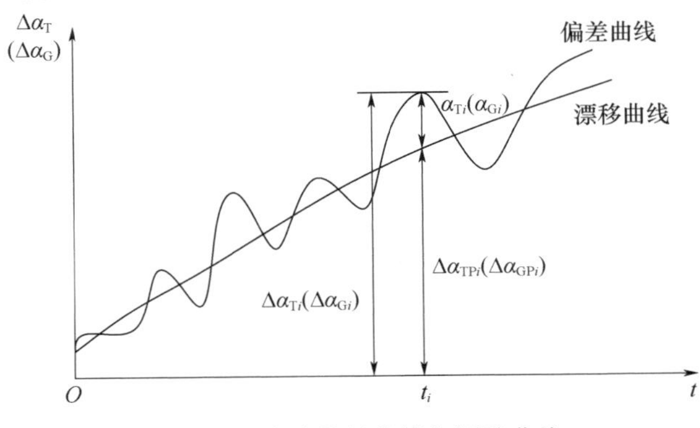

图 1-6　火炮偏差曲线与漂移曲线

在偏差曲线上某一时刻取偏差值$\Delta\alpha_{Ti}$、$\Delta\alpha_{Gi}$减去该时刻漂移曲线的漂移值$\Delta\alpha_{TPi}$、$\Delta\alpha_{GPi}$即为此时刻的瞬时稳定精度α_{Ti}、α_{Gi}。在偏差曲线上每隔一个相等时间间隔(一般取0.1s)量取瞬时稳定精度,单次试验稳定精度可采用算术平均值α_{TP}、α_{GP}或者均方值$\alpha_{T\delta}$、$\alpha_{G\delta}$,其计算方法分别如下:

$$\begin{cases}\alpha_{TP}=\dfrac{\sum\limits_{i=1}^{n_P}|\alpha_{Ti}|}{n_P}\\ \alpha_{GP}=\dfrac{\sum\limits_{i=1}^{n_P}|\alpha_{Gi}|}{n_P}\end{cases}\tag{1-3}$$

$$\begin{cases}\alpha_{T\delta}=\sqrt{\dfrac{1}{n_P-1}\sum\limits_{i=1}^{n_P}(\alpha_{Ti}-\alpha_{TP})^2}\\ \alpha_{G\delta}=\sqrt{\dfrac{1}{n_P-1}\sum\limits_{i=1}^{n_P}(\alpha_{Gi}-\alpha_{GP})^2}\end{cases}\tag{1-4}$$

式中:n_P为试验获得的瞬时稳定精度样本个数。

同一机动速度下,m次试验结果的算术平均值为测试最终稳定精度,其计算如下:

$$\begin{cases}\alpha_{T}=\dfrac{\sum\limits_{j=1}^{m}\alpha_{TPj}}{m}\text{ 或 }\alpha_{T}=\dfrac{\sum\limits_{j=1}^{m}\alpha_{T\delta j}}{m}\\ \alpha_{G}=\dfrac{\sum\limits_{j=1}^{m}\alpha_{GPj}}{m}\text{ 或 }\alpha_{G}=\dfrac{\sum\limits_{j=1}^{m}\alpha_{G\delta j}}{m}\end{cases}\tag{1-5}$$

式中:α_{TPj}、α_{GPj}、$\alpha_{T\delta j}$、$\alpha_{G\delta j}$为单次试验计算得到的稳定精度值。

台架测试时,将炮塔安装在摇摆台上,并使摇摆台按制造与验收规范的要求摆动,模拟实车振动状态。其他测试流程与数据处理方法与定型试验相同,此处不再赘述。

1.2.2 最低瞄准速度

最低瞄准速度是指系统速度输出不发生“爬行”且跟踪误差满足不均匀要求的最低跟踪速度。“爬行”现象是指由于各种非线性因素的影响,炮控系统在低速运行时火炮时停时转,加速度时高时低甚至出现瞬时反转的现象。这种速度脉动现象又称为低速“抖动”现象。最低瞄准速度是描述武器系统进行远程打击、跟踪远程运动目标能力的重要指标,下面仍以坦克水平向炮控分系统为例并结合图1-7进行具体分析。

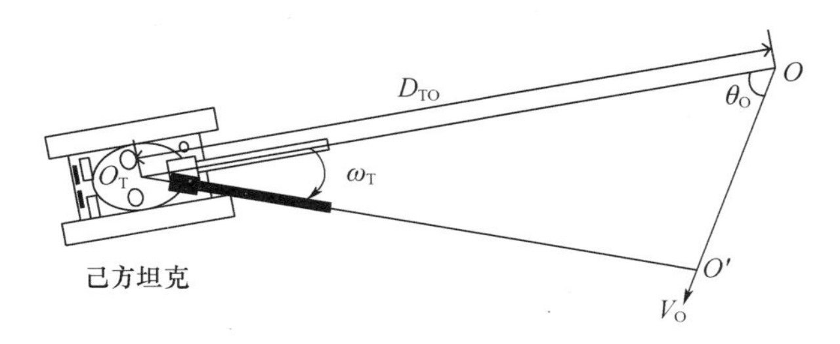

图 1 - 7　系统最低瞄准速度分析图

图 1 - 7 中，O_T 为己方坦克炮塔旋转中心，O 为目标初始位置，且假设二者在同一水平面上，D_{TO}为目标距离，V_O 为目标运动速度，θ_O 为目标航向角，ω_T 为炮塔旋转角速度。则可计算得，使炮口实时跟踪目标的角速度为

$$\omega_T = \frac{V_O \cdot \sin\theta_O}{D_{TO}} \tag{1-6}$$

式(1 - 6)表明，当目标距离较远且航向角较小时，需要系统具有较低的(平稳)瞄准速度。即最低瞄准速度是实现对远程运动目标精确打击的关键所在，特别是随着战场的纵深化发展以及武器威力和打击距离的增加，对系统低速性能的要求也会日益提高。四种主战坦克炮控系统的最低瞄准速度如表 1 - 2 所列。

表 1 - 2　四种主战坦克炮控系统的最低瞄准速度

坦克型号		T - 90(俄罗斯)	“挑战者”(英国)	“勒克莱尔”(法国)	M1(美国)
最低瞄准速度/((°)/s)	水平向	0.05	0.01	0.024	0.013
	高低向	0.05	0.01	0.024	0.013

对于最低瞄准速度的测试，台架试验与实车试验类似。以水平向分系统为例，台架试验时，将试验台处于水平位置(偏差不大于 1°)，炮长通过操纵台控制炮塔以最小平稳速度转动一段时间，用相应测试设备记录转过的角度 $\theta_{\text{Tmin}i}$和所用时间 t_i。正反方向各测 m 次，可得系统水平向最低瞄准速度为

$$\omega_{\text{Tmin}} = \frac{1}{2m}\sum_{i=1}^{2m}\left|\frac{\theta_{\text{Tmin}i}}{t_i}\right| \tag{1-7}$$

需要补充说明的是：在炮控系统独立工作时，坦克火炮/炮塔转动速度的高低通常由转动操纵台的角度大小控制，操纵台转动角度与火炮/炮塔给定速度之间的函数关系一般称为“操/瞄”曲线。由于系统最低瞄准速度非常小，为便于低速跟踪时的操纵，现代坦克炮控系统一般采用非线性给定或非线性反馈方法。非线性给定方法即将“操/瞄”曲线设计为非线性曲线，如图 1 - 8(a)所示。

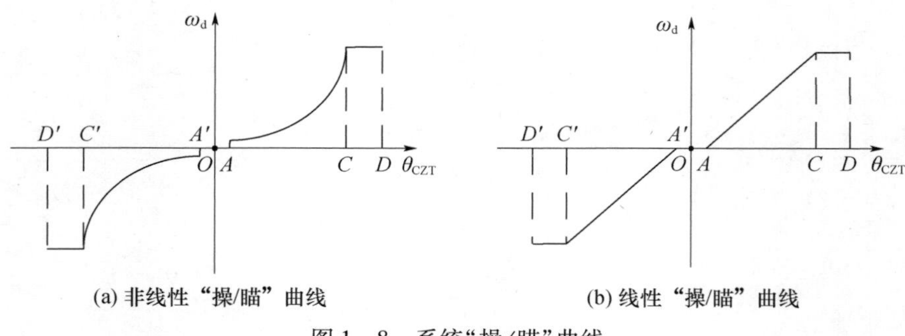

(a) 非线性“操/瞄”曲线　　(b) 线性“操/瞄”曲线

图 1－8　系统“操/瞄”曲线

图 1－8(a)中，θ_{CZT}为操纵台转动角度，ω_d 为系统给定速度，为了防止误动作，设定了 *OA* 段死区，*AC* 段为操控区，*CD* 段为给定饱和区。当转动角度 θ_{CZT} 在 *AC* 段时，系统给定速度与转动角度为非线性关系，低速时比例系数小，高速时比例系数增大，这样在低速段容易实现精确跟踪操作。非线性“操/瞄”曲线的实现方法有很多，最为直接的是将操纵台的电位器按照理想曲线设计、制造，但是其工序复杂，成本较高；另一种方法是操纵台的电位器仍采用普通线性电位器，其输出信号通过电路将其转换为理想“操/瞄”曲线。当然，在数字式炮控系统中也可以通过软件编程方便地实现转换。

非线性反馈方法的基本思路与之正好相反，系统“操/瞄”曲线仍采用图 1－8(b)所示的线性“操/瞄”曲线，而将其速度反馈系数设计为给定速度的非线性函数，即低速时采用大比例反馈，高速时采用小比例反馈，如图 1－9 所示。

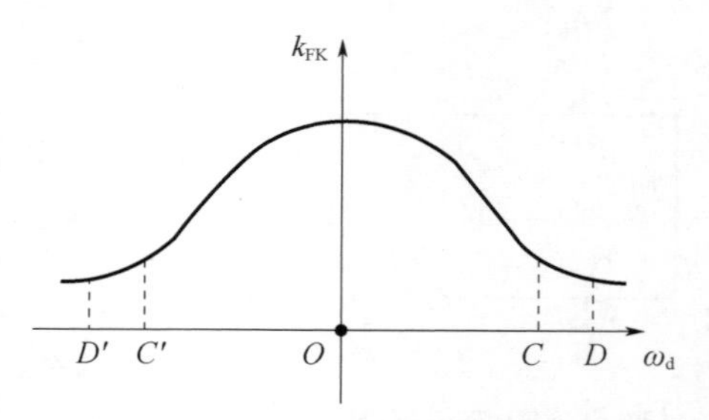

图 1－9　系统非线性反馈曲线关系

图 1－9 中，k_{FK}为系统速度信号的反馈系数。

1.2.3　最大调炮速度

最大调炮速度是在规定的精度范围内，武器稳定回转的最大角速度。最大调炮速度描述的是系统的反应速度。当发现目标时，需要系统以最快的速度转向目标，实现先敌开火，这就要求炮控系统具有较高的最大调炮速度。最大调炮速度和最低瞄准速度结合在一起，有时又统一用指标调速比进行描述。此外，在高速调炮时，还要求系统具有良好的启动/制动性能，使得系统在接近目标时能够迅速停下来，并稳定在目标位置，实现快速精确调炮。四种主战坦克炮控系统的最大调炮速度如表 1－3 所列。

表1-3 四种主战坦克炮控系统的最大调炮速度

坦克型号		T-90(俄罗斯)	“挑战者”(英国)	“勒克莱尔”(法国)	M1(美国)
最大调炮速度/((°)/s)	水平向	24	24	40	42
	高低向	>3	6	30	42

最大调炮速度的测试方法与最低瞄准速度相似,不再赘述。

1.2.4 其他性能指标

除上述指标外,炮控系统常用的其他性能指标如表1-4所列。

表1-4 炮控系统常用的其他部分性能指标

名称	定义	类别
炮塔/火炮间隙(空回)	炮塔/火炮回转的自由空回量	力学性能
炮塔/火炮摩擦力矩	炮塔/火炮旋转体支承在座圈/耳轴上的负荷和支承在旋转底板滚轮上的负荷,在旋转时的摩擦阻力矩之和	力学性能
炮塔偏心力矩	在坡道上炮塔回转体的重力在平行于座圈平面的分力对座圈中心轴线形成的力矩	力学性能
火炮不平衡力矩	火炮旋转体重力与炮塔质心偏心距的乘积	力学性能
炮塔翻倒力矩	除静载荷外,火炮射击后坐力及重型炸弹或核武器爆炸的冲击波等动负荷对炮塔造成的倾覆力矩	力学性能
漂移速度	未加控制信号的稳定系统在单位时间内使火炮自行移动的角度	电气性能
过渡过程	包括超回量、振荡次数和过渡过程时间等	电气性能
刚性	在稳定状态下,火炮产生1mil失调角时,稳定系统所提供稳定力矩	电气性能
最大稳定力矩	稳定系统在工作中所提供的最大力矩	电气性能
液压闭锁偏移速度	火炮处于液力闭锁时,在炮口上加一定的外力,火炮朝加力方向移动的速度(只适用于液压驱动系统)	电气性能
牵连影响	水平向/高低向分系统调炮时对高低向/水平向分系统的影响	电气性能

此外,还有系统可靠性、互换性、环境适应性和电磁兼容性等指标。

1.3 坦克武器稳定系统的发展概况与关键技术

为提高坦克武器稳定系统的各项性能指标,适应武器装备的发展需求,各种高新技术不断应用于坦克武器稳定系统,使其性能不断提高,呈现出跨越式发展的趋势,最为典型的是坦克炮控系统。近年来,其结构模式与控制方式发生了根本性变化,全电化、数字化成为主流发展方向,即发展为数字全电式坦克炮控系统,如法国的"勒克莱尔"坦克、英国的"挑战者"系列坦克、德国的"豹"2A5/A6 坦克、以色列的"梅卡瓦"4 坦克等均已安装了全电式炮控系统。

数字全电式炮控系统的一般结构如图 1-10 所示。

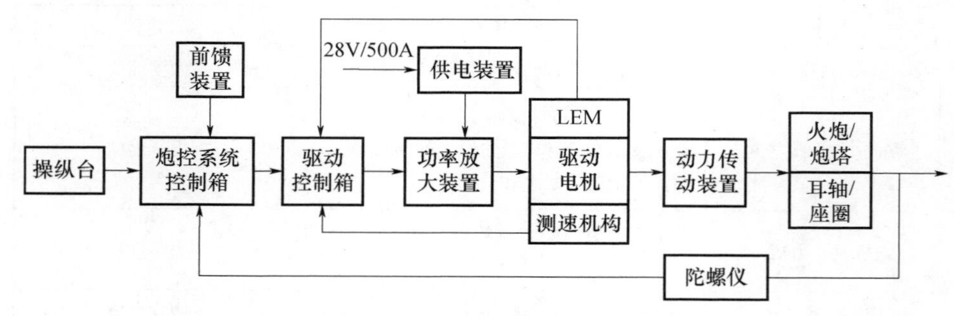

图 1-10 数字全电式炮控系统一般结构

动力子系统主要由供电装置、功率放大装置、驱动电机、动力传动装置等构成;控制系统中各核心单元均采用数字控制,且操纵装置(操纵台)和信号检测装置(如陀螺仪、测速机构和 LEM 模块等)也大多采用数字检测元件,各装置之间的信息交互主要通过数据总线实现。此外,有些炮控系统还增加了车体陀螺仪、线加速度计等前馈装置,构成复合控制结构。

为分析方便,以下按照系统结构划分,从动力子系统和控制子系统两个方面分析其发展情况与关键技术。

1.3.1 动力子系统的发展与关键技术

动力子系统是实现火炮/炮塔运动的功率执行子系统,其性能直接影响系统的总体性能。总结起来,动力系统研究主要集中在电机及其驱动技术、高压供电及其功率变换技术和动力传动技术等方面。

1. 电机及其驱动技术

要实现"先敌开火,首发命中",需要炮控系统能在发现目标时以最大速度转向目标,且在接近目标时迅速停下来,然后以较低的速度精确跟踪目标运动,因此要求电机及其驱动装置具有优良的调速性能,如调速范围宽、启动/制动时间短、低速运行时转矩脉动量小等。

早期的全电式炮控系统采用基于旋转变换的电机放大机作为功率放大装置，构成“电机放大机 + 直流电动机 + 绕组 PWM 控制”模式的电力传动系统。电机放大机的结构如图 1 – 11(a)所示，由一台特殊结构的直流发电机和与其同轴的拖动电机组成。直流发电机的电枢结构与一般直流电机相同，其特殊之处在于：同一电枢上沿直轴($d-d'$轴)和交轴($q-q'$轴)各安装一对电刷，其中 $q-q'$轴的一对电刷是短接的，$d-d'$轴的一对电刷为输出端，其工作原理如图 1 – 11(b)所示。

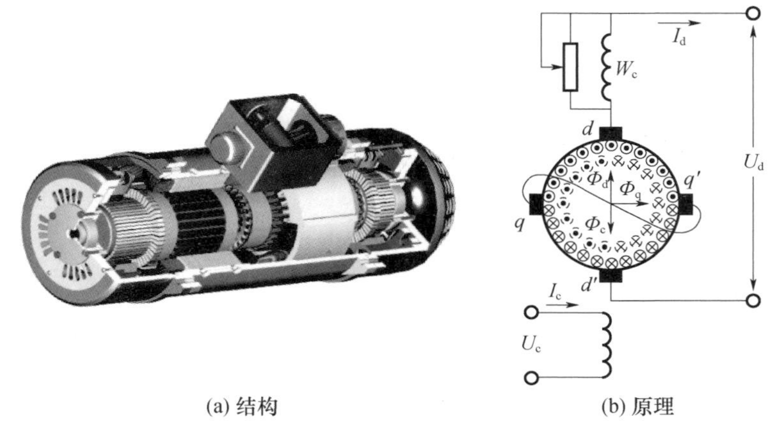

(a) 结构　　(b) 原理

图 1 – 11　电机放大机的结构与原理

电机放大机工作时，控制绕组接至控制电路，输出端接至驱动电机。如果施加控制信号 U_c，则会在控制绕组中产生电流 I_c，从而产生直轴磁通 Φ_c，拖动电机带动放大机旋转切割磁通 Φ_c，在交轴电刷 $q-q'$间产生感应电势 E_q，实现第一级放大；由于 $q-q'$轴电刷短接，将会产生较大交轴电流 I_q，与前类似的，电流 I_q 流过电枢绕组，也会产生交轴磁通 Φ_q，电枢旋转切割 Φ_q 产生直轴电势 E_d，实现第二级放大；E_d 输出产生 U_d 施加到驱动电机，带动炮塔运动。这样一来，通过调节控制信号 U_c 就可以方便地调节 U_d，从而实现驱动电机转速的调节。

需要说明的是：当其带载工作时，其输出电流 I_d 也将沿 $d-d'$轴产生一电枢反应磁通 Φ_d，方向与直轴磁通 Φ_c 相反，形成去磁效应。为此一般需在放大机定子上安装补偿绕组 W_c，补偿绕组串联在电枢回路中，并使输出电流 I_d 流过补偿绕组所产生的磁通与控制绕组磁通方向一致，与直轴电枢反应磁通作用方向相反，从而消除电枢反应的影响。

由上述分析可知，电机放大机可看成两台串联工作的直流他励发电机，通过在控制端施加 PWM 控制信号，就能够灵活地实现系统控制，且功率放大倍数高，工作可靠，环境适应性强，同时很好地克服了液压系统漏油、“二次效应”等问题，因此在传统炮控系统中得到了广泛应用。但电机放大机本身体积质量大、效率低、噪声高、维护保养困难，同时也制约了炮控系统功率的进一步提升。

随着电力电子技术的发展，以大功率电力电子器件为基础的静止功率变换方式逐渐取代了基于电机放大机的旋转功率变换，构成了“直流电动机 + 脉宽调制变换器 + PWM 控制”的电机驱动模式，脉宽调制变换器一般采用 H 型桥式电路，其典型结构如图 1－12 所示。

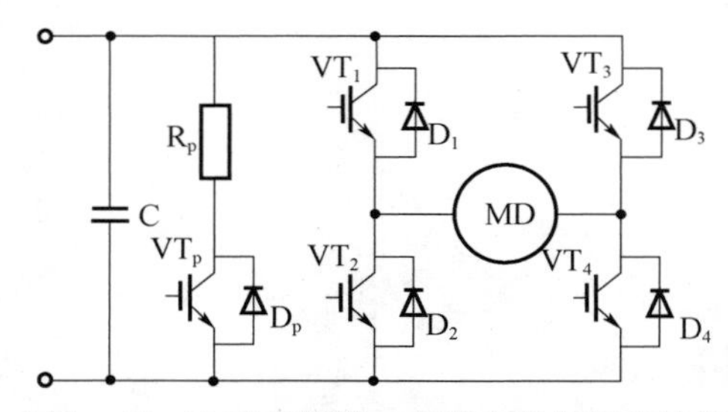

图 1－12　H 型变换器 + 直流电动机驱动结构

图 1－12 中，$VT_1 \sim VT_4$ 采用 IGBT 或其他全控型开关器件，它们与 $D_1 \sim D_4$ 四个续流二极管构成 H 型桥臂，直流电动机两端接在桥臂中点，R_p 和 VT_p 组成泵升电压限制电路。“泵升电压”是指电动机减速或制动过程中，能量通过 H 型变换器回馈到直流侧导致直流电压升高的现象。

采用“直流电动机 + H 型变换器 + PWM 控制”模式的炮控系统如法国的“勒克莱尔”坦克。我国在某型步兵战车中也首次采用了这种结构模式的火炮直流电力传动系统，电机驱动采用基于模型参考自适应控制的大功率晶体管 PWM 控制技术，系统结构如图 1－13 所示。

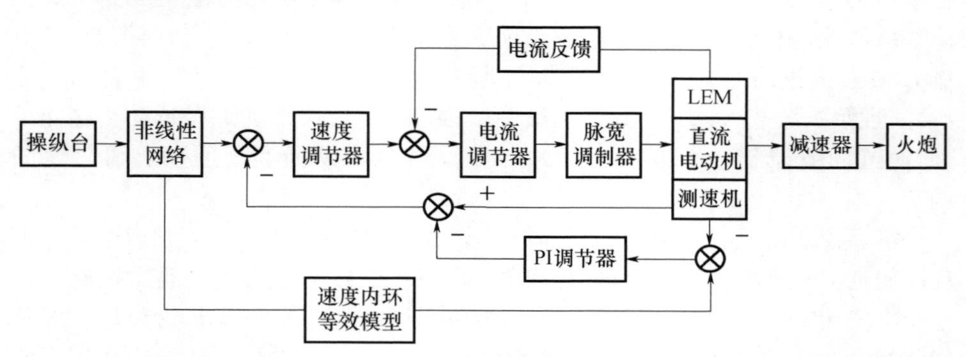

图 1－13　某型步兵战车火炮直流电力传动系统结构

“直流电动机 + H 型变换器 + PWM 控制”结构模式取消了电机放大机，在体积质量、效率、性能等方面都有较大提高；但直流电机本身存在电刷和机械式换向装置，电机功率密度受到限制，且需要经常性的维护保养，难以在高潮湿、高盐雾等沿海地区的两栖坦克中应用。

随着电机控制理论的发展，交流调速系统逐步具备了宽调速范围、高稳定精度、快速动态响应及四象限运行等良好的技术性能，且没有机械式换向器和电刷等缺点，因此新型全电式炮控系统开始逐步采用“永磁同步电机＋逆变器＋SVPWM 控制”结构模式。根据永磁体所形成的气隙磁场分布和定子绕组感应电动势波形不同，永磁无刷电动机一般有正弦波永磁无刷电动机和矩形波永磁无刷电动机，前者通常称永磁同步电机（PMSM），后者通常称为永磁无刷直流电动机（BDCM）。较之矩形波电机，正弦波电机低速力矩波动小，可以满足炮控系统低速性能要求，且功率密度大，易密封，适合在空间狭小和使用环境恶劣的坦克中应用，因此通常被选作现代交流全电炮控系统中的驱动电机。其典型驱动电路与矢量控制结构如图 1－14 所示。

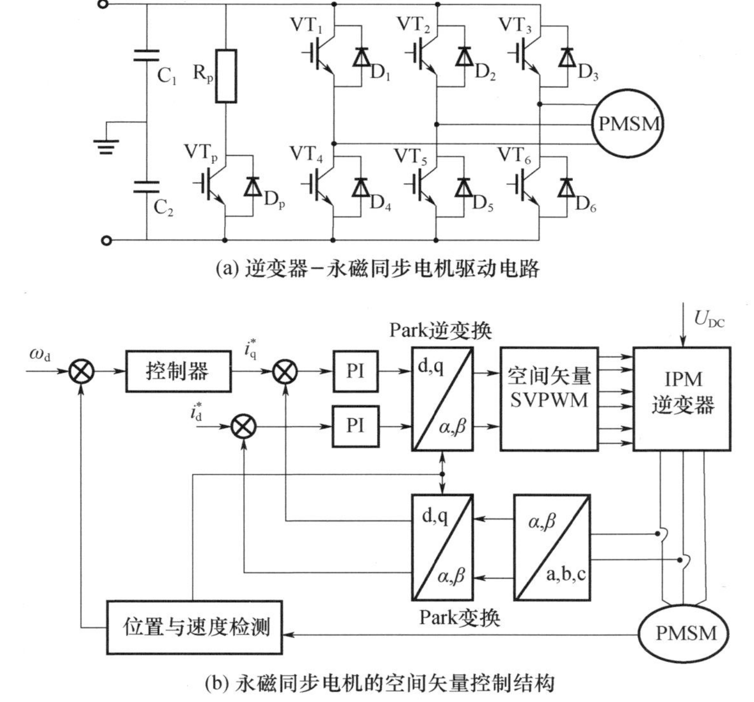

(a) 逆变器－永磁同步电机驱动电路

(b) 永磁同步电机的空间矢量控制结构

图 1－14　永磁同步电机的典型驱动电路与矢量控制结构

为了改善炮控系统的低速性能，永磁同步电机驱动控制技术的研究不断深入，其主要工作：分析逆变器死区时间作用原理，并提出相应的补偿控制方法，抑制低速运行时死区时间引起的电机转矩脉动，改善系统低速运动的平稳性；设计永磁同步电动机定子磁链全维状态观测器，实现系统在低速区对定子磁链的准确观测,从而提高系统低速运动性能;针对永磁同步电机运行过程中参数变化造成的控制性能下降,利用 d,q 轴的电压、电流及其偏差,借助 Popov 超稳定理论建立对电阻、电感和永磁磁链等参数的辨识模型并推导出待辨识参数的自适应律,保证特定条件下系统的稳定性和参数的收敛性;等等。此外,多重逆变与多电平逆变技术也成为近年来的一个研究热点。

遥控武器稳定系统连发射击时具有高频强载荷特性,需要驱动装置满足相应的力学特性、抗过载能力和使用寿命要求。目前,FLW200 武器站、ARROW - 300 武器站等遥控武器稳定系统采用永磁无刷直流电机,由于其功率相对较小,一般采用低压 28V 供电。

2. 高压供电及其功率变换技术

事实上,早期的炮控系统也均采用坦克 28V 直流电源直接供电。随着坦克火炮打击距离的增加和打击目标防护能力的提高,坦克火炮口径增大,身管增长,炮塔质量增加,炮控系统的需求功率随之增大。此外,为了满足未来战场需求,实现高机动复杂条件下对远程目标的快速精确打击,要求火炮/炮塔具有高动态、大扭矩输出响应等能力,这也致使炮控系统驱动功率大幅增加,据称法国的“勒克莱尔”坦克炮控系统水平向标定驱动功率已达到 30kW 左右。

如果系统仍然采用车辆电源 28V 直接供给,则会增大电机及其功率驱动装置的设计和制造难度,同时给功率器件的选取以及系统电磁干扰的抑制带来困难。因此,新研制的炮控系统中均采用了 110V/270V 高压供电模式,即通过高频功率变换装置将车内 28V 低压电源转换为高压直流电源,供系统驱动电机使用。图 1 - 15(a)为某全电式炮控中的升压变换(DC - 28V/DC - 270V)装置。

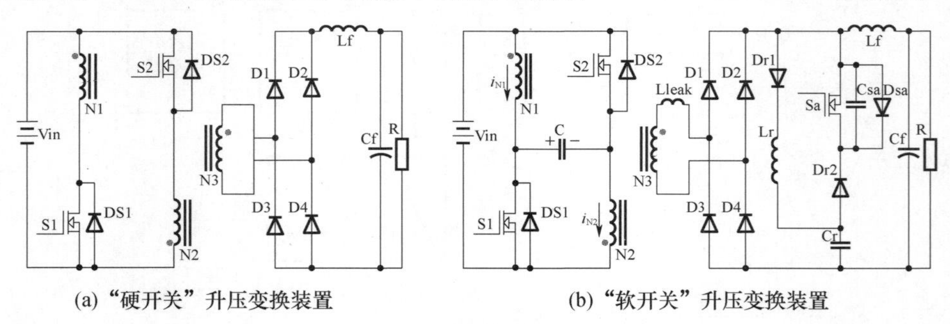

(a)“硬开关”升压变换装置 (b)“软开关”升压变换装置

图 1 - 15 全电炮控系统用升压变换装置结构

如图 1 - 15(a)所示,该装置主电路为推挽变换拓扑结构,并采用双路变换并联冗余工作模式,具有动态响应快、稳压性能好和可靠性高等特点。为了提高系统功率变换效率并抑制变换过程中产生的电磁干扰,有的新型炮控系统还采用了图 1 - 15(b)所示的“软开关”升压变换装置,该拓扑在图 1 - 15(a)中推挽变压器的副边增加了辅助谐振电路,实现主开关管零电流关断。同时,该拓扑还在原边绕组的同名端之间增加钳位电容,实现开关管关断尖峰电压的无损吸收,具有抑制推挽变压器偏磁、减小输入电流波动等优点。

为适应系统高动态、大扭矩输出响应等要求,升压装置输出直流母线侧一般还并联有超级电容器(图 1 – 16),用于提供较大的瞬时功率,提高系统的加速性能;同时超级电容器还作为馈能装置,吸收系统制动过程产生的电能,抑制母线泵升电压,从而进一步改善系统的动态特性。

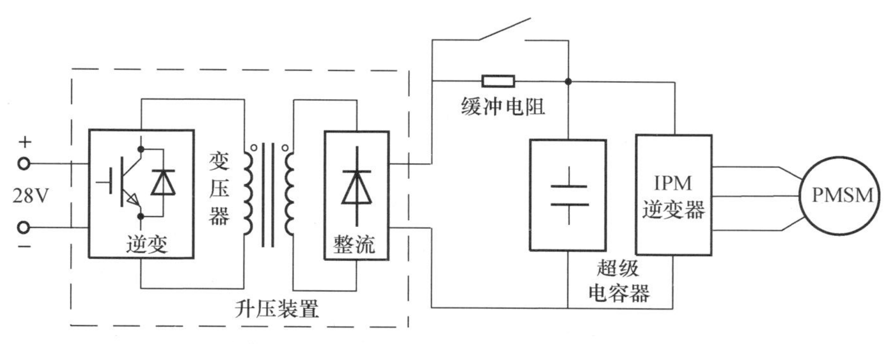

图 1 – 16　带超级电容器的系统供电体系

随着装甲车辆供电体制的变化,采用双绕组稳压(DC – 28V/DC – 270V)发电系统为炮控系统直接提供高压直流电源逐渐成为车辆供电系统发展的重要方向。其主要结构模式有双绕组永磁同步机发电系统和双绕组异步机发电系统两种。双绕组永磁同步机发电系统由于永磁机不能通过调节激磁电流实现稳压控制,因此低压 28V 和高压 270V 双路输出都需要额外增加 DC/DC 变换器实现稳压。为此,双绕组异步机发电系统逐渐引起人们的关注,这种系统的发电机转子一般为笼型,定子上有 2 套三相绕组:高压侧三相绕组连接电压型 PWM 整流器,输出 270V 直流电,连接大功率负载;低压侧三相绕组连接励磁电容和不可控整流桥,输出 28V 低压直流电。低压侧不具备电压调节功能,其电压的调节通过控制高压侧 PWM 整流器调节其有功、无功功率补偿实现。这种结构只需一套控制器实现高/低双回路的稳压控制,装置体积小,同时功率变换效率得到有效提高。

3. 动力传动装置

全电炮控系统水平向和高低向分系统均采用电力传动方式。为了减小体积和质量,提高驱动电机功率密度,电机的转速一般设计为每分钟几千转,因此在高低向和水平向都需要采用由多级齿轮组成的机械减速传动装置将其速度降到驱动火炮/炮塔所需要的速度。由于齿轮啮合必须满足一定的最小间距才能保证不发生滞塞,因此这种传动方式不可避免地存在齿圈间隙。对齿隙的分析研究结果表明,齿隙的存在会对系统产生两个方面的影响:一是由于齿隙期间相对运动造成的驱动延时；二是相对运动结束时由于速度差异造成的冲击振荡，如图 1－17 所示。

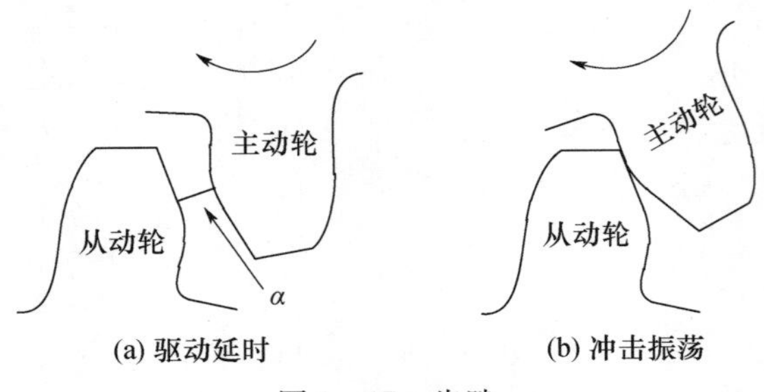

(a) 驱动延时　(b) 冲击振荡

图 1－17　齿隙

这些影响会造成系统输出误差，甚至会使得系统因极限环振荡或冲击而降低性能并可能失稳。因此如何提高系统的传动精度，减小齿隙影响成为近年来动力传动装置研究的一个重要课题。

水平向动力传动装置一般称为方向机，如图 1－18 所示。方向机由多级齿轮机构组成，为了提高传动精度，减小传动间隙，目前的主要研究工作：在方向机齿轮的最后输出级安装弹性齿轮等装置；采用“同力面混合少齿差行星传动”方式，使多齿同时啮合，相互补偿，使方向机整体间隙减小，从而有效地提高方向机的传动精度和传动效率；采用多电机驱动方式，即通过两个驱动电机对同一从动轴施加大小相等、方向相反的偏置力矩抑制齿隙的影响；从控制理论入手，设计电机驱动系统状态反馈自适应控制器，抑制齿隙影响，同时保证系统的渐进稳定。

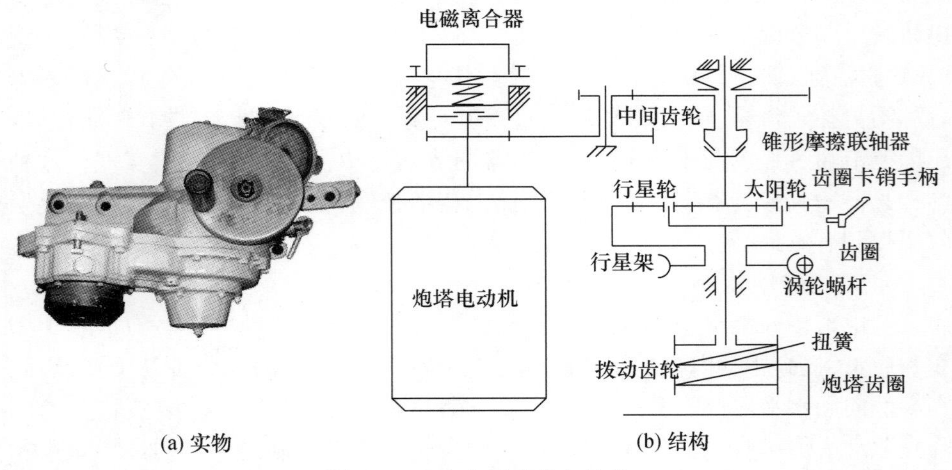

(a) 实物　(b) 结构

图 1－18　方向机实物与结构

对于高低向动力传动,早期的全电炮控系统采用齿弧作为传动装置,如“奇伏坦”坦克。这种传动方式的降速比小,空回误差大,定位精度差。随着螺旋传动制造技术的发展,德国在“豹”2 坦克中采用 ESW 公司研制的丝杠作为高低向传动装置提高传动精度。丝杠采用行星传动方式,安装于火炮下方,当驱动电机旋转时带动行星丝杠螺母旋转,推动丝杠运动,实现火炮的瞄准与稳定。装甲兵工程学院于 1999 年开始研究基于滚珠丝杠的动力传动方式,并将驱动电机、滚珠丝杠、电磁制动器等集成为一体,构成紧凑型高低向动力传动装置(或称为电动动力缸),如图 1 – 19 所示。其具有结构紧凑、安装方便、传动精度高等特点。

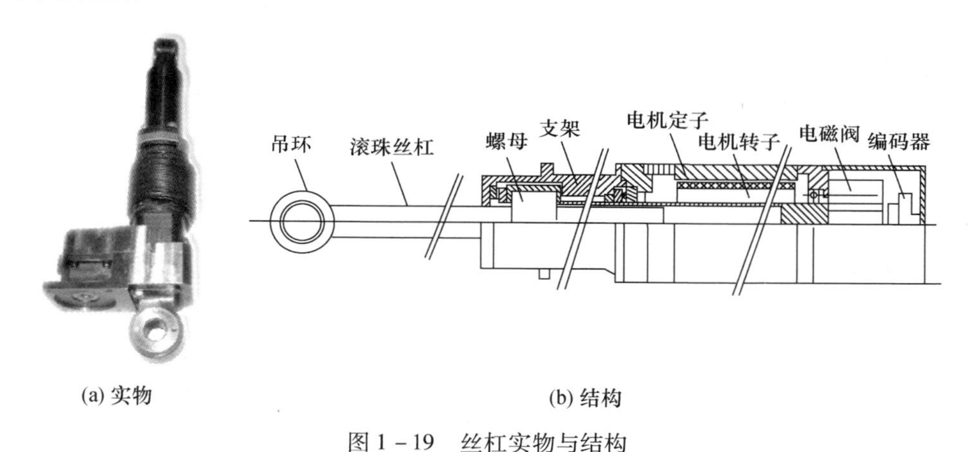

(a) 实物　　(b) 结构

图 1 – 19　丝杠实物与结构

1.3.2　控制子系统的发展与关键技术

1. 状态信息检测与估计技术

状态信息检测是实现系统控制的基础,因此,信息检测与处理是控制系统设计面临的首要问题。为了提高检测的精度和实时性,各种新型检测装置不断地应用于炮控系统,以陀螺仪为例,早期的坦克炮控系统一般采用框架陀螺,其检测精度较低。随着科技的不断发展,液浮陀螺逐渐应用于炮控系统,基本原理是将陀螺悬浮于浮液内,利用所排开液体的浮力协助支承陀螺框架,从而减小了框架轴承的负荷和摩擦力矩,因此具有较高的检测精度。但是由于其中的液体在低温时会凝固,需要附加加温装置,且需较长的加温准备时间。目前应用于炮控系统中的另一种陀螺是挠性陀螺,它采用挠性支承代替传统的液浮技术,从而取消了加温装置,具有体积小、耗电低、工作准备时间短等优点。在遥控武器稳定系统中,高性能的光纤陀螺的研发和应用也正在成为一个重要趋势。

除了提高检测装置本身的性能外,采用各种先进算法对测量噪声进行滤波,并利用测量信息估计系统中其他难以测量或不可测状态信息也是控制系统研究的重要内容。其主要研究工作:针对永磁同步电机中安装速度传感器会增加转轴惯量,影响系统动静态性能的问题,采用高频注入等速度辨识方法实现无速度传感器调速;设计炮控系统非线性状态估计器,利用陀螺仪等少数测量信息实现对系统各状态变量的实时估计;等等。

2. 系统控制策略与控制结构研究

炮控系统是一个强本质非线性系统。如前所述,系统中的动力传动装置存在齿圈间隙、弹性形变等,炮塔/火炮和座圈/耳轴之间存在摩擦力矩,系统本身还有参数漂移等非线性特性。此外,在坦克机动过程中火炮还会受到车体振动的影响。传统的 PID 控制方法难以补偿各种非线性因素的影响,因此只能以牺牲响应频带,降低开环放大倍数换取系统的稳定性,从而造成系统动态响应慢、低速稳定性能差等问题,成为制约系统性能进一步提升的瓶颈之一。随着现代控制理论的发展和装备研究的不断深入,近年来,鲁棒控制、自抗扰控制、滑模变结构控制、自适应控制等一些现代控制方法不断应用于炮控系统的非线性补偿控制研究中,对炮控系统的性能提高进行了有益的理论探索。

在控制结构上,早期的炮控系统一般采用双闭环控制结构。为进一步提高系统的稳定精度和反应速度,较新型炮控系统采用复合控制结构,即在传统闭环控制的基础上增加了采用按扰动控制的前馈通道,扰动信号由车体陀螺和线加速度计测量。但在实际系统中,由于各种不可测扰动的影响,复合控制难以做到完全补偿。近年来提出的“双模双环”控制结构,通过逻辑切换的方式,实现炮控系统变结构控制,其原理如图 1-20 所示。瞄准工作模式时由电流环和速度环组成双闭环速度控制系统;稳定工作模式时由电流环和位置环组成双闭环位置控制系统。“双模双环”控制结构克服了“三环”系统中位置环响应速度慢的固有缺点,试验证明具有很好的瞄准和稳定性能。

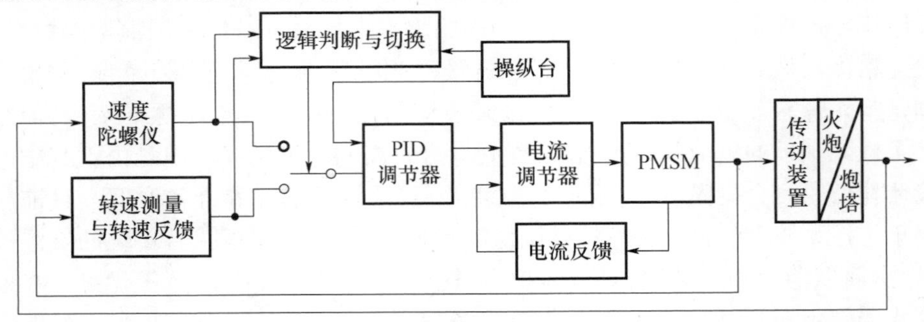

图 1-20 “双模双环”炮控系统结构

3. 数字化与网络化控制系统

传统的炮控系统采用基于分立元件的模拟/继电控制方式，存在器件离散性大、温漂严重、信息传输困难等问题。此外，模拟控制方式难以实现较为复杂的控制算法，前述各种状态估计算法和现代控制方法的工程应用也依赖于炮控系统数字控制的实现，因此，数字控制是提高炮控系统性能和信息化程度的重要基础，也是控制系统的重要发展方向。

某新型数字化炮控系统结构如图1-21所示，系统在将各部件数字化的基础上，构建基于Flexray/CAN的高速总线网络，完成部件之间的信息传输，实现实时网络控制，克服了传统炮控系统内部各部件之间信息传递关系复杂，线缆繁杂，易受电磁干扰等问题。此外，该系统还通过总线实现与综合电子系统的信息交互与信息共享，从而进一步提高火炮的反应速度、打击精度和信息化程度。

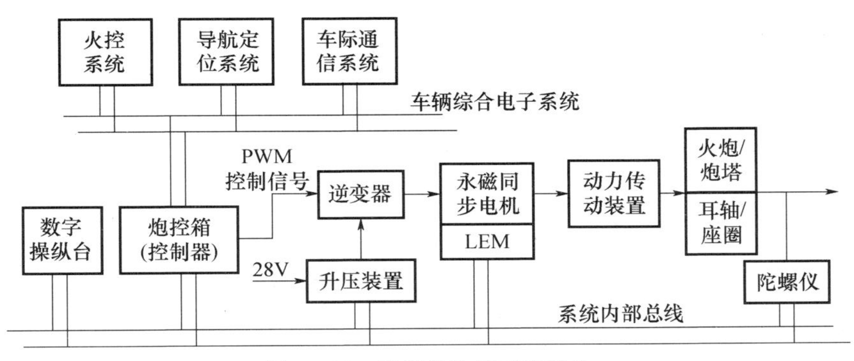

图1-21 数字化炮控系统结构

整体来看，目前坦克炮控系统数字化控制的研究还主要集中在硬件设计与工程实现方面，数字控制系统中的许多理论研究和工程实践问题尚有待进一步深入，例如控制算法与数字控制器及其外围部件的匹配性设计、现代控制策略在数字控制器中的快速集成开发研究、控制系统的可测试性设计等。此外，系统网络中的总线结构缺乏统一的标准，总线网络的实时性、可靠性和冗余设计等研究也有待进一步加强。

1.4 高机动作战条件下系统面临的挑战与对策

1.4.1 高机动作战条件及其影响

随着新军事技术变革的持续推进，未来战场环境和作战理念都将发生深刻变化，坦克武器系统将面临全新的环境和作战条件，最显著的特征之一就是战斗平台机动性能大幅提高。随着陆战平台全电化技术的加速发展,混合动力电传动装甲车辆将成为战斗车辆的重要发展模式,较之传统的机械传动系统,电传动系统响应速度快、加速性能好、过载能力强,因此战斗平台机动性将大幅提高,武器系统的使用条件也将随之发生变化。目前坦克炮控系统作战使用条件一般是:敌我坦克的运动速度都为 20 ~ 25km/h,且均为匀速运动。未来战场上敌我双方或一方的运动速度可能大于 25km/h,并且可能是非匀速运动,称为高机动条件。对于己方坦克而言,随着坦克机动性能的大幅提高和路面复杂程度的增加,坦克火炮所受扰动力矩的模式和强度都会发生重大变化。仿真分析与工程实践表明,采用以往研究背景为依据开展炮控系统设计难以适应未来高机动作战条件要求,火炮扰动幅度和频率的变化会导致系统控制性能急剧下降甚至失稳。对于敌方目标坦克而言,其机动性能的提高,特别是加速/制动性能的大幅提高给己方坦克武器系统的动态跟踪性能提出了更高的要求。

其次,未来新型武器(如新型坦克炮、新型弹药以及电磁炮和电热化学炮等新概念火炮)技术迅猛发展将使武器系统的射击距离更远,这就必然要求武器稳定系统的控制精度进一步提高。

此外,随着战场形态由机械化向信息化加速发展,战斗强度增加,战斗节奏更快,要实现“先敌开火”,就要求武器系统必须具备更短的反应时间(或者说要求武器系统的火力机动性更强),这也对武器稳定系统的快速性和准确性提出了更高的要求。从这个意义上说,本节中的“高机动作战条件”不仅是战斗平台的高机动,同时也包括武器系统自身的火力高速机动。

综上分析,未来高机动作战条件下,坦克武器系统所受的干扰更强,稳定精度要求更高,反应速度要求更快,动态性能要求更好,且要受到坦克内部空间体积等条件限制。如何针对系统强干扰、快时变性和高性能要求等特点,进一步提高武器稳定系统控制性能和抗扰能力,适应未来战争高机动作战要求,是武器稳定系统的研究设计面临的全新挑战。

1.4.2 基于“扰动链 - 驱动链”的系统分析研究方法

对于这样一个强干扰、快时变和高性能要求的复杂控制系统的研究设计,首先要解决的就是研究的“切入点”问题,即从哪里入手,构建什么样的研究体系的问题。事实上,虽然我们的研究对象——坦克武器稳定系统复杂程度高,但是它仍然遵循最基本的动力学原理,即牛顿定律所指出的力是改变物体运动状态的原因,无论是简单系统还是复杂系统均是如此,坦克武器稳定系统也不例外。以坦克火炮的高低向振动为例,如果没有外部作用力矩的影响,火炮轴线可以始终稳定在初始瞄准位置,而不会偏离,正是由于坦克运动过程引起的振动产生了扰动力矩施加到了火炮上,才使它产生旋转,使初始瞄准角度发生了改变,这就是“扰动力矩链”(简称“扰动链”)的作用效果。为抑制瞄准角度变化造成的弹道偏离,提高射击命中率,现代坦克安装了武器稳定系统。当其偏离初始位置时,系统根据陀螺仪等装置的检测信号实时产生控制量,并通过驱动机构控制火炮回到初始位置,这也就是“驱动力矩链”(简称“驱动链”)的作用效果。这样一来,就可以将坦克武器稳定系统的动力学关系简化为图1-22所示的基于“扰动链-驱动链”的系统动力学模型。

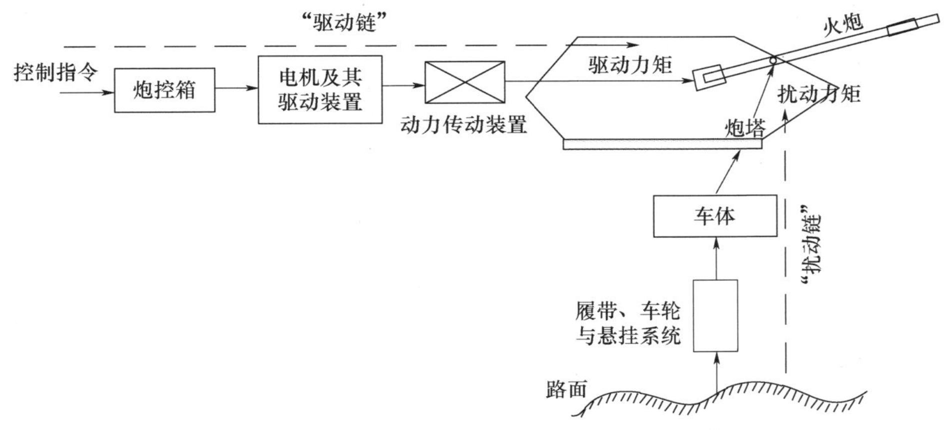

图1-22　基于“扰动链-驱动链”的系统动力学模型

从这个角度来看,武器稳定系统设计的核心工作可以简化描述为综合运用多种技术途径,获得一个理想的作用于武器系统的驱动力矩,之所以能称之为理想,是因为这个驱动力矩必须满足以下条件:首先能够实时地抑制扰动力矩的影响,使武器轴线始终保持在瞄准位置或者在其附近振动角度尽可能小(实现武器稳定的功能);其次能够按照操纵装置的控制指令灵活、准确地运动(实现武器瞄准跟踪的功能)。这个核心工作也是系统研究的“切入点”和最终的“落脚点”。

接下来的问题是如何获得这个“理想驱动力矩”。要解决这个问题,首先需要研究分析它的作用对象,即武器稳定系统中力矩(包括扰动力矩与驱动力矩)的传递作用机理及产生的运动规律,也就是要解决武器稳定系统的动力学建模问题。从控制系统体系的角度来看,控制系统一般由被控对象和控制器两部分组成,这部分内容属于被控对象的分析。根据图1-22所示的系统“扰动链-驱动链”动力学模型,第2章首先开展“扰动链”特性的研究,即坦克-武器系统耦合动力学与扰动谱测试分析技术;以此为基础,进一步开展“驱动链”的匹配设计及驱动特性分析,构建完整的武器稳定系统的动力学模型并进行系统运动性能分析研究,即第3章内容;考虑到武器稳定系统各个环节的参数在运行过程随运行环境改变而不断变化,且其上确界估计困难,使系统呈现出强不确定特性,第4章着重讨论了系统非线性状态估计与参数辨识技术。这三章内容围绕被控对象(包括系统分析、系统建模、系统辨识)展开,且构成逐层递进关系,分析方法涉及理论计算、动力学仿真和实验分析等。

接下来的章节是在被控对象分析的基础上探讨控制器的设计方法,即“理想驱动力矩”的构建问题。第5章首先针对常规的武器稳定系统结构,介绍了影响系统性能的各种非线性因素(如扰动、齿隙以及摩擦等)的典型补偿控制策略,在此基础上分析了整系统的非线性控制方法;针对传统系统结构非线性环节多,控制难度大的问题,第6章进一步介绍了一种无间隙直传式新型武器稳定系统结构,并对其高精度抗扰控制策略进行了分析;众所周知,控制器参数好坏直接影响系统的控制性能,参数整定是控制器设计的重要环节,且往往成为系统工程调试后期的主要任务,因此第7章着重分析了控制参数的智能整定方法,并以此为基础,探讨了武器稳定系统的自优化与智能学习问题。

参考文献

[1] 臧克茂,马晓军,李长兵. 现代坦克炮控系统[M]. 北京:国防工业出版社,2007.

[2] 毛保全,于子平,邵毅. 车载武器技术概论[M]. 北京:国防工业出版社,2009.

[3] 郑慕侨,冯崇植,蓝祖佑. 坦克装甲车辆[M]. 北京:北京理工大学出版社,2003.

[4] 周启煌,单东升. 坦克火力控制系统[M]. 北京:国防工业出版社,1997.

[5] 中国人民解放军总装备部. 装甲车辆炮控系统定型试验规程 GJB6361—2008[S]. 北京:中国人民解放军某试验训练基地,2008:3.

[6] 中国人民解放军总装备部. 装甲车辆试验规程:武器系统静态参数测定 GJB59. 65—2002[S]. 北京:中国人民解放军某研究所,2003:2.

[7] 中国人民解放军总装备部. 装甲车辆试验规程:武器系统动态参数测定 GJB59. 66—2002[S]. 北京:中国人民解放军某研究所,2003:2.

[8] 国防科学技术工业委员会. 装甲车辆术语 GJB2937A—2004[S]. 北京:中国兵器工业标准化研究所,中国兵器工业计算机应用技术研究所,2004:9.

[9] 国防科学技术工业委员会. 装甲车辆炮控系统台架试验方法 GJB5217—2003[S]. 北京:中国兵器工业标准化研究所,中国兵器工业某研究所,2003:9.

[10] Jane's Information Group. MBTs and medium tanks(JANE'S ARMOUR AND ARTILLERY 2008 - 2009)[EB/OL]. (2008 - 03 - 20)[2009 - 05 - 17]. http://21. 156. 81. 54. 12800/info/index/tank. jsp.

[11] Jane's Information Group. Weapon and stabilization systems (JANE'S ARMOUR AND ARTILLERY UPGRADES 2005 - 2006)[EB/OL]. (2005 - 07 - 04)[2010 - 04 - 22]. http://21. 156. 81. 54. 12800/info/index/weapon. jsp.

[12] 臧克茂,李立宇,李匡成. 坦克炮采用全电交流控制系统的研究[J]. 兵工学报,2006,27(3):549 - 552.

[13] 张金忠,王国辉,杨振军. 基于少齿差传动的高精度方向机研究[J]. 装甲兵工程学院学报,2000,14(9):80 - 82.

[14] Olorunfemi Ojo,Innocet Ewean Davidson. PWM - VSI inverter - assisted stand - alone dual stator winding

induction generator[J]. IEEE Transactions on Industry Applications,2000,36(6): 1604 - 1611.
[15] 赵国峰,陈庆伟,胡维礼. 双电机驱动伺服系统齿隙非线性自适应控制[J]. 南京理工大学学报,2007,31(2):187 - 192.
[16] 臧克茂. 陆战平台全电化技术研究综述[J]. 装甲兵工程学院学报,2011,25(1):1 - 7.
[17] 马晓军,袁东,臧克茂,等. 数字全电式坦克炮控系统的研究现状与发展[J]. 兵工学报,2012,33(1):69 - 76.
[18] 赵二陇. 坦克炮控系统最低瞄准速度指标的探讨[J]. 火炮发射与控制学报,2004,24(4):8 - 10.
[19] 马晓军,李长兵,颜南明,等. 双模炮控系统研究[J]. 火炮发射与控制学报,2003,23(3):25 - 28.

第2章　坦克－武器耦合动力学与扰动谱测试分析技术

坦克机动过程中，由路面不平等因素引起的扰动力矩是影响武器稳定的重要原因，也是坦克武器稳定系统区别于其他运动控制系统的显著特征，特别是高机动作战条件下，扰动力矩的频率和强度都会急剧增加，成为制约武器稳定系统性能提升的瓶颈问题，因此扰动力矩的特性是武器稳定系统部件参数匹配计算和控制器设计的重要依据，扰动力矩特性分析也成为系统研究的首要任务。本章从理论计算和测试分析两个方面对扰动力矩的传递路径、作用规律、测试方法以及其频谱特征进行分析研究。

2.1　坦克－武器系统构型与振动受力分析

2.1.1　系统构型与基本假设

坦克－火炮系统基本构型如图2－1所示，主要由坦克底盘和火炮系统两部分组成。坦克底盘由车体、位于车体两侧的 $2n$ 个负重轮、左右侧履带以及悬挂装置等部分组成，悬挂装置是将车体和负重轮连接起来的所有部件的总称，包括弹性元件、减振器、限制器、导向装置及其他辅助零件。火炮系统包括炮

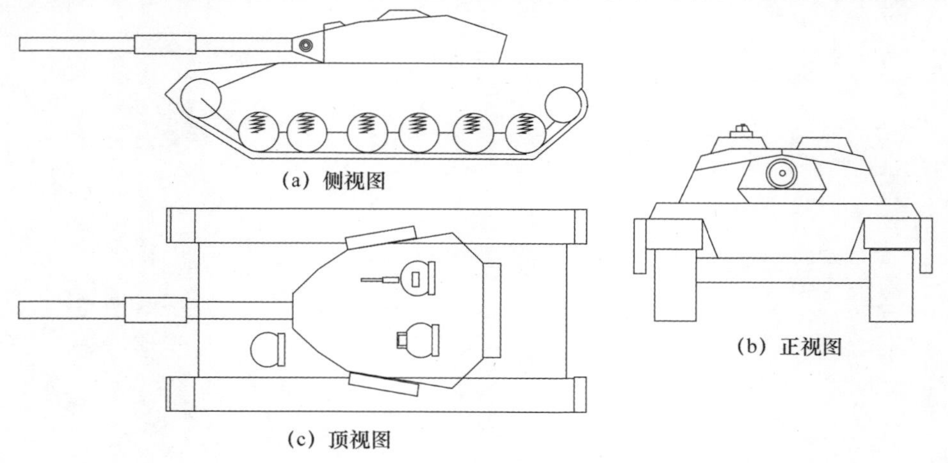
(a) 侧视图　(b) 正视图　(c) 顶视图

图2－1　坦克－火炮系统基本构型

塔、火炮起落部分、身管后座部分等。炮塔用座圈轴承安装在车体上,火炮通过炮塔与车体相连,一方面随着炮塔在其参考水平面内相对于车体做旋转运动,另一方面在参考垂直面内围绕耳轴做摆动。

为了分析方便,做如下假设:

(1)车体为刚体,其载荷和负重轮简化为集中质量和弹簧、阻尼的组合,悬挂装置和履带质量忽略,简化为弹簧、阻尼的组合;地面激励输入为点输入,忽略因平衡肘摆动造成的输入点与车体相对位置的变化,忽略因角振动引起的负重轮相对于车体的位置变化;分析时不考虑车辆的结构振动。

(2)火炮系统各部件均为刚体,忽略身管、炮尾、摇架之间存在的间隙,不考虑身管的弯曲变形,即将其视为刚体。

2.1.2　系统耦合振动受力分析

在上述假设条件下,路面－车体－火炮系统受力拓扑如图 2－2 所示。路面不平引起的扰动力矩通过左右侧履带传递给负重轮,负重轮通过悬挂装置与车体相连,从而负重轮的振动通过悬挂装置引起车体振动,为了吸收车体振动能量,减小冲击,提高坦克行驶的平稳性,悬挂装置中一般安装有各种具有阻尼特性的减振器。火炮通过炮塔与车体相连,车体振动会导致炮塔随之振动;同时,由于座圈摩擦力矩、偏心力矩等因素的存在,车体振动还会导致炮塔在其参考水平面内绕车体相对旋转。炮塔运动产生的力矩通过耳轴传递给火炮,使其随炮塔运动的同时在车体垂直面内围绕耳轴做旋转运动。同时,火炮和炮塔自身的振动又会产生反作用力矩施加到车体上,引起耦合振动。炮控系统的作用则是抑制上述振动造成的瞄准角偏离,提高射击命中率。当火炮或炮塔旋转,

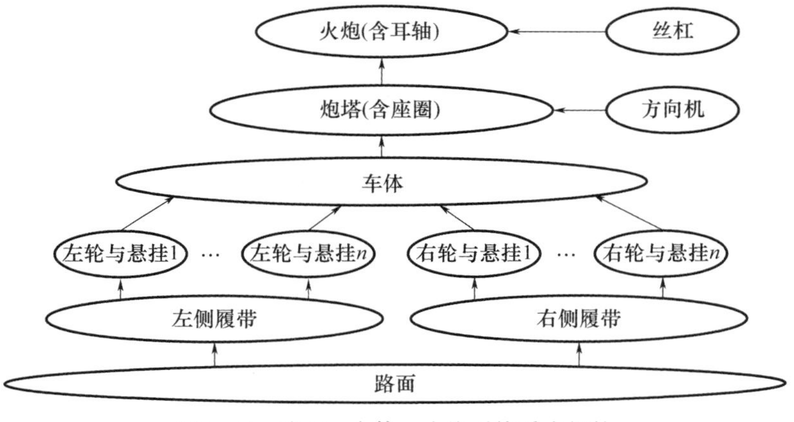

图 2－2　路面－车体－火炮系统受力拓扑

偏离开给定瞄准角时,系统根据陀螺仪等装置的检测信号实时生成控制量,并经功率装置放大后产生驱动力矩,通过丝杠和方向机等动力传动装置控制火炮和炮塔回到瞄准角位置。

除了上述受力外,坦克自身各种因素也会造成振动,如发动机偏心转矩引起的周期性振动,履带引起的周期性振动,油料燃料不均匀引起的随机振动以及驾驶员操控不稳定性(如变速、刹车、拐弯)引起的不均匀振动等。此外,还有上述振动产生对地面的外力以及由此引起的耦合振动等。此处分析时不考虑上述振动,即认为坦克-火炮系统的耦合振动主要由路面不平产生。

2.2 武器系统多体耦合动力学建模与解析

2.2.1 路面-车体-火炮系统多体动力学瞬态建模

为方便分析,建立车体局部坐标系、炮塔局部坐标系和火炮局部坐标系。当坦克处于水平状态下:在初始静止时车体中心(设车体质心与运动中心重合,简称中心)处建立车体局部坐标系 $O_V-x_Vy_Vz_V$,取初始车首方向为 x_V 轴方向,车首在车体参考平面内的垂直线为 y_V 轴方向,车体参考平面的法线为 z_V 轴方向;在座圈回转中心处建立炮塔局部坐标系 $O_T-x_Ty_Tz_T$,取炮身初始轴线在座圈回转平面投影为 x_T 轴方向,其投影在座圈回转平面的垂直线为 y_T 轴方向,座圈回转平面法线为 z_T 轴方向;在耳轴中心处建立火炮局部坐标系 $O_G-x_Gy_Gz_G$,取炮身初始轴线方向为 x_G 轴方向,初始轴线在其回转平面的垂直线为 z_G 轴方向,炮身回转平面的法线为 y_G 轴方向。

在车体局部坐标系 $O_V-x_Vy_Vz_V$ 中,车体主要考虑沿 z_V 轴方向的垂直线位移(为表述方便,将其也记为 z_V),绕 y_V 轴旋转的俯仰角位移(将其记为 θ_{Vy}),绕 x_V 轴旋转的侧倾角位移(将其记为 θ_{Vx}),共3个自由度。负重轮主要考虑沿 z_V 轴方向的垂直线位移(将其记为 z_{WLi}、z_{WRi}($i=1,2,\cdots,n$)),共 $2n$ 个自由度。整车主要有沿 x_V 轴方向的水平线位移(将其记为 x_{TK}),沿 y_V 轴方向的侧滑线位移(将其记为 y_{TK}),绕 z_V 轴旋转的航向角位移(将其记为 θ_{TKz}),共3个自由度。

炮塔局部坐标系 $O_T-x_Ty_Tz_T$ 与车体局部坐标系 $O_V-x_Vy_Vz_V$ 的变换关系如图2-3所示,θ_{TV} 为炮塔相对于车首方向的初始旋转角。炮塔用轴承安装在车体上,除了相对车体旋转外,其他运动特性与车体一致,因此在炮塔局部坐标系 $O_T-x_Ty_Tz_T$ 中,主要分析炮塔绕 z_T 轴旋转的方位角位移(将其记为 θ_{Tz}),共1个自由度。对于火炮瞄准射击来说,该运动也是影响射击命中率最重要的因素之一。

炮塔局部坐标系 $O_T - x_T y_T z_T$ 与火炮局部坐标系 $O_G - x_G y_G z_G$ 变换关系如图 2 - 4所示，θ_{GT} 为炮身相对于炮塔座圈平面的初始旋转角。与炮塔运动分析类似，在火炮局部坐标系 $O_G - x_G y_G z_G$ 中，主要考虑火炮绕 y_G 轴旋转的高低角位移（将其记为 θ_{Gy}），共 1 个自由度。

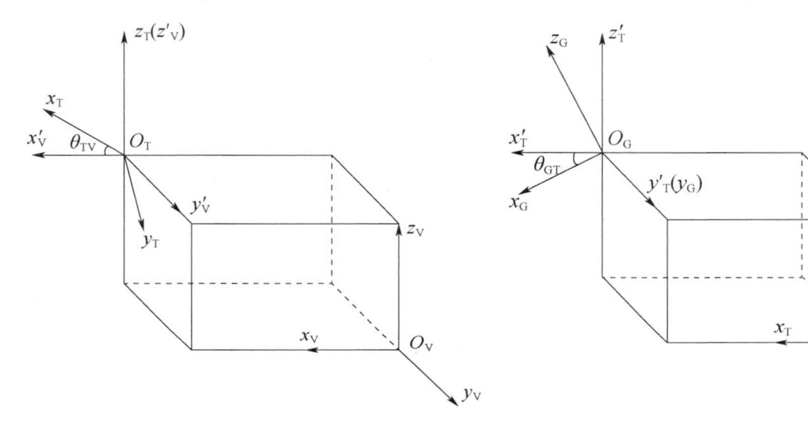

图 2 - 3　炮塔局部坐标系与车体局部坐标系变换关系（坦克为侧视图）

图 2 - 4　炮塔局部坐标系与火炮局部坐标系变换关系（坦克为侧视图）

根据上述坐标系设定，可构建坦克各部分动力学模型。

1. 整车动力学建模

作用在整车上的力向量主要有：坦克发动机工作生成的驱动力、路面摩擦、迎风阻力和重力分量（主要是指在斜坡上）生成的阻力，以及由上述驱动力和阻力产生的作用在整车上绕 z_V 轴旋转的驱动力矩和阻力矩。整车动力学方程为

$$\begin{cases} m_{TK1}\ddot{x}_{TK} = F_{Dx} - F_{rx} \\ m_{TK2}\ddot{y}_{TK} = F_{Dy} - F_{ry} \\ J_{TK}\ddot{\theta}_{TKz} = T_{Dz} - T_{rz} \end{cases} \tag{2-1}$$

式中：m_{TK1} 为整车行驶质量参数；m_{TK2} 为整车滑移质量参数；J_{TK} 为整车对 z_V 轴的转动惯量；$\ddot{x}_{TK}$ 为整车沿 x_V 轴行驶水平线加速度；$\ddot{y}_{TK}$ 为整车沿 y_V 轴方向的侧滑线加速度；$\ddot{\theta}_{TKz}$ 为整车绕 z_V 轴旋转的航向角加速度。F_{Dx}、F_{rx} 分别为作用整车上的 x_V 方向的驱动力和阻力；F_{Dy}、F_{ry} 分别为作用整车上的 y_V 方向的驱动力和阻力；T_{Dz}、T_{rz} 分别为作用整车上绕 z_V 轴旋转的驱动力矩和阻力矩。

2. 车体动力学建模

作用在车体上的力向量主要有：车体和负重轮之间的悬挂装置的弹性恢复

力和减振阻力、车体重力，以及由上述作用力生成的作用在车体上绕 y_V、x_V 轴旋转的力矩。此外，还有炮塔的反作用力以及炮塔重心与车体中心不重合而产生的绕 y_V、x_V 轴的反作用力矩。车体动力学方程为

$$\begin{cases} m_V\ddot{z}_V = F_{TX} + F_{ZN} - m_V g - F_{Tz} \\ J_{Vx}\ddot{\theta}_{Vx} = T_{TXx} + T_{ZNx} - T_{Tx} \\ J_{Vy}\ddot{\theta}_{Vy} = T_{TXy} + T_{ZNy} - T_{Ty} \end{cases} \tag{2-2}$$

式中：m_V 为车体质量参数；J_{Vx}、J_{Vy}分别为车体对 x_V、y_V 轴的转动惯量；$\ddot{z}_V$ 为车体沿 z_V 轴方向的垂直线加速度；$\ddot{\theta}_{Vx}$为车体绕 x_V 轴旋转的侧倾角加速度；$\ddot{\theta}_{Vy}$为车体绕 y_V 轴旋转的俯仰角加速度。

F_{Tz}为炮塔在 z_V 方向的反作用力，当不考虑间隙，认为炮塔在 z_V 方向与车体运动一致时，有 $F_{Tz} = m_T(g - \ddot{z}_V)$。其中：$m_T$ 为炮塔质量；T_{Tx}，T_{Ty}为由于炮塔质心与车体中心不重合而产生的绕 x_V、y_V 轴的反作用力矩。

F_{TX}为作用在车体和负重轮之间的悬挂装置的弹性恢复力，且有

$$F_{TX} = \sum_{i=1}^{n} F_{TXLi} + \sum_{i=1}^{n} F_{TXRi} \tag{2-3}$$

式中：F_{TXLi}、F_{TXRi}分别为左、右侧悬挂装置的弹性恢复力；n 为一侧负重轮个数。

F_{ZN}为作用在车体和负重轮之间的减振装置的减振阻力，且有

$$F_{ZN} = \sum_{i=1}^{r} F_{ZNLi} + \sum_{i=1}^{r} F_{ZNRi} \tag{2-4}$$

式中：F_{ZNLi}、F_{ZNRi}分别为左、右侧减振装置的减振阻尼力；r 为一侧减振器个数。

T_{TXx}为悬挂装置作用在车体上绕 x_V 轴的弹性力矩，且有

$$T_{TXx} = \sum_{i=1}^{n} F_{TXLi} l_{xLi} + \sum_{i=1}^{n} F_{TXRi} l_{xRi} \tag{2-5}$$

式中：l_{xLi}、l_{xRi}分别为左、右轮中心相对于车体中心位置的纵向（x_V 轴向）水平距离。

T_{TXy}为悬挂装置作用在车体上绕 y_V 轴的弹性力矩，且有

$$T_{TXy} = \sum_{i=1}^{n} F_{TXLi} l_{yLi} + \sum_{i=1}^{n} F_{TXRi} l_{yRi} \tag{2-6}$$

式中：l_{yLi}、l_{yRi}分别为左、右轮中心相对于车体中心位置的横向（y_V 轴向）水平距离。

T_{ZNx}为减振装置作用在车体上绕 x_V 轴的阻尼力矩，且有

$$T_{ZNx} = \sum_{i=1}^{r} F_{ZNLi} n_{xLi} + \sum_{i=1}^{r} F_{ZNRi} n_{xRi} \tag{2-7}$$

式中：n_{xLi}、n_{xRi}分别为左、右侧减振器中心相对于车体中心位置的纵向（x_V 轴向）水平距离。

T_{ZNy}为减振装置作用在车体上绕y_V轴的阻尼力矩，且有

$$T_{ZNy} = \sum_{i=1}^{r} F_{ZNLi} n_{yLi} + \sum_{i=1}^{r} F_{ZNRi} n_{yRi} \tag{2-8}$$

式中：n_{yLi}、n_{yRi}分别为左、右侧减振器中心相对于车体中心位置的横向（y_V轴向）水平距离。

3. 负重轮动力学建模

作用在负重轮上的力向量主要有：车体和负重轮之间的悬挂装置的弹性恢复力和减振装置的减振阻力，地面通过履带施加在负重轮上的支撑力以及履带的约束作用力。因此，当忽略负重轮橡胶轮缘的弹性和阻尼影响时，负重轮动力学方程为

$$\begin{cases} m_{WLi}\ddot{z}_{WLi} = F_{MLi} - F_{TXLi} - F_{ZNLj} - m_{WLi}g \\ m_{WRi}\ddot{z}_{WRi} = F_{MRi} - F_{TXRi} - F_{ZNRj} - m_{WRi}g \end{cases} \tag{2-9}$$

式中：m_{WLi}、m_{WRi}（$i=1,2,\cdots,n$）分别为左、右侧各负重轮的质量；$\ddot{z}_{WLi}$、$\ddot{z}_{WRi}$分别为左、右侧各负重轮在z_V轴方向的垂直线加速度；F_{MLi}、F_{MRi}分别为路面和履带在左、右侧各负重轮的总作用力；F_{TXLi}、F_{TXRi}分别为悬挂装置在左、右侧负重轮上的弹性力；F_{ZNLj}、F_{ZNRj}（$j=1,2,\cdots,r$）分别为减振装置在左、右侧负重轮上的阻尼作用力，未安装减振装置的负重轮上，此项为0。

4. 炮塔动力学建模

作用在炮塔上绕z_T轴的力矩主要有：水平向传动装置施加的驱动力矩，车体振动引起的等效扰动力矩，火炮振动引起的等效扰动力矩，炮塔质心与旋转中心不重合引起的偏心力矩以及系统内部的摩擦力矩。炮塔动力学方程为

$$J_T\ddot{\theta}_{Tz} = T_{drvT} - T_{dV} - T_{lT} - T_{dG} - T_{fT} \tag{2-10}$$

式中：J_T为炮塔转动惯量；$\ddot{\theta}_{Tz}$为炮塔的角加速度；T_{drvT}为水平向传动装置（如方向机）驱动力矩；T_{dV}为车体振动引起的等效扰动力矩；T_{dG}为火炮振动引起的等效扰动力矩；T_{fT}为摩擦力矩；T_{lT}为偏心力矩。

5. 火炮动力学建模

作用在火炮上绕y_G轴的力矩主要有：高低向传动装置施加的驱动力矩，炮塔振动引起的等效扰动力矩，耳轴摩擦力矩，火炮质心与耳轴中心不重合引起的偏心力矩。火炮动力学方程为

$$J_G\ddot{\theta}_{Gy} = T_{drvG} - T_{dT} - T_{lG} - T_{fG} \tag{2-11}$$

式中：J_G为火炮转动惯量；$\ddot{\theta}_{Gy}$为火炮的角加速度；T_{drvG}为高低向传动装置（如丝杠）驱动力矩；T_{dT}为炮塔振动引起的等效扰动力矩；T_{fG}为耳轴摩擦力矩；T_{lG}为火炮质心与耳轴中心不重合引起的偏心力矩。

综合式(2－1)、式(2－2)、式(2－9)～式(2－11),构成了路面－车体－火炮系统多体耦合动力学模型。

2.2.2 系统动力学模型简化与解析

坦克－火炮系统耦合动力学模型变量多,结构复杂,求解分析比较困难。如果根据实际工作条件进一步简化,可以求得简化情形下火炮系统的动力学解析表达式,从而为分析扰动力矩的作用机理以及系统构型参数的影响规律提供理论依据。

设定简化条件如下:

(1) 履带与地面持续接触,且履带处于自由平衡状态,不考虑在 x_{V} 轴向对负重轮的约束力;

(2) 坦克左、右两侧负重轮所遇地面起伏情况大致相同,车体绕 x_{V} 轴的侧倾角振动可忽略,只讨论车体沿 z_{V} 轴的垂直位移和绕 y_{V} 轴的角振动;

(3) 不考虑炮塔绕 z_{T} 轴的旋转运动,即认为炮塔和车体闭锁,且炮口正对于车首方向($\theta_{\mathrm{TV}}=0°$),同时炮身初始位置与炮塔座圈平面平行($\theta_{\mathrm{GT}}=0°$)。

基于简化条件(3),分析时可将车体和炮塔(不含火炮)看作一个整体,火炮作为另一个整体进行分析。因此,前面设定的炮塔局部坐标系 $O_{\mathrm{T}}-x_{\mathrm{T}}y_{\mathrm{T}}z_{\mathrm{T}}$ 和车体局部坐标系 $O_{\mathrm{V}}-x_{\mathrm{V}}y_{\mathrm{V}}z_{\mathrm{V}}$ 合并为车体局部坐标系 $O_{\mathrm{V}}-x_{\mathrm{V}}y_{\mathrm{V}}z_{\mathrm{V}}$,其坐标轴正方向与原车体局部坐标系一致,坐标原点移至车体和炮塔(不含火炮)组合体中心处(仍设定二者组合体的质量中心和运动中心重合,简称中心)。如无特殊说明,本节后续所用到的与车体有关的运动变量、构型参数均指车体和炮塔(不含火炮)组合体的运动变量、构型参数。

由此,式(2－2)中炮塔扰动作用 $F_{\mathrm{T}z}$、$T_{\mathrm{T}x}$、$T_{\mathrm{T}y}$ 变化为火炮扰动作用 $F_{\mathrm{G}z}$、$T_{\mathrm{G}x}$、$T_{\mathrm{G}y}$。由于火炮质量和转动惯量远小于车体,因此 $F_{\mathrm{G}z}$、$T_{\mathrm{G}x}$、$T_{\mathrm{G}y}$ 可忽略不计,则式(2－2)简化为

$$
\begin{cases}
m_{\mathrm{V}}\ddot{z}_{\mathrm{V}}=F_{\mathrm{TX}}+F_{\mathrm{ZN}}-m_{\mathrm{V}}g\\
J_{\mathrm{V}x}\ddot{\theta}_{\mathrm{V}x}=T_{\mathrm{TX}x}+T_{\mathrm{ZN}x}\\
J_{\mathrm{V}y}\ddot{\theta}_{\mathrm{V}y}=T_{\mathrm{TX}y}+T_{\mathrm{ZN}y}
\end{cases}
\tag{2-12}
$$

由于左、右两侧负重轮所遇地面起伏情况大致相同,因此本节重点考虑车体沿 z_{V} 轴的垂直位移和绕 y_{V} 轴的角振动,即式(2－12)中第一行和第三行方程,可将其记为:

$$
\begin{cases}
m_{\mathrm{V}}\ddot{z}_{\mathrm{V}}=F_{\mathrm{TX}}+F_{\mathrm{ZN}}-m_{\mathrm{V}}g\\
J_{\mathrm{V}y}\ddot{\theta}_{\mathrm{V}y}=T_{\mathrm{TX}y}+T_{\mathrm{ZN}y}
\end{cases}
\tag{2-13}
$$

代入式(2-3)、式(2-4)、式(2-7)、式(2-8),且考虑到简化条件(2),有

$$\begin{cases} m_{\mathrm{V}}\ddot{z}_{\mathrm{V}} = 2\sum_{i=1}^{n} F_{\mathrm{TXL}i} + 2\sum_{i=1}^{r} F_{\mathrm{ZNL}i} - m_{\mathrm{V}}g \\ J_{\mathrm{V}y}\ddot{\theta}_{\mathrm{V}y} = 2\sum_{i=1}^{n} F_{\mathrm{TXL}i}l_{y\mathrm{L}i} + 2\sum_{i=1}^{r} F_{\mathrm{ZNL}i}n_{y\mathrm{L}i} \end{cases} \tag{2-14}$$

下面首先求取弹性力 $F_{\mathrm{TXL}i}$。基于简化条件(1),当坦克在水平路面并处于平衡状态,且履带与地面持续接触时,车体的重力和各负重轮悬挂装置的静变形弹性恢复力相平衡,各负重轮悬挂装置的静变形引起的绕车体中心弹性恢复力矩总和为0,设悬挂装置为线性特性,取此时各负重轮悬挂装置形变量为 $z_{\mathrm{L}i0}$ $(i=1,2,\cdots,n)$,则有

$$\begin{cases} 2\sum_{i=1}^{n} z_{\mathrm{L}i0}k_{\mathrm{L}i} = m_{\mathrm{V}}g \\ 2\sum_{i=1}^{n} z_{\mathrm{L}i0}k_{\mathrm{L}i}l_{y\mathrm{L}i} = 0 \end{cases} \tag{2-15}$$

式中:$k_{\mathrm{L}i}$为悬挂装置的弹性系数。

当坦克的车体中心存在垂直位移 z_{V} 和俯仰角 $\theta_{\mathrm{V}y}$时,各负重轮悬挂装置总的形变为

$$z_{\mathrm{L}i} = z_{\mathrm{L}i0} - z_{\mathrm{V}} - \theta_{\mathrm{V}y}l_{y\mathrm{L}i} \tag{2-16}$$

进一步考虑路面不平特性。由于坦克行驶的路面较为复杂,难以对各种路面进行分析,因此一般选取典型路面进行分析。本节中采用国家军用标准规定的中等起伏路面,并取其正弦基波作为研究条件。设其基波表达式为

$$f_z = \frac{h}{2}\sin 2\pi\frac{v_0 t}{a} \tag{2-17}$$

式中:a、h 分别为波长和波高;v_0 为坦克行驶速度。

当坦克在该波形路面上行驶时,第 i 个负重轮悬挂装置的总形变为

$$z_{\mathrm{L}i} = z_{\mathrm{L}i0} - z_{\mathrm{V}} - \theta_{\mathrm{V}y}l_{y\mathrm{L}i} + f_{zi} = z_{\mathrm{L}i0} - z_{\mathrm{V}} - \theta_{\mathrm{V}y}l_{y\mathrm{L}i} + \frac{h}{2}\sin 2\pi\frac{v_0 t + l_{y\mathrm{L}i}}{a} \tag{2-18}$$

则弹性力为

$$F_{\mathrm{TXL}i} = \left(z_{\mathrm{L}i0} - z_{\mathrm{V}} - \theta_{\mathrm{V}y}l_{y\mathrm{L}i} + \frac{h}{2}\sin 2\pi\frac{v_0 t + l_{y\mathrm{L}i}}{a}\right)k_{\mathrm{L}i} \tag{2-19}$$

下面进一步分析减振器的阻尼力 $F_{\mathrm{ZNL}i}$。坦克上通常使用的减振器有摩擦式减振器和液力式减振器等,目前应用较多的是液力式减振器,本节将其作为研究对象进行分析。液力式减振器具有黏滞阻尼特性,其阻力 $F_{\mathrm{ZNL}i}$ 近似的与减振器中活塞的相对速度 $\dot{z}_{\mathrm{N}i}$成正比。与式(2-19)类似,可求得阻尼力为

$$F_{\mathrm{ZNL}i}=\dot{z}_{\mathrm{N}i}k_{\mathrm{N}i}=\left(-\dot{z}_{\mathrm{V}}-\dot{\theta}_{\mathrm{V}y}n_{y\mathrm{L}i}+\frac{\pi h v_0}{a}\cos 2\pi\frac{v_0 t+n_{y\mathrm{L}i}}{a}\right)k_{\mathrm{N}i} \tag{2-20}$$

式中：$k_{\mathrm{N}i}$为第 i 个减振器的阻尼系数。

将式(2-19)、式(2-20)代入式(2-14)，可得

$$\begin{cases} m_{\mathrm{V}}\ddot{z}_{\mathrm{V}}=2\sum\limits_{i=1}^{n}\left(z_{\mathrm{L}i0}-z_{\mathrm{V}}-\theta_{\mathrm{V}y}l_{y\mathrm{L}i}+\dfrac{h}{2}\sin 2\pi\dfrac{v_0 t+l_{y\mathrm{L}i}}{a}\right)k_{\mathrm{L}i}+ \\ \qquad 2\sum\limits_{i=1}^{r}\left(-\dot{z}_{\mathrm{V}}-\dot{\theta}_{\mathrm{V}y}n_{y\mathrm{L}i}+\dfrac{\pi h v_0}{a}\cos 2\pi\dfrac{v_0 t+n_{y\mathrm{L}i}}{a}\right)k_{\mathrm{N}i}-m_{\mathrm{V}}g \\ J_{\mathrm{V}y}\ddot{\theta}_{\mathrm{V}y}=2\sum\limits_{i=1}^{n}\left(z_{\mathrm{L}i0}-z_{\mathrm{V}}-\theta_{\mathrm{V}y}l_{y\mathrm{L}i}+\dfrac{h}{2}\sin 2\pi\dfrac{v_0 t+l_{y\mathrm{L}i}}{a}\right)k_{\mathrm{L}i}l_{y\mathrm{L}i}+ \\ \qquad 2\sum\limits_{i=1}^{r}\left(-\dot{z}_{\mathrm{V}}-\dot{\theta}_{\mathrm{V}y}n_{y\mathrm{L}i}+\dfrac{\pi h v_0}{a}\cos 2\pi\dfrac{v_0 t+n_{y\mathrm{L}i}}{a}\right)k_{\mathrm{N}i}n_{y\mathrm{L}i} \end{cases} \tag{2-21}$$

又考虑到稳态条件式(2-15)，式(2-21)可化为

$$\begin{cases} m_{\mathrm{V}}\ddot{z}_{\mathrm{V}}=2\sum\limits_{i=1}^{n}\left(-z_{\mathrm{V}}-\theta_{\mathrm{V}y}l_{y\mathrm{L}i}+\dfrac{h}{2}\sin 2\pi\dfrac{v_0 t+l_{y\mathrm{L}i}}{a}\right)k_{\mathrm{L}i}+ \\ \qquad 2\sum\limits_{i=1}^{r}\left(-\dot{z}_{\mathrm{V}}-\dot{\theta}_{\mathrm{V}y}n_{y\mathrm{L}i}+\dfrac{\pi h v_0}{a}\cos 2\pi\dfrac{v_0 t+n_{y\mathrm{L}i}}{a}\right)k_{\mathrm{N}i} \\ J_{\mathrm{V}y}\ddot{\theta}_{\mathrm{V}y}=2\sum\limits_{i=1}^{n}\left(-z_{\mathrm{V}}-\theta_{\mathrm{V}y}l_{y\mathrm{L}i}+\dfrac{h}{2}\sin 2\pi\dfrac{v_0 t+l_{y\mathrm{L}i}}{a}\right)k_{\mathrm{L}i}l_{y\mathrm{L}i}+ \\ \qquad 2\sum\limits_{i=1}^{r}\left(-\dot{z}_{\mathrm{V}}-\dot{\theta}_{\mathrm{V}y}n_{y\mathrm{L}i}+\dfrac{\pi h v_0}{a}\cos 2\pi\dfrac{v_0 t+n_{y\mathrm{L}i}}{a}\right)k_{\mathrm{N}i}n_{y\mathrm{L}i} \end{cases} \tag{2-22}$$

设各悬挂装置的弹性系数 $k_{\mathrm{L}i}$和减振装置的阻尼系数 $k_{\mathrm{N}i}$均相同，即令 $k_{\mathrm{L}i}=k_{\mathrm{L}}$，$k_{\mathrm{N}i}=k_{\mathrm{N}}$，则式(2-22)可化为

$$\begin{cases} m_{\mathrm{V}}\ddot{z}_{\mathrm{V}}=-2nk_{\mathrm{L}}z_{\mathrm{V}}-2rk_{\mathrm{N}}\dot{z}_{\mathrm{V}}-\left(2k_{\mathrm{L}}\sum\limits_{i=1}^{n}l_{y\mathrm{L}i}\right)\theta_{\mathrm{V}y}-\left(2k_{\mathrm{N}}\sum\limits_{i=1}^{r}n_{y\mathrm{L}i}\right)\dot{\theta}_{\mathrm{V}y}+ \\ \qquad k_{\mathrm{L}}h\sum\limits_{i=1}^{n}\sin 2\pi\dfrac{v_0 t+l_{y\mathrm{L}i}}{a}+\dfrac{2\pi k_{\mathrm{N}}h v_0}{a}\sum\limits_{i=1}^{r}\cos 2\pi\dfrac{v_0 t+n_{y\mathrm{L}i}}{a} \\ J_{\mathrm{V}y}\ddot{\theta}_{\mathrm{V}y}=-\left(2k_{\mathrm{L}}\sum\limits_{i=1}^{n}l_{y\mathrm{L}i}\right)z_{\mathrm{V}}-\left(2k_{\mathrm{N}}\sum\limits_{i=1}^{r}n_{y\mathrm{L}i}\right)\dot{z}_{\mathrm{V}}-\left(2k_{\mathrm{L}}\sum\limits_{i=1}^{n}l_{y\mathrm{L}i}^{2}\right)\theta_{\mathrm{V}y}-\left(2k_{\mathrm{N}}\sum\limits_{i=1}^{r}n_{y\mathrm{L}i}^{2}\right)\dot{\theta}_{\mathrm{V}y}+ \\ \qquad hk_{\mathrm{L}}\sum\limits_{i=1}^{n}\left(\sin 2\pi\dfrac{v_0 t+l_{y\mathrm{L}i}}{a}\right)l_{y\mathrm{L}i}+\dfrac{2\pi k_{\mathrm{N}}h v_0}{a}\sum\limits_{i=1}^{r}\left(\cos 2\pi\dfrac{v_0 t+n_{y\mathrm{L}i}}{a}\right)n_{y\mathrm{L}i} \end{cases} \tag{2-23}$$

由式(2-23)可知，车体沿 z_{V} 轴的垂直振动方程中含有 $\theta_{\mathrm{V}y}$、$\dot{\theta}_{\mathrm{V}y}$，而绕 y_{V} 轴的角振动方程中也含有 z_{V}、$\dot{z}_{\mathrm{V}}$，由此表明，沿 z_{V} 轴的垂直振动与绕 y_{V} 轴的角振动状态相互耦合，垂直振动会引起角振动，反之亦然。

为了解耦两种振动，在坦克布局设计时，可将其总弹性中心和阻尼中心与车体中心布置在同一垂线上，此时有

$$\sum_{i=1}^{n} l_{yLi} = 0, \sum_{i=1}^{r} n_{yLi} = 0$$

则式(2-23)简化为

$$\begin{cases} 2nk_{\mathrm{L}}z_{\mathrm{V}} + 2rk_{\mathrm{N}}\dot{z}_{\mathrm{V}} + m_{\mathrm{V}}\ddot{z}_{\mathrm{V}} = k_{\mathrm{L}}h\sum_{i=1}^{n}\sin 2\pi\dfrac{v_0t + l_{yLi}}{a} + \dfrac{2\pi k_{\mathrm{N}}hv_0}{a}\sum_{i=1}^{r}\cos 2\pi\dfrac{v_0t + n_{yLi}}{a} \\ \left(2k_{\mathrm{L}}\sum_{i=1}^{n}l_{yLi}^2\right)\theta_{\mathrm{V}y} + \left(2k_{\mathrm{N}}\sum_{i=1}^{r}n_{yLi}^2\right)\dot{\theta}_{\mathrm{V}y} + J_{\mathrm{V}y}\ddot{\theta}_{\mathrm{V}y} = hk_{\mathrm{L}}\sum_{i=1}^{n}\left(\sin 2\pi\dfrac{v_0t + l_{yLi}}{a}\right)l_{yLi} + \\ \dfrac{2\pi k_{\mathrm{N}}hv_0}{a}\sum_{i=1}^{r}\left(\cos 2\pi\dfrac{v_0t + n_{yLi}}{a}\right)n_{yLi} \end{cases} \tag{2-24}$$

至此，得到了车体沿 z_{V} 轴的垂直振动与绕 y_{V} 轴的角振动方程，为一组二阶非齐次方程。由于其非齐次项显含时间变量 t，采用时域方法求解较为困难，为此可将其转化到频域，构建频域传递函数框图如图2-5所示。

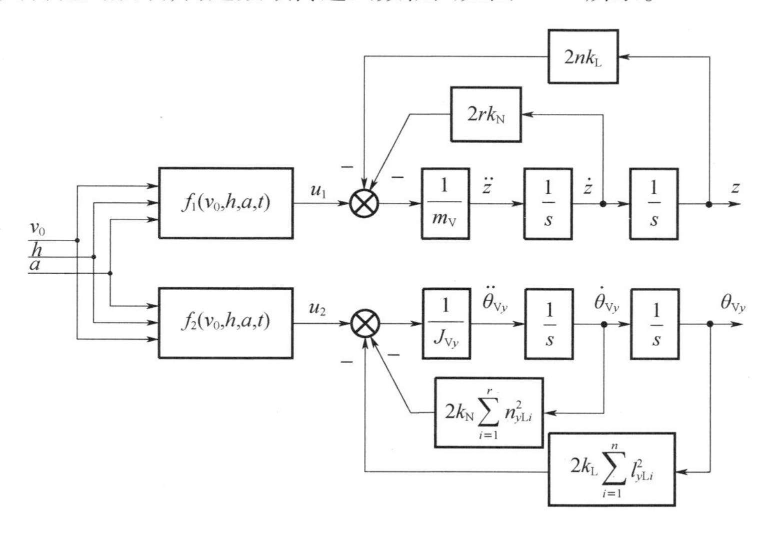

图2-5　车体振动传递函数结构框图

图2-5中：

$$f_1(v_0,h,a,t) = k_{\mathrm{L}}h\sum_{i=1}^{n}\sin 2\pi\frac{v_0t + l_{yLi}}{a} + \frac{2\pi k_{\mathrm{N}}hv_0}{a}\sum_{i=1}^{r}\cos 2\pi\frac{v_0t + n_{yLi}}{a}$$

$$f_2(v_0,h,a,t) = hk_{\mathrm{L}}\sum_{i=1}^{n}\left(\sin 2\pi\frac{v_0t + l_{yLi}}{a}\right)l_{yLi} + \frac{2\pi k_{\mathrm{N}}hv_0}{a}\sum_{i=1}^{r}\left(\cos 2\pi\frac{v_0t + n_{yLi}}{a}\right)n_{yLi}$$

下面进一步分析火炮运动状态。根据本节假设条件(3)，图2-4所示的火

炮局部坐标系 $O_G - x_G y_G z_G$ 与车体局部坐标系 $O_V - x_V y_V z_V$ 变换关系可以简化地描述为图 2 - 6。O_V、O_G 分别为车体中心和耳轴中心位置，$O_G - x_G y_G z_G$ 与 $O_V - x_V y_V z_V$ 平行，$O_G - x_G y_G z_G$ 为动参考系。

根据式(2 - 11)，此时火炮的运动可简化地认为主要由以下两部分叠加组成：

(1) 火炮在耳轴的牵动下，随车体的振动而做牵连运动，即受车体振动引起的等效扰动力矩 T_{dV} 影响而转动；

(2) 受动力传动装置驱动力矩 T_{drvG}、耳轴摩擦力矩 T_{fG}、火炮质心与耳轴中心不重合引起的偏心力矩 T_{lG} 作用绕耳轴转动。

首先根据图 2 - 7 分析第(1)部分运动。

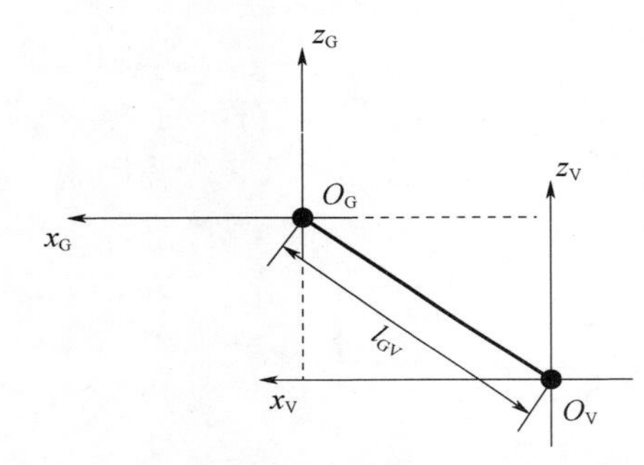

图 2 - 6　火炮局部坐标系与车体局部坐标系变换关系（坦克为侧视图）

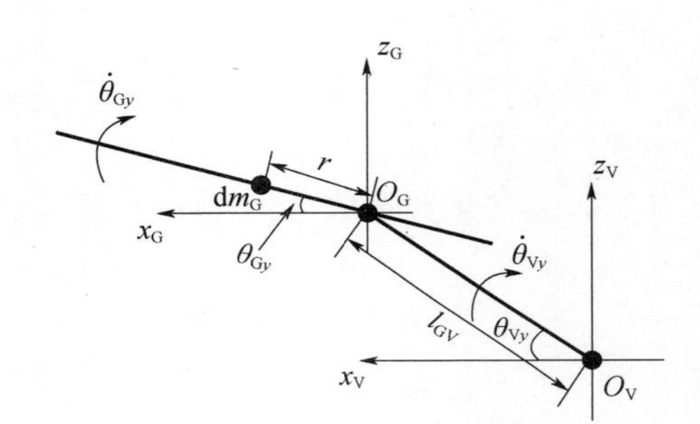

图 2 - 7　火炮动力学分析图

在火炮上取一微元 dm_G，其在 $O_G - x_G y_G z_G$ 的矢径为 $\boldsymbol{r}$，则根据前述坐标系定义，dm_G 在动坐标系 $O_G - x_G y_G z_G$ 中的相对运动为圆周运动，动坐标系相对于定坐标系 $O_V - x_V y_V z_V$ 的牵连运动为平移运动，因此 dm_G 在定坐标系中的加速度为

$$\boldsymbol{a}_V = \boldsymbol{a}_G + \boldsymbol{a}_{GV} \tag{2-25}$$

式中：$\boldsymbol{a}_G$、$\boldsymbol{a}_{GV}$ 分别为 dm_G 在动参考系 $O_G - x_G y_G z_G$ 中的相对加速度和动参考系 $O_G - x_G y_G z_G$ 相对于参考系 $O_V - x_V y_V z_V$ 的牵连加速度。

由多刚体力学原理并结合图 2 - 7，可得

$$\begin{cases} \boldsymbol{a}_G = \boldsymbol{a}_G^r + \boldsymbol{a}_G^n = \ddot{\boldsymbol{\theta}}_{Gy} \times \boldsymbol{r} + \dot{\boldsymbol{\theta}}_{Gy} \times (\dot{\boldsymbol{\theta}}_{Gy} \times \boldsymbol{r}) \\ \boldsymbol{a}_{GV} = \boldsymbol{a}_{GV}^r + \boldsymbol{a}_{GV}^n + \boldsymbol{a}_{GV}^z = \ddot{\boldsymbol{\theta}}_{Vy} \times \boldsymbol{l}_{GV} + \dot{\boldsymbol{\theta}}_{Vy} \times (\dot{\boldsymbol{\theta}}_{Vy} \times \boldsymbol{l}_{GV}) + \ddot{\boldsymbol{z}}_V \end{cases} \tag{2-26}$$

式中：l_{GV} 为点 O_G 与 O_V 点之间的距离。

根据矢量运算规则可得，各加速度矢量的方向如图 2 - 8 所示，大小如式(2 - 27)所示。

$$\begin{cases} a_{\mathrm{G}}^{r} = \ddot{\theta}_{\mathrm{G}y} r \\ a_{\mathrm{G}}^{n} = \dot{\theta}_{\mathrm{G}y}^{2} r \\ a_{\mathrm{GV}}^{r} = \ddot{\theta}_{\mathrm{V}y} l_{\mathrm{GV}} \\ a_{\mathrm{GV}}^{n} = \dot{\theta}_{\mathrm{V}y}^{2} l_{\mathrm{GV}} \\ a_{\mathrm{GV}}^{z} = \ddot{z}_{\mathrm{V}} \end{cases} \tag{2-27}$$

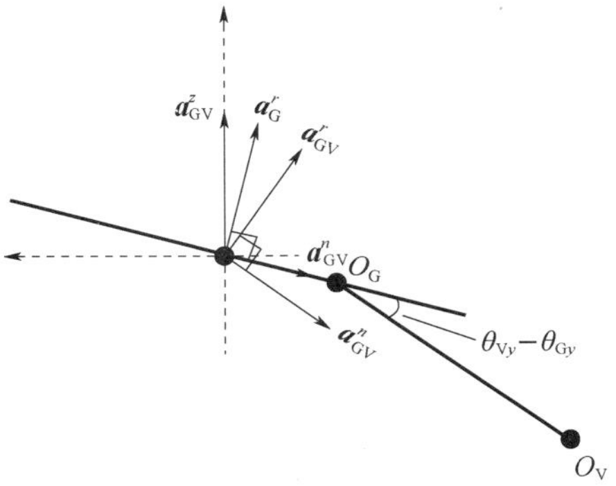

图 2-8　各加速度分量方向图

根据牛顿第二定律，$\mathrm{d}m_{\mathrm{G}}$ 在坐标系 $O_{\mathrm{V}} - x_{\mathrm{V}} y_{\mathrm{V}} z_{\mathrm{V}}$ 中对 O_{G} 点取力矩，则有

$$\mathrm{d}\boldsymbol{T}_{m\mathrm{G}} = \boldsymbol{r} \times (\boldsymbol{a}_{\mathrm{G}} + \boldsymbol{a}_{\mathrm{GV}})\,\mathrm{d}m_{\mathrm{G}} \tag{2-28}$$

根据各加速度矢量的方向和大小，可得

$$\mathrm{d}T_{m\mathrm{G}} = r(\ddot{\theta}_{\mathrm{G}y} r + k_1 \ddot{\theta}_{\mathrm{V}y} l_{\mathrm{GV}} + k_2 \dot{\theta}_{\mathrm{V}y}^{2} l_{\mathrm{GV}} + k_3 \ddot{z}_{\mathrm{V}})\,\mathrm{d}m_{\mathrm{G}} \tag{2-29}$$

式中

$$k_1 = \cos(\theta_{\mathrm{G}y} - \theta_{\mathrm{V}y}),\ k_2 = \sin(\theta_{\mathrm{G}y} - \theta_{\mathrm{V}y}),\ k_3 = \cos\theta_{\mathrm{G}y}$$

对 $\mathrm{d}\boldsymbol{T}_{m\mathrm{G}}$ 积分，可得到火炮所受的力矩为

$$T_{\mathrm{G}} = J_{\mathrm{G}} \ddot{\theta}_{\mathrm{G}y} + m_{\mathrm{G}} l_{\mathrm{G}} (k_1 l_{\mathrm{GV}} \ddot{\theta}_{\mathrm{V}y} + k_2 l_{\mathrm{GV}} \dot{\theta}_{\mathrm{V}y}^{2} + k_3 \ddot{z}_{\mathrm{V}}) \tag{2-30}$$

式中：l_{G} 为火炮偏心距。

当动参考系 $O_{\mathrm{G}} - x_{\mathrm{G}} y_{\mathrm{G}} z_{\mathrm{G}}$ 相对于参考系 $O_{\mathrm{V}} - x_{\mathrm{V}} y_{\mathrm{V}} z_{\mathrm{V}}$ 没有运动时，根据牛顿运动定律，容易求得火炮的动力学方程，即

$$T_{\mathrm{G}} = J_{\mathrm{G}} \ddot{\theta}_{\mathrm{G}y} \tag{2-31}$$

对比式(2-30)和式(2-31)，车体振动引起的等效扰动力矩为

$$T_{\mathrm{dV}} = m_{\mathrm{G}} l_{\mathrm{G}} (k_1 l_{\mathrm{GV}} \ddot{\theta}_{\mathrm{V}y} + k_2 l_{\mathrm{GV}} \dot{\theta}_{\mathrm{V}y}^{2} + k_3 \ddot{z}_{\mathrm{V}}) \tag{2-32}$$

结合式(2-24)和图 2-5，可得等效扰动力矩传递函数结构如图 2-9 所示。

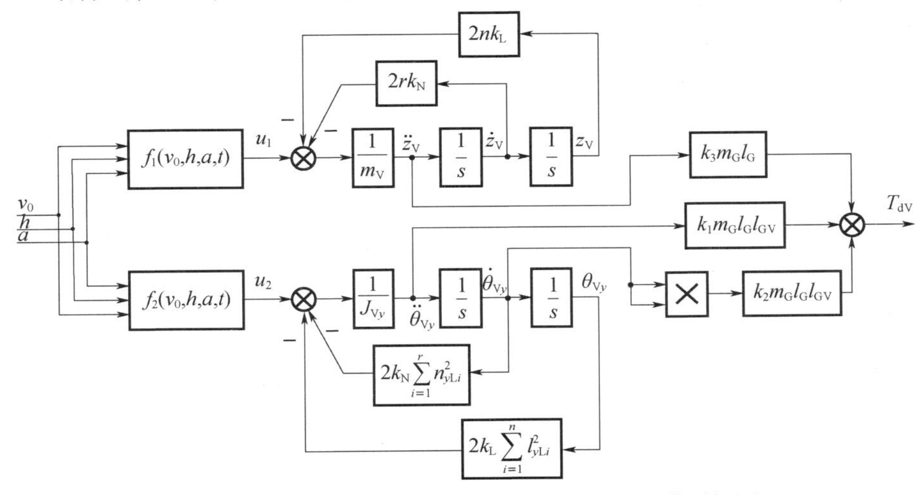

图 2-9　路面 - 车体 - 火炮系统耦合振动力矩传递框图

下面分析第(2)部分作用力,即驱动力矩 T_{drvG}、耳轴摩擦力矩 T_{fG}、火炮质心与耳轴中心不重合引起的偏心力矩 T_{lG}。其中,偏心力矩可记为

$$T_{lG} = m_G g l_G \cos\theta_{Gy} \tag{2-33}$$

摩擦力矩是由于相对运动产生的,因此它是二者角速度差值的函数,应用 Stribeck 模型可将其描述为

$$T_{fG} = f(\dot{\theta}_{Gy} - \dot{\theta}_{Vy}) = \left[T_{Gc} + (T_{Gs} - T_{Gc})e^{-\left(\frac{\dot{\theta}_{Gy} - \dot{\theta}_{Vy}}{\omega_{Gs}}\right)^2}\right]\mathrm{sgn}(\dot{\theta}_{Gy} - \dot{\theta}_{Vy}) + B_G(\dot{\theta}_{Gy} - \dot{\theta}_{Vy}) \tag{2-34}$$

式中:ω_{Gs} 为 Stribeck 摩擦模型中的临界速度;T_{Gc} 为库仑摩擦力矩幅值;T_{Gs} 为最大静摩擦力矩幅值。

综上分析,利用动力学原理可以求得火炮动力学方程为

$$\begin{aligned} J_G\ddot{\theta}_{Gy} &= T_{drvG} - T_{dV} - T_{lG} - T_{fG} \\ &= T_{drvG} - m_G l_G(k_1 l_{GV}\ddot{\theta}_{Vy} + k_2 l_{GV}\dot{\theta}_{Vy}^2 + k_3\ddot{z}_V) - m_G g l_G\cos\theta_{Gy} - f(\dot{\theta}_{Gy} - \dot{\theta}_{Vy}) \end{aligned} \tag{2-35}$$

进一步,可将式(2-35)写为

$$J_G\ddot{\theta}_{Gy} = T_{drvG} - T_d \tag{2-36}$$

式中:T_d 为扰动力矩,且有

$$T_d = m_G l_G(k_1 l_{GV}\ddot{\theta}_{Vy} + k_2 l_{GV}\dot{\theta}_{Vy}^2 + k_3\ddot{z}_V) + m_G g l_G\cos\theta_{Gy} + f(\dot{\theta}_{Gy} - \dot{\theta}_{Vy}) \tag{2-37}$$

根据式(2-37),如果使火炮始终保持不动,则需要实时产生与扰动力矩 T_d 相等的控制力矩 T_{drvG},从这个角度来看,扰动力矩特性分析是系统各部件参数匹配计算和控制器设计的重要依据。

2.2.3 扰动力矩的关联因素分析

1. 火炮构型参数影响分析

首先分析火炮偏心距 l_G 的影响。令 $l_G=0$,根据式(2-37),有

$$T_d = f(\dot{\theta}_{Gy} - \dot{\theta}_{Vy}) \tag{2-38}$$

此时,系统扰动力矩简化为摩擦力矩,也就是说,当偏心距为零时,系统不仅能避免偏心力矩的影响,同时还能有效隔离车体振动引起的扰动力矩,因此在火炮设计过程中需要采用多种措施使其质心尽可能与耳轴中心重合。工程实践中通常将其称为“配平”或“配重”。

接下来分析 l_{GV} 的影响。同样的,令 $l_{GV}=0$,则根据式(2-32),有

$$T_{dV} = k_3 m_G l_G \ddot{z}_V \tag{2-39}$$

也就是说,此时车体的俯仰振动被隔离,而只有垂直振动影响火炮运动状态,这一因素也是进行“车-炮”匹配设计时需要着重考虑的。

2. 车体构型参数影响分析

根据图2－9,车体垂直向振动和俯仰回转都会对火炮产生旋转力矩。垂直向振动引起的等效力矩与振动加速度成正比;俯仰回转引起的等效力矩不仅与其角加速度有关,还与其角速度的平方项成正比。

根据前述分析,车体结构特征可等效为二阶系统,即

$$\begin{cases} z_{\mathrm{V}} = \dfrac{\omega_z^2}{s^2 + 2\zeta_z\omega_z s + \omega_z^2}\dfrac{f_1(v_0,h,a,t)}{2nk_{\mathrm{L}}} \\ \theta_{\mathrm{V}y} = \dfrac{\omega_\theta^2}{s^2 + 2\zeta_\theta\omega_\theta s + \omega_\theta^2}\dfrac{f_2(v_0,h,a,t)}{2k_{\mathrm{L}}\sum\limits_{i=1}^{n} l_{y\mathrm{L}i}^2} \end{cases} \tag{2-40}$$

式中:ω_z、ω_θ 分别为两个子系统的自然频率,且有

$$\omega_z = \sqrt{2nk_{\mathrm{L}}/m_{\mathrm{V}}},\omega_\theta = \sqrt{(2k_{\mathrm{L}}\sum_{i=1}^{n} l_{y\mathrm{L}i}^2)/J_{\mathrm{V}y}}$$

ζ_z、ζ_θ 分别为两个子系统的阻尼比,且有

$$\zeta_z = rk_{\mathrm{N}}/\sqrt{2nm_{\mathrm{V}}k_{\mathrm{L}}},\zeta_\theta = k_{\mathrm{N}}\sum_{i=1}^{r} n_{y\mathrm{L}i}^2/\sqrt{2k_{\mathrm{L}}J_{\mathrm{V}y}\sum_{i=1}^{n} l_{y\mathrm{L}i}^2}$$

设两个子系统的带宽分别为 ω_{bz}、$\omega_{b\theta}$,则可求得

$$\begin{cases} \omega_{bz} = \omega_z\left[(1-2\zeta_z^2) + \sqrt{(1-2\zeta_z^2)^2+1}\right]^{\frac{1}{2}} \\ \omega_{b\theta} = \omega_\theta\left[(1-2\zeta_\theta^2) + \sqrt{(1-2\zeta_\theta^2)^2+1}\right]^{\frac{1}{2}} \end{cases} \tag{2-41}$$

由式可知,车体自身结构特征对于高频(频率大于系统带宽)振动信号具有滤波作用,但是当输入信号 $f_1(v_0,h,a,t)/2nk_{\mathrm{L}}$ 和 $f_2(v_0,h,a,t)/(2k_{\mathrm{L}}\sum\limits_{i=1}^{n} l_{y\mathrm{L}i}^2)$ 的基波频率小于系统带宽时,车体对其没有明显的抑制作用。根据式(2－41)可求得,系统带宽是自然频率的增函数、阻尼比的减函数,而自然频率与阻尼比由车体的质量、转动惯量、弹性系数和阻尼系数等系统构型参数决定。如弹性系数 k_{L} 增大时,可导致 ω_z 增加,ζ_z 减小,从而导致系统带宽 ω_{bz}增大。

此外,车体和悬挂系统的构型参数还会影响 $f_1(v_0,h,a,t)$ 和 $f_2(v_0,h,a,t)$ 的幅值,阻尼系数 k_{N} 增大,会导致 $f_1(v_0,h,a,t)$ 和 $f_2(v_0,h,a,t)$ 的幅值增加。

需要说明的是:本节分析时未考虑履带的滤波作用,实际系统中,它对车体垂直向振动和俯仰振动均有衰减作用,从而减小路面不平引起的振动影响。

3. 车速与路面参数影响分析

根据 $f_1(v_0,h,a,t)$ 和 $f_2(v_0,h,a,t)$ 的表达式可知,车速 v_0 的增加会使得 $f_1(v_0,h,a,t)$ 和 $f_2(v_0,h,a,t)$ 的幅值和频率均增加,导致车体垂直向振动和俯仰角加速度和速度大幅增加,从而导致其在火炮上的等效力矩的幅值和频率急剧

增加，这就使得高机动条件下火炮的稳定控制难度急剧增大。

对于路面参数 h、a 的分析与之类似，这里不再赘述。特别的，当路面没有起伏时，即 $h=0$ 时，系统总输入 $f_1(v_0,h,a,t)$ 和 $f_2(v_0,h,a,t)$ 均变为 0。

2.3 武器系统扰动力矩动态测试与时频谱分析

除理论解析外，在工程实践中常采用的另一种扰动力矩分析方法是试验分析法，即设计相应的测试系统获取不同条件下扰动力矩的测量值，并采用相应的频谱分析方法研究其作用规律。扰动力矩信号本身具有强耦合、非平稳等特征，这些特性是其测试与分析过程中需要着重考虑的问题。

2.3.1 扰动力矩的动态测试

当武器稳定系统不工作时，系统驱动力矩 $T_{\mathrm{drvG}}=0$，则由式(2－36)可得

$$J_{\mathrm{G}}\ddot{\theta}_{\mathrm{G}y}=-T_{\mathrm{d}} \tag{2-42}$$

因此，工程实践中可通过测试火炮的角加速度 $\ddot{\theta}_{\mathrm{G}y}$ 来分析坦克运动过程中火炮的扰动力矩及其频谱特征。但由于此时武器稳定系统不工作，火炮会自由转动，受车体和炮塔结构限制，火炮在高低方向允许的旋转角度有限，为防止测试过程中火炮达到最大俯角或最大仰角时撞击车体或炮塔造成部件损坏，扰动力矩测试时需要增加一个缓冲装置防止火炮超过运动极限位置。试验表明，采用弹簧等设计缓冲装置会造成火炮身管受迫振动，改变火炮本身的振动特性，为此，本节利用智能材料——磁流变液在强磁场作用下快速可逆的流变特性，设计磁流变液缓冲器，并以其为基础，构建坦克火炮扰动力矩谱测试系统如图 2－10所示。

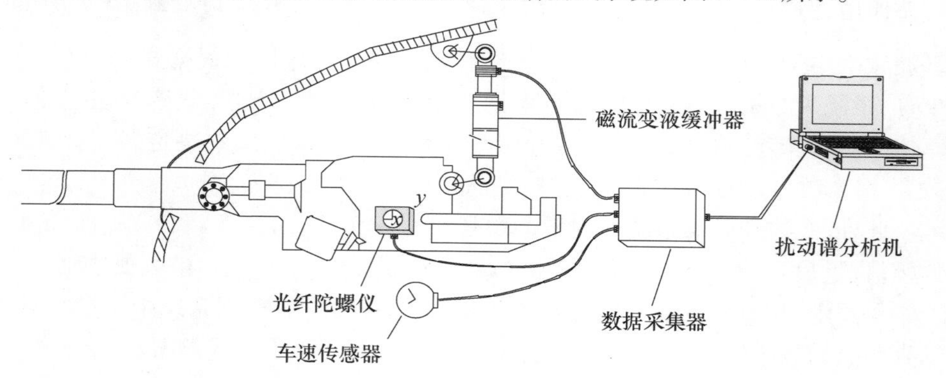

图 2－10　坦克火炮扰动力矩谱测试系统组成

系统主要由车速传感器、光纤陀螺仪、数据采集器、扰动谱分析机和磁流变液缓冲器组成。车速传感器固定在车体侧壁，测量坦克运动速度；光纤陀螺仪固定在火炮侧方，测量运动过程中火炮角速度，进而计算角加速度；数据采集器

实现对上述传感器信号的同步高速采集；扰动谱分析机进行数据处理，并实现火炮扰动力矩谱特性分析（频谱分析方法在 2. 3. 2 节进行详细分析）；磁流变液缓冲器安装在火炮尾部，防止火炮撞击车体或炮塔，同时在缓冲器中安装力传感器，测量其受力，此时式（2-42）修正为

$$T_d = F_{cn} l_{cn} \sin\theta_{cn} - J_G \ddot{\theta}_{Gy} \tag{2-43}$$

式中：F_{cn}为力传感器测量值；l_{cn}为炮尾与磁流变液缓冲器连接处到耳轴的距离；θ_{cn}为磁流变液缓冲器轴线与火炮俯仰部分轴线之间的夹角。

下面重点对磁流变液缓冲器的原理与设计进行分析。磁流变液是由高磁导率/低磁滞性的微小软磁性颗粒、非导磁性载液和添加剂混合而成的悬浮体。这种悬浮体在零磁场条件下呈现出低黏度的牛顿流体特性，而在强磁场作用下，则呈现出高黏度、低流动性的 Bingham 体特性。磁流变液在磁场作用下的流变是瞬间的、可逆的，而且其流变后的剪切屈服强度与磁场强度具有稳定的对应关系。

磁流变液缓冲器是利用磁流变液的可控流变效应设计的阻尼力连续可调的缓冲装置。其基本原理是：以磁流变液作为工作液，并将缠绕在铁芯上励磁线圈产生的磁场作用于缓冲器的阻尼通道，通过调节电磁线圈电流的大小来控制阻尼通道的磁场强度，从而改变流经阻尼通道的磁流变液的剪切屈服强度，实现阻尼力的连续可调。根据磁流变液在缓冲器内部的受力状态和流动特点，可将其分为流动式、剪切式、挤压式以及由流动和剪切模式组合而成的剪切阀式。考虑到火炮振动过程中受力大，且结构尺寸和强度要求高等特点，适宜采用剪切阀式，其结构如图 2-11 所示。

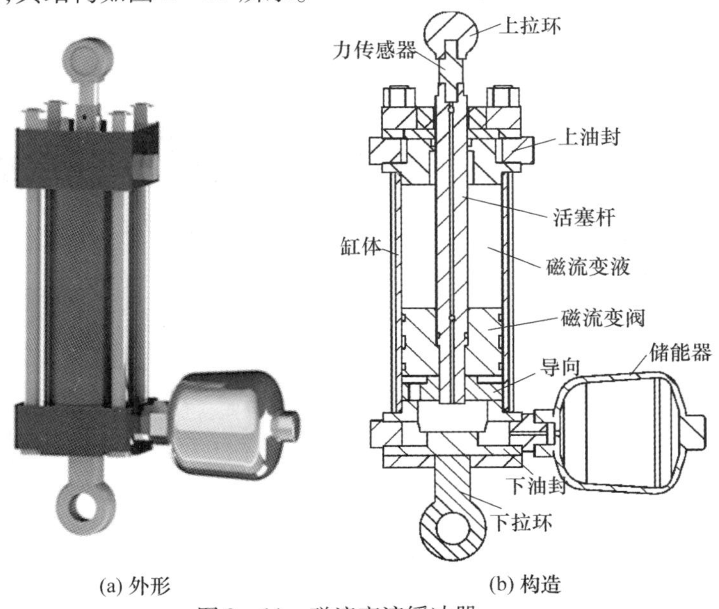

(a) 外形　　(b) 构造

图 2-11　磁流变液缓冲器

磁流变液缓冲器主要由储能器、油封、缸体、活塞杆、磁流变阀、导向机构、拉环等部件组成,缸体内充满磁流变液。其中:储能器起回油作用;导向机构起导向和导热作用;串联在活塞杆上的力传感器用于获取受力信号;磁流变阀由线圈和活塞组成,起导磁和节流作用;上、下拉环用于缓冲器的安装固定,上拉环与炮塔顶部固定,下拉环通过连接销与火炮尾部连接。

为满足较低的零磁场黏度、较高的剪切屈服强度、较好的沉降稳定性和较宽的工作温度范围等要求,磁流变液制备时选用坦克减振液为母液,羰基铁粉作为软磁性颗粒,其常温下磁流变液剪切屈服强度与磁场强度的关系如图2-12所示。

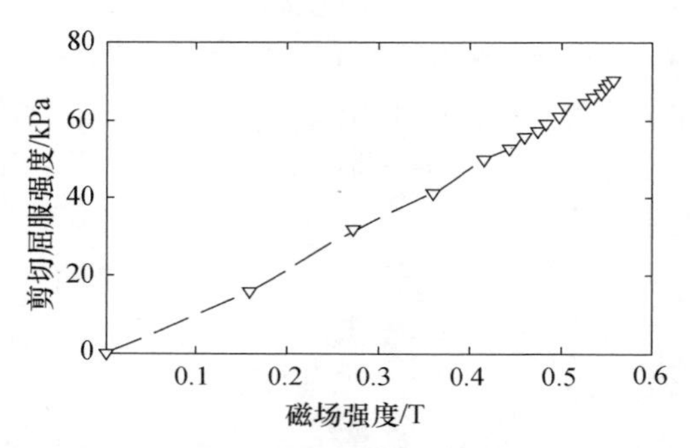

图2-12 磁流变液剪切屈服强度与磁场强度之间的关系

2.3.2 扰动力矩频谱特性分析方法

在信号分析中,频率是一个很重要的概念。与时域表示相比,信号的频域表示往往更能体现信号的本质特征,因此频谱分析是信号分析的重要手段。目前,履带车辆的振动特性分析一般是在匀速平稳行驶的前提下,将受路面不平激励产生的车体响应视为平稳随机过程,并利用平稳随机理论进行研究的。事实上,坦克运动过程中,特别在高机动条件下,火炮的扰动力矩是一个典型的非平稳随机过程,采用传统的平稳随机信号分析方法无法反映其瞬变特性和局部特征,且容易出现虚假信号和假频等问题,难以满足分析要求。

本节介绍一种基于希尔伯特-黄变换(HHT)的扰动力矩时频谱分析方法。区别于经典的傅里叶(Fourier)变换,该方法不再认为组成信号的基本信号是正弦信号,而是一种称为固有模态函数(IMF)的信号,IMF可以是平稳信号,也可以是非平稳信号,而正弦信号和傅里叶频率可以看作是IMF和瞬时频率的特殊情况。该方法能够克服傅里叶变换在分析非平稳信号时容易出现虚假频率和多余信号分量等固有缺陷,是非线性非平稳数据时频分析的强有力工具。

1. HHT 理论与方法

HHT包含经验模态分解(EMD)、希尔伯特(Hilbert)变换与时频谱分析、希尔伯特边界谱分析等三个部分。

EMD的目的是将复杂的信号分解为有限个IMF信号之和,其步骤为:对于测试信号$s(t)$,首先确定出$s(t)$上的所有极值点,求取所有极大值点和所有极小值点形成的上、下包络线的平均值m。记$s(t)$与m的差为h,则

$$s(t)-m=h \tag{2-44}$$

将h视为新的$s(t)$,重复以上操作,直到h满足某种终止条件(如h变化足够小)时,记

$$c_1=h \tag{2-45}$$

则c_1为第一个IMF,再做

$$s(t)-c_1=r \tag{2-46}$$

将r视为新的$s(t)$,重复以上过程,可依次得第二个IMFc_2,第三个IMF c_3,……直到c_n或r满足给定的终止条件(如分解出的IMF或残余函数r足够小或r成为单调函数),最终得分解式

$$s(t)=\sum_{i=1}^{n}c_i+r \tag{2-47}$$

式中:r为残余函数,代表信号的平均趋势。

IMF的希尔伯特变换。求出每个IMF分量的瞬时幅值和瞬时频率,从而得到原始信号完整的时频分布。对式(2-47)中的每个IMF分别应用希尔伯特变换,可得

$$H[c_i(t)]=\frac{1}{\pi}P\int_{-\infty}^{\infty}\frac{c_i(t)}{t-\tau}\mathrm{d}\tau \tag{2-48}$$

式中:P为柯西主分量。

构造解析信号

$$z_i(t)=c_i(t)+\mathrm{j}H[c_i(t)]=a_i(t)\mathrm{e}^{\mathrm{j}\varphi_i(t)} \tag{2-49}$$

式中:$a_i(t)$为瞬时振幅;$\varphi_i(t)$为相位。且有

$$a_i(t)=\sqrt{c_i^2(t)+(H[c_i(t)])^2},\varphi_i(t)=\arctan\frac{H[c_i(t)]}{c_i(t)}$$

则由相位函数可求得瞬时频率为

$$f_i(t)=\frac{1}{2\pi}\frac{\mathrm{d}\varphi_i(t)}{\mathrm{d}t} \tag{2-50}$$

省去残余函数r,则式(2-47)可记为

$$s(t)=\mathrm{Re}\sum_{i=1}^{n}a_i(t)\mathrm{e}^{\mathrm{j}\varphi_i(t)}=\mathrm{Re}\sum_{i=1}^{n}a_i(t)\mathrm{e}^{\mathrm{j}2\pi\int_0^t f_i(\tau)\mathrm{d}\tau} \tag{2-51}$$

式(2-51)称为希尔伯特幅值谱,记为$H(f,t)$。当式中每个分量的a_i,f_i为常数时,可简化为傅里叶变换形式。因此,傅里叶变换可看作是HHT的特殊形式。

希尔伯特边界谱分析。定义希尔伯特边际谱

$$h(f) = \int_{-\infty}^{\infty} H(f,t)\,\mathrm{d}t \tag{2-52}$$

将式(2-51)代入式(2-52),可得

$$h(f) = \sum_{i=1}^{n} \int_{-\infty}^{\infty} \mathrm{Re}\,a_i(t)\,\mathrm{e}^{\mathrm{j}2\pi\int_0^t f_i(\tau)\,\mathrm{d}\tau}\,\mathrm{d}t \tag{2-53}$$

由式(2-53)可知,区别于傅里叶频谱的幅值只能反映频率在信号中实际存在的可能性大小,边际谱真实反映了频率在信号中是否存在,其幅值表示信号中某一频率在各个时刻的幅值之和。

综上,HHT 流程如图 2-13 所示。

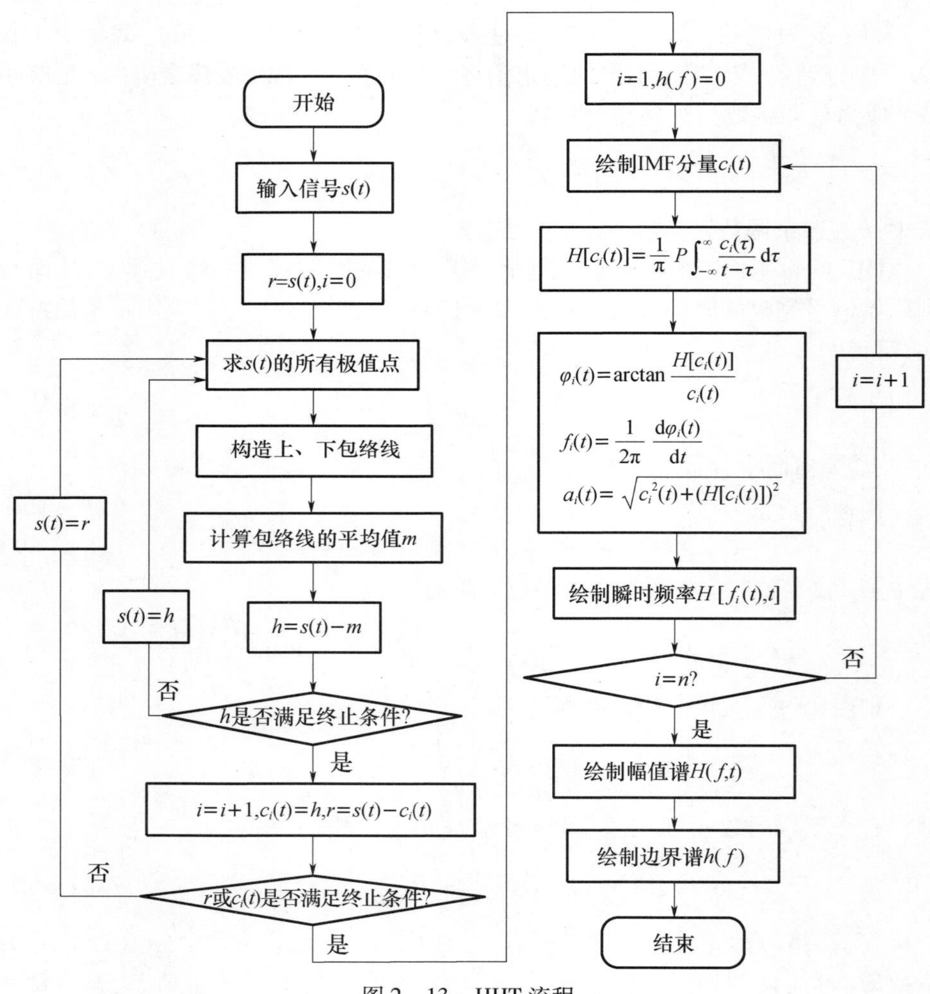

图 2-13　HHT 流程

2. 基于 HHT 的火炮扰动力矩时频特性分析

基于 HHT 的火炮扰动力矩时频特性分析流程如图 2－14 所示。首先对扰动力矩进行采样，得到测试信号序列 $s(t)$，然后分解信号模态，求取信号的 IMF 组合，在此基础上进行希尔伯特变换，得到希尔伯特幅值谱和边际谱，并基于此分析主振频带、约束频带和特征幅值等频谱特征及其对炮控系统设计的影响。此外，由于模拟信号本身和采样过程都不可避免地存在噪声，因此还需对分析信号进行滤波。

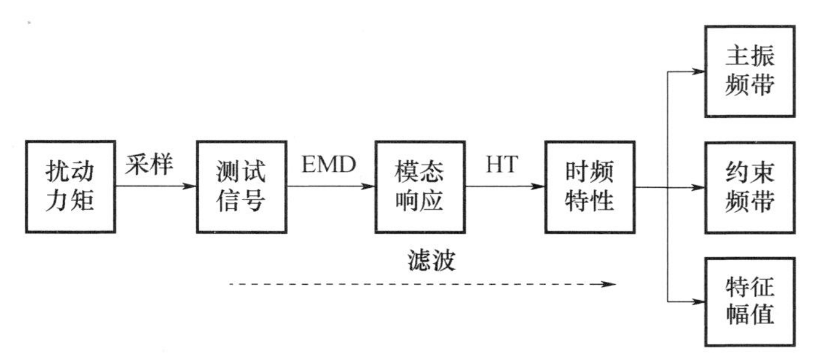

图 2－14　火炮扰动力矩谱分析流程

1）信号的采样与滤波

要对信号进行采样，首先需要确定采样频率。在傅里叶变换理论中，信号的最高分析频率为采样频率的 1/2。对于 HHT，由于其信号瞬时频率是其解析信号相位函数的导数，因此所得到的最高分析频率是采样信号自身固有的最高频率，与采样频率无关，即采样频率的选取不会影响最高分析频率。但采样噪声是由采样过程引起的，其频带特性受采样频率的影响，因此采样频率的选取应尽量远离信号自身的频带，避免采样噪声与信号频谱重叠，为后续采样噪声的滤波带来困难。

由于 EMD 本身具有多尺度筛分特性，因此可直接采用 HHT 对信号进行滤波。目前基于 HHT 的滤波方法主要有经验模态分解滤波、基于经验模态分解的小波阈值滤波和希尔伯特域信号分解滤波等方法，具体原理可参考本章最后所列参考文献，此处不再详述。

2）主振频带分析

定义 2－1　设信号 $s(t)$ 的边际谱为 $h(f)$，如果存在 f_m，对于边际谱定义域中的任意 f，有 $h(f_m) \geqslant h(f)$，则称 f_m 为信号 $s(t)$ 的主振频率，f_m 的 δ 邻域 $U(f_m, \delta)$ 为信号的 δ 主振频带。

主振频带反映了坦克运动过程中火炮扰动力矩幅度和频率的主特征，它是炮控系统驱动装置转矩和功率等参数计算的重要依据。设主振频率点 f_m 的振动幅值为 T_m，根据等效正弦运动方法，可构建主频正弦扰动力矩信号

$$T_{\mathrm{dm}}(t)=T_{\mathrm{m}}\sin(2\pi f_{\mathrm{m}}t) \tag{2-54}$$

设驱动装置产生相应的控制力矩为

$$T_{\mathrm{drvG}}(t)=T_{\mathrm{eG}}\sin(2\pi f_{\mathrm{eG}}t-\theta_{\mathrm{eG}}) \tag{2-55}$$

式中:T_{eG}为驱动装置的额定转矩;f_{eG}为响应频率;θ_{eG}为响应延时等效相位角。则可求得火炮的运动角位移为

$$\begin{aligned}\theta_{\mathrm{G}y}(t)&=\frac{1}{J_{\mathrm{G}}}\int_0^t\left[\int_0^t(T_{\mathrm{drvG}}(\tau)-T_{\mathrm{dm}}(\tau))\mathrm{d}\tau\right]\mathrm{d}t\\&=-\frac{1}{4\pi^2J_{\mathrm{G}}}\left(\frac{T_{\mathrm{eG}}}{f_{\mathrm{eG}}^2}\sin(2\pi f_{\mathrm{eG}}t-\theta_{\mathrm{eG}})-\frac{T_{\mathrm{m}}}{f_{\mathrm{m}}^2}\sin(2\pi f_{\mathrm{m}}t)\right)\end{aligned} \tag{2-56}$$

设炮控系统要求的稳定精度为α_{G},则需

$$|\theta_{\mathrm{G}y}(t)|\leqslant\alpha_{\mathrm{G}} \tag{2-57}$$

式(2-57)代入式(2-56),可得

$$\begin{aligned}|\theta_{\mathrm{G}y}(t)|&=\frac{1}{4\pi^2J_{\mathrm{G}}}\left|\frac{T_{\mathrm{eG}}}{f_{\mathrm{eG}}^2}\sin(2\pi f_{\mathrm{eG}}t-\theta_{\mathrm{eG}})-\frac{T_{\mathrm{m}}}{f_{\mathrm{m}}^2}\sin(2\pi f_{\mathrm{m}}t)\right|\\&=\frac{\sqrt{T_{\mathrm{eG}}^2f_{\mathrm{m}}^4+T_{\mathrm{m}}^2f_{\mathrm{eG}}^4-2T_{\mathrm{eG}}T_{\mathrm{m}}f_{\mathrm{eG}}^2f_{\mathrm{m}}^2\cos(2\pi\Delta f_{\mathrm{eG}}t+\theta_{\mathrm{eG}})}}{4\pi^2J_{\mathrm{G}}f_{\mathrm{eG}}^2f_{\mathrm{m}}^2}|\sin(2\pi f_{\mathrm{m}}t-\varphi)|\\&\leqslant\alpha_{\mathrm{G}}\end{aligned} \tag{2-58}$$

式中

$$\Delta f_{\mathrm{eG}}=f_{\mathrm{m}}-f_{\mathrm{eG}}$$

$$\varphi=\arctan\frac{\dfrac{T_{\mathrm{eG}}}{f_{\mathrm{eG}}^2}\sin(2\pi\Delta f_{\mathrm{eG}}t+\theta_{\mathrm{eG}})}{\dfrac{T_{\mathrm{eG}}}{f_{\mathrm{eG}}^2}\cos(2\pi\Delta f_{\mathrm{eG}}t+\theta_{\mathrm{eG}})-\dfrac{T_{\mathrm{m}}}{f_{\mathrm{m}}^2}}$$

根据实际系统参数大小,容易求得不等式(2-58)成立的必要条件为

$$2\pi\Delta f_{\mathrm{eG}}t+\theta_{\mathrm{eG}}\leqslant\arcsin(4\pi^2J_{\mathrm{G}}f_{\mathrm{m}}^2\alpha_{\mathrm{G}}/T_{\mathrm{m}}) \tag{2-59}$$

考虑到t的时变特性,条件式(2-59)可进一步化为

$$\begin{cases}\Delta f_{\mathrm{eG}}=f_{\mathrm{m}}-f_{\mathrm{eG}}=0\\\theta_{\mathrm{eG}}\leqslant\hat{\theta}_{\mathrm{ea-max}}=\arcsin(4\pi^2J_{\mathrm{G}}f_{\mathrm{m}}^2\alpha_{\mathrm{G}}/T_{\mathrm{m}})\end{cases} \tag{2-60}$$

综上分析可知,要使系统稳定,且稳定精度达到α_{G},则要求驱动装置的响应频率不能低于扰动力矩的主振频率,响应延时也必须小于临界角$\theta_{\mathrm{eG-max}}$,且稳定精度要求越高,临界角越小。进一步,还可据此计算驱动装置的转矩、转速和驱动功率等指标要求,其计算方法将在第3章进行论述。

此外,电液式炮控系统中动力油缸等驱动装置在工作过程中本身会产生受迫振动等问题,因此在此类装置的参数设计时还需避开主振频带,以免降低系统控制性能。

3）约束频带和特征幅值

定义 2 - 2　设信号 $s(t)$ 的边际谱为 $h(f)$，对于定义域中所有满足条件 $h(f) \geqslant 0.1h(f_m)$ 的 f，其最大值 f_{max} 称为约束频率，区间 $(0, f_{max})$ 称为约束频带。

约束频带反映了扰动力矩的主要频带分布，要保证控制力矩及时抑制扰动影响，控制器必须实时产生响应，因此约束频率是控制系统带宽设计的重要依据。

定义 2 - 3　设信号 $s(t)$ 的希尔伯特幅值谱为 $H(f,t)$，对于定义域中的任意 f、t，有 $H(f_m, t_m) \geqslant H(f,t)$，则称 (f_m, t_m) 为最大振态，$H(f_m, t_m)$ 为最大振幅，满足 $H(f,t) \geqslant 0.7H(f_m, t_m)$ 的所有点为特征幅值点。

特征幅值反映扰动在对应瞬时频率区间的幅值分布。这一频带是炮控系统峰值功率所需达到的数值。最大振态反映了扰动力矩的极限，超过这一区间系统需要采取相应的保护措施，如系统闭锁等，以防止系统部件损坏。

2.3.3　应用实例分析

将图 2 - 10 所示的系统安装在某型坦克上进行跑车试验，测得运动速度分别为 20km/h、30km/h、35km/h 时火炮系统的扰动力矩分别如图 2 - 15 (a)、

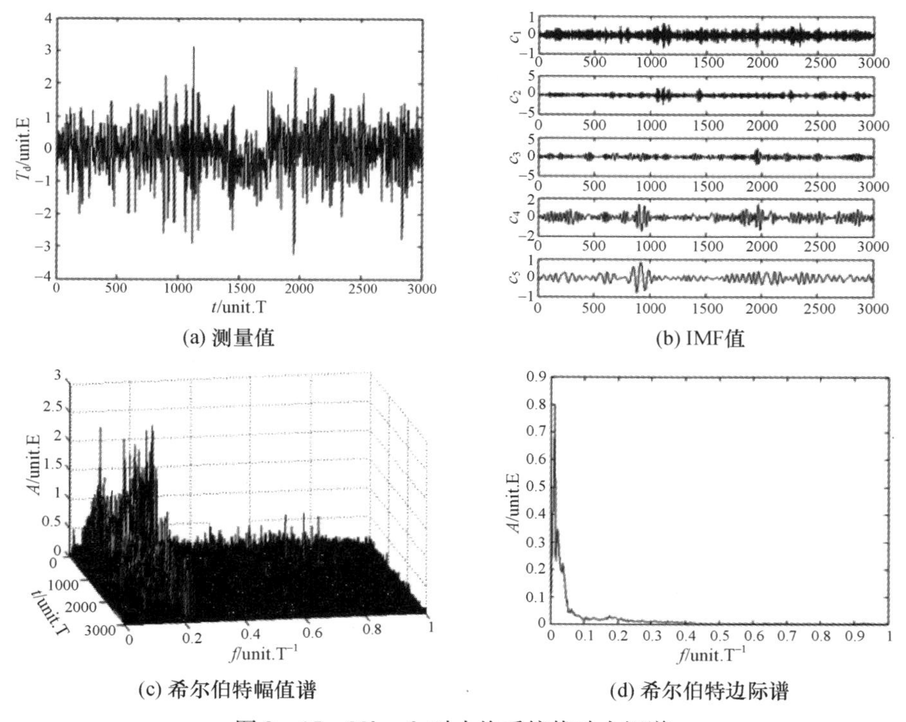

图 2 - 15　20km/h 时火炮系统扰动力矩谱

图 2－16(a)、图 2－17(a)所示(测试时,以运动速度为 20km/h 时扰动力矩幅值的平均值作为标称值,并将其作为图中纵轴的基本单位,记为 unit. E;以信号采样时间作为时间轴(即横轴)的基本单位,将其记为 unit. T);图 2－15(b)、图 2－16(b)、图 2－17(b)分别为测试信号进行经验模态分解后前 5 项 IMF 值;图 2－15(c)、图 2－16(c)、图 2－17(c)为扰动力矩的希尔伯特幅值谱;图 2－15(d)、图 2－16(d)、图 2－17(d)为其边际谱值。

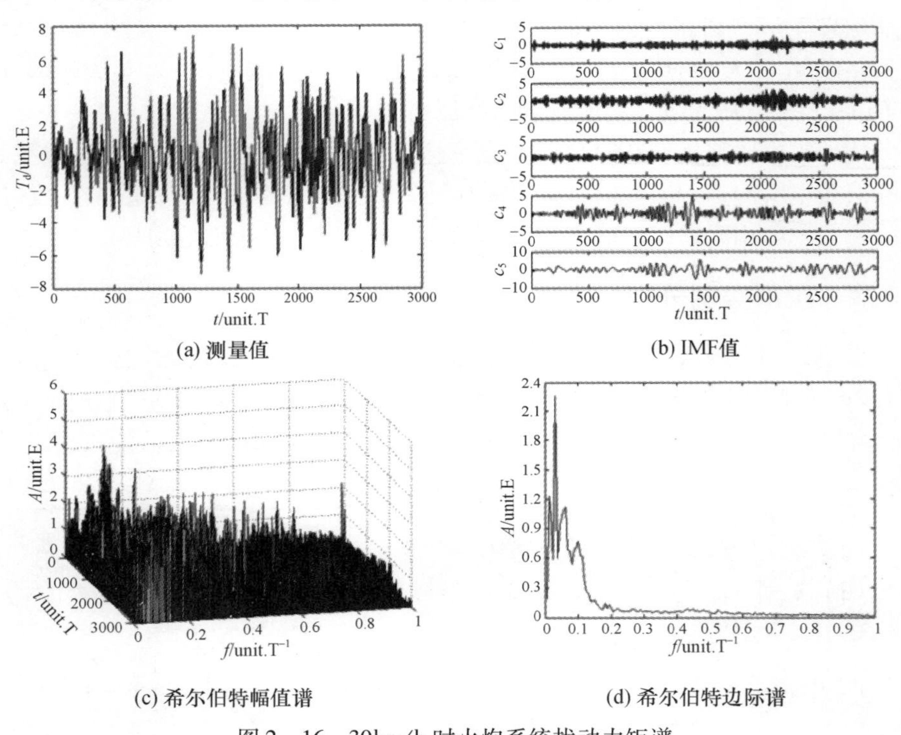

(a) 测量值　(b) IMF值

(c) 希尔伯特幅值谱　(d) 希尔伯特边际谱

图 2－16　30km/h 时火炮系统扰动力矩谱

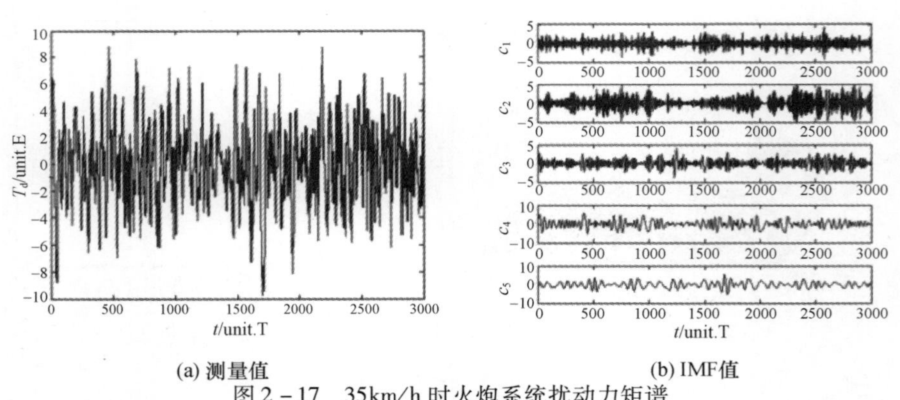

(a) 测量值　(b) IMF值

图 2－17　35km/h 时火炮系统扰动力矩谱

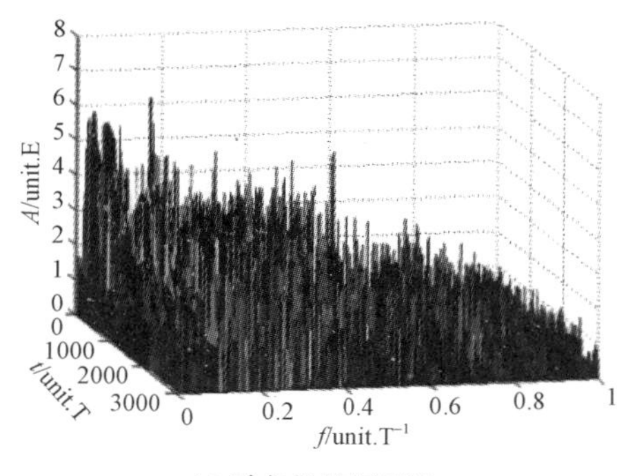

(c) 希尔伯特幅值谱

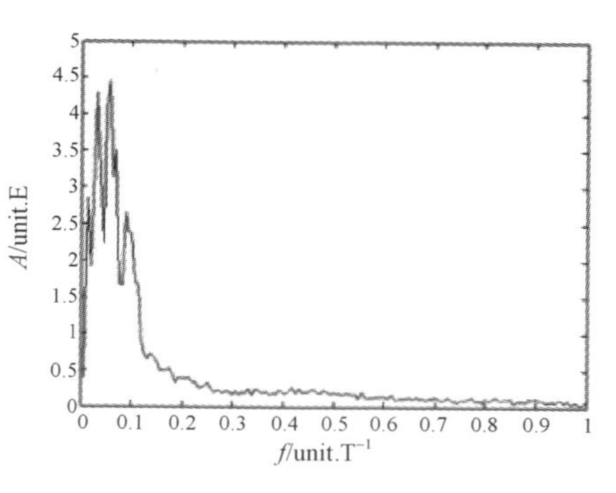

(d) 希尔伯特边际谱

图 2 - 17　35km/h 时火炮系统扰动力矩谱(续)

综上可得火炮系统在三种机动条件下扰动力矩的典型频谱特征值如表 2 - 1所列。

表 2 - 1　火炮系统扰动力矩的典型频谱特征值

机动速度/(km/h)	主振频率/unit. T^{-1}	主振点振幅/unit. E	约束频率/unit. T^{-1}	最大振幅/unit. E
20	0. 02	0. 8	0. 07	2. 3
30	0. 04	2. 3	0. 15	4
35	0. 07	4. 5	0. 25	6

由表 2 - 1 可知,随着运动速度的提高,扰动力矩的频率和幅度都会急剧增大,上述三种试验条件下火炮系统的扰动力矩的主振频带、约束频带和特征幅值等主要频谱特征参数均呈现出成倍递增的趋势。因此为了实现高机动条件下炮控系统高精度稳定与驱动控制,驱动装置转矩和功率、控制系统带宽等均需要相应提高,具体匹配计算方法将在第 3 章进行分析。

参考文献

[1] 居乃鵕. 装甲车辆动力学分析与仿真[M]. 北京:国防工业出版社,2002.
[2] 史力晨,王良曦,张兵志. 坦克 - 火炮系统行驶间振动建模与仿真[J]. 兵工学报,2003,24(4):442 - 446.
[3] 汪明德,赵毓芹,祝嘉光. 坦克行驶原理[M]. 北京:国防工业出版社,1983.
[4] 张进秋. 坦克装甲车辆自适应悬挂系统[M]. 北京:国防工业出版社,2014.
[5] 黄晋英,潘宏侠,张小强,等. 履带车辆振动谱测试与分析方法研究[J]. 振动、测试与诊断,2009,29(4):457 - 461.
[6] 郑绍坤,郑坚,熊超,等. 自行火炮路面振动信号时频特性研究[J]. 传感器与微系统,2009,28(5):46 - 49.
[7] Huang N E, Shen Z, Long S R, et a1. The Empirical Mode Decomposition and the Hilbert Spectrum for Non-

linear and Non stationary Time Series analysis[J]. Proc. R. Soc. Lond. A,1998,454:903 - 995.

[8] Huang N E,Zheng S,Steven R L. A New View of Nonlinear Water Waves: the Hilbert Spectrum[J]. Annu. Rev. Fliud Mech. 1999,31:417 - 457.

[9] Wind Engineering Studies for the Shanghai World Financial Center,PRC(BLWTT - SS40 - 2002/October 2002) [R],2002.

[10] 钟佑明,秦树人,汤宝平. 希尔伯特 - 黄变换中边际谱的研究[J]. 系统工程与电子技术,2004,26(9):1323 - 1326.

[11] 盖强,张海勇,徐晓刚. Hilbert - Huang 变换的自适应频率多分辨率分析研究[J]. 电子学报,2005,33(3):563 - 566.

[12] 谭善文,秦树人,汤宝平. Hilbert - Huang 变换的滤波特性及其应用[J]. 重庆大学学报,2004,27(2):9 - 12.

[13] 陈杰鸿,黄炜,孙艳争. 基于希尔伯特谱的瞬时频率滤波方法[J]. 信号处理,2009,25(3):482 - 484.

[14] 王新晴,梁升,夏天,等. 基于 HHT 的液压缸动态特性分析新方法[J]. 振动与冲击,2011,30(7):82 - 86.

第3章　武器稳定系统构架与建模分析

第2章分析了坦克武器系统扰动力矩的传递路径、作用规律以及测试分析方法，根据基于“扰动链－驱动链”的系统基本分析思路，本章在此基础上开展武器稳定系统（“驱动链”）的构架设计与建模分析，主要内容包括系统部件选型与参数匹配计算、非线性数学建模、运动理论分析以及虚拟样机模型构建与应用等。

3.1　系统部件选型与参数匹配设计

3.1.1　控制对象分析

一般的，高低向的控制对象为武器旋转体，如坦克炮、机枪及与其同步俯仰旋转的附属装置，水平向的控制对象为武器载体，如坦克炮塔等。

坦克炮的选取是根据其作战任务需要确定的，如打击目标的材料性能、结构特点、抗弹机理与抗弹能力，以及经常遇到的作战距离等。坦克炮对目标的杀伤破坏力与其口径、身管长（口径倍数）、弹种等因素紧密相关，目前主战坦克的火炮口径系列有120mm、125mm等，轻型坦克火炮口径有100mm、105mm等，口径倍数一般为50～60倍。对于稳定系统的设计来说，涉及的相关参数主要有火炮旋转体质量、转动惯量、耳轴摩擦力矩、旋转偏心距、火炮射界、火炮耳轴至炮尾后切面距离等。

坦克炮塔用于承载火炮并实现在水平向旋转，为火炮提供相应的射角，同时搭载弹药、火控系统等设备以及乘员，并为其提供装甲防护，因此坦克炮塔的设计主要围绕上述功能展开，其特性也主要由上述功能指标确定。对于稳定系统的设计来说，涉及的相关参数主要有炮塔质量、转动惯量、炮塔总摩擦力矩、炮塔偏心距等。

此外，武器作战使用条件也是稳定系统设计时需要着重考虑的关键因素，这些条件包括坦克机动速度、路面特性、火炮打击距离、目标性质、目标运动特征、目标大小等，它们直接与武器系统受到的扰动特性和需要达到的性能指标相关。如前述分析表明：火炮射击距离越远，则对于同样大小的目标，要求系统的稳定精度越高；坦克机动速度越快，系统扰动力矩的幅值和频率都会急剧增加等。

3.1.2 系统构架与部件匹配计算

除了控制对象特性和使用条件外,稳定系统设计和参数匹配计算与系统结构模式紧密相关,对于不同结构模式的武器稳定系统(如电液式炮控系统和全电式炮控系统),其部件选型和参数计算方法也不一样。不失典型性,本节以目前研究较为广泛的全电式炮控系统为对象进行分析,对于其他特殊结构的武器稳定系统在后续章节涉及时再进行单独分析。

全电式炮控系统典型结构如图 3-1 所示,高低向动力传动装置采用丝杠,水平向采用方向机,驱动电机选用永磁同步电机,电机测速与位置检测采用旋转变压器,功率放大装置采用逆变器,高低向和水平向采用独立的驱动控制箱。

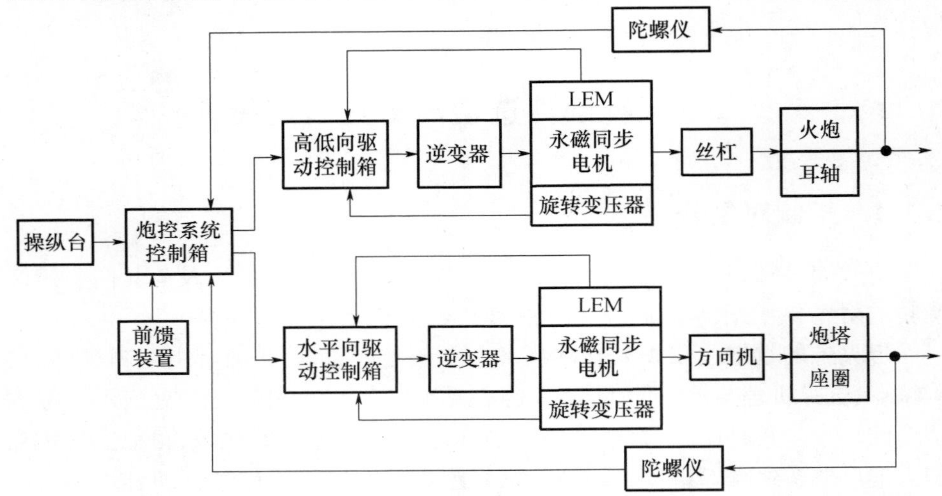

图 3-1 全电式炮控系统典型结构

1. 驱动电机参数的匹配计算

驱动电机是产生系统动力的核心装置,需计算校核的参数包括转速、转矩和功率等。此处以系统的稳定精度、最大调炮速度、最低瞄准速度、高速启动/制动以及侧倾坡工作等系统指标为例进行计算校核。

1)稳定精度

前述分析已知,扰动力矩是影响系统稳定精度的重要因素,2.3.2 节分析了扰动力矩的频谱特性并给出了系统达到稳定精度的必要条件。当满足条件式(2-60)时,式(2-58)可化为

$$
\begin{aligned}
|\theta_{Gy}(t)| &= \frac{1}{4\pi^2 J_G f_m^2} |T_{eG}\sin(2\pi f_m t - \theta_{eG}) - T_m \sin(2\pi f_m t)| \\
&= \frac{\sqrt{T_{eG}^2 + T_m^2 - 2T_{eG}T_m\cos\theta_{eG}}}{4\pi^2 J_G f_m^2} |\sin(2\pi f_m t - \varphi)| \leqslant \alpha_G
\end{aligned}
\tag{3-1}
$$

式中

$$\varphi = \arctan\frac{T_{eG}\sin\theta_{eG}}{T_{eG}\cos\theta_{eG} - T_m}$$

由此可得 T_{eG}的一个取值下限为

$$T_{eG} = T_m\cos\theta_{eG} - \sqrt{16\alpha_G^2\pi^4 J_G^2 f_m^4 - T_m^2 \sin^2\theta_{eG}} \tag{3-2}$$

考虑到实际系统中 θ_{eG}、α_G 均很小，工程设计时也可直接将 T_{eG}的下限值取为 T_m。将其折算到电机转轴，同时考虑驱动电机所受摩擦力矩（忽略驱动电机转子和传动装置本身的转动惯量），则电机所需的最小电磁转矩为

$$T_e = \frac{T_m}{k_{cd}} + T_f \tag{3-3}$$

式中：k_{cd}为动力传动装置的减速比；T_f 为驱动电机所受的摩擦力矩。

当火炮处于稳定状态时，为保持火炮在惯性空间稳定，火炮/炮塔相对于其载体的运动速度定义为协调速度。根据式（2-54），可得扰动力矩引起的运动角速度为

$$\omega_G(t) = \int_0^t \frac{T_{dm}(\tau)}{J_G}d\tau = -\frac{T_m}{2\pi f_m J_G}\cos(2\pi f_m t) \tag{3-4}$$

则火炮需要的最大协调速度为

$$\omega_{xtmax} = \frac{T_m}{2\pi f_m J_G} \tag{3-5}$$

折算到驱动电机，其转速为

$$\omega = \frac{T_m k_{cd}}{2\pi f_m J_G} \tag{3-6}$$

综上，可得驱动电机的需求功率为

$$P = T_e\omega = \frac{T_m k_{cd}}{2\pi f_m J_G}\left(\frac{T_m}{k_{cd}} + T_f\right) \tag{3-7}$$

2）最大调炮速度与最低瞄准速度

设系统要求的最大调炮速度为 ω_{Gmax}，则对应驱动电机的此时转速为

$$\omega = \omega_{Gmax}k_{cd} \tag{3-8}$$

火炮以最大速度转动时，系统处于动平衡状态，驱动电机电磁力矩与摩擦力矩 T_{fG}相等，因此需求功率为

$$P = T_e\omega = \left(\frac{T_{fG}}{k_{cd}} + T_f\right)\omega_{Gmax}k_{cd} \tag{3-9}$$

设系统的最低瞄准速度为 ω_{Gmin}，则对应驱动电机的此时转速为

$$\omega = \omega_{Gmin}k_{cd} \tag{3-10}$$

3）高速启动/制动

根据系统动态指标要求，以“最大速度转动时突然制动，火炮不超出超回量

θ_δ”为条件进行分析。设制动过程驱动电机做等减速运动,根据运动学原理,要求的制动的角加速度为

$$\alpha_\delta = \frac{\omega_{\mathrm{Gmax}}^2}{2\theta_\delta} \tag{3-11}$$

则驱动电机所需的瞬时最大功率为

$$P = \left(\frac{J_{\mathrm{G}}\alpha_\delta + T_{\mathrm{fG}}}{k_{\mathrm{cd}}} + T_{\mathrm{f}}\right)\omega_{\mathrm{Gmax}}k_{\mathrm{cd}} = \frac{J_{\mathrm{G}}\omega_{\mathrm{Gmax}}^3}{2\theta_\delta} + (T_{\mathrm{fG}} + k_{\mathrm{cd}}T_{\mathrm{f}})\omega_{\mathrm{Gmax}} \tag{3-12}$$

4）坡道工作

上面以高低向分系统为例,对系统参数校核方法进行了分析,水平向分系统与之类似。但需要说明的是:对于水平向分系统,还需着重考虑系统的坡道工作性能。设定工作条件为:坦克位于角度为 $\theta_{\mathrm{V}y}$ 的坡道上,以最大加速度 $\alpha_{\max}$ 转动炮塔,调炮速度下降不大于 30%,此时炮塔状态如图 3-2 所示。

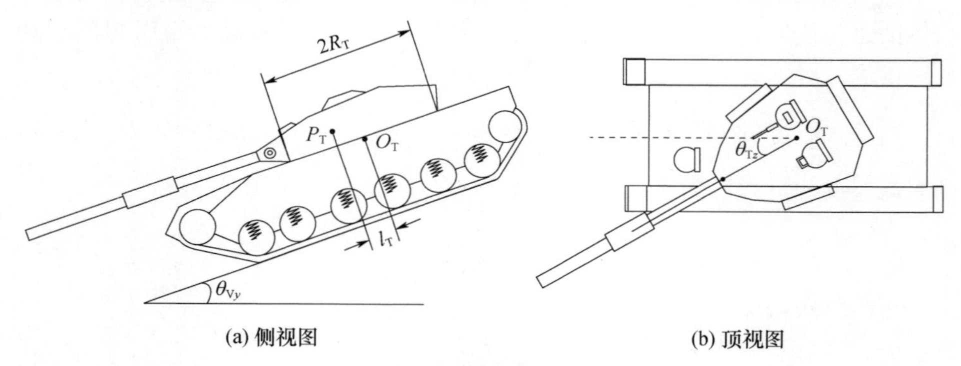

图 3-2　坡道位置炮塔状态

图 3-2 中,$\theta_{\mathrm{V}y}$ 为车体俯仰角,$\theta_{\mathrm{T}z}$ 为旋转方位角,O_{T} 为炮塔旋转中心,P_{T} 为炮塔重心,R_{T} 为炮塔的旋转半径,l_{T} 为炮塔偏心距。则可求得炮塔所受的偏心力矩为

$$T_{l\mathrm{T}} = m_{\mathrm{T}}gl_{\mathrm{T}}\sin\theta_{\mathrm{V}y}\sin\theta_{\mathrm{T}z} \tag{3-13}$$

式中:m_{T} 为炮塔质量。

当 $\theta_{\mathrm{T}z} = 90°$ 时,$T_{l\mathrm{T}}$ 获得最大值,有 $T_{l\mathrm{Tmax}} = m_{\mathrm{T}}gl_{\mathrm{T}}\sin\theta_{\mathrm{V}y}$。此时可计算得到电机所需功率为

$$P = 0.7\left(\frac{J_{\mathrm{T}}\alpha_{\max} + T_{l\mathrm{Tmax}} + T_{\mathrm{fT}}}{k_{\mathrm{cd}}} + T_{\mathrm{f}}\right)\omega_{\mathrm{T_{max}}}k_{\mathrm{cd}} \tag{3-14}$$

由此,可根据上述工况综合选择电机参数。需要说明的是:上述分析中未考虑各装置的效率,因此实际电机参数设计需具有一定的裕量。另外,上述匹配计算是在一定约束条件下进行的,如稳定精度计算时要求系统必须满足条件式(2-60),而实际系统中,驱动电机的转矩、功率等指标会反过来影响系统的

带宽和延时等效相位角,从而影响条件式(2-60)的成立,因此本节计算获得的参数为初始参数,在工程研制时,可采用3.4节方法建立整系统虚拟样机模型进行仿真分析,对其进行进一步优化设计。

2. 动力传动装置匹配设计

对于动力传动装置而言,需计算校核的参数包括减速比、齿圈间隙(或称空回)以及强度等。动力传动装置的减速比大小对驱动电机额定转速和转矩的设计具有重要影响,前述分析可知,对于相同的控制对象,减速比越大,驱动电机需要的工作转速越高,对应的电磁转矩越低,反之亦然。转矩和转速过高或过低都会给电机设计制造带来困难,因此一般要求将减速比设计在一个合理范围内,保证电机转速和转矩处于适中区间。

除了减速比,传动装置中的间隙也是影响武器稳定系统控制性能的重要因素,为了提高其性能,在动力传动装置设计时应尽可能地采用多种措施减小间隙影响,同时在系统控制策略研究时还需专门对齿隙进行建模和补偿控制,该内容在后续章节会陆续涉及,此处不再赘述。

此外,强度和"回传"能力设计也是传动装置设计时需要考虑的一个重要问题。特别是高低向,由于坦克火炮轴线与火炮旋转耳轴中心线往往不重合,火炮射击过程中存在明显的翻转力矩,会对高低向传动机构形成强烈的短时冲击,不论是高低齿弧传动装置,还是滚珠丝杠传动装置,研制过程中均有被这种冲击力损坏的事例。为避免冲击对传动机构的损害,一方面要提高传动机构本身强度,如选用滚柱丝杠替代滚珠丝杠,增大齿轮-齿弧接触面和强度;另一方面要使传动机构具有良好的"回传"能力,使其能够通过摩擦制动器的"打滑"吸收冲击能量,或者在传动机构中设计缓冲环节,减小冲击力。

3. 功率放大装置与供电装置匹配设计

这部分计算设计内容包括装置的功率、电压等级、电路拓扑结构以及功率器件的选择等。考虑到能量转换效率,功率放大装置的功率应适当大于驱动电机功率,对于需求功率较大的武器稳定系统,为了减小驱动电机的体积,一般考虑采用较高的电压等级供电,就目前装甲车辆供电体制而言,主要有28V直流供电和270V直流供电两种供电模式,大功率武器稳定系统一般采用270V直流供电模式。对于供电装置,如采用图1-16所示结构,其设计功率可适当减小,瞬时峰值功率由超级电容提供。

目前全电炮控系统功率放大装置采用的典型电路拓扑结构如图1-12和图1-14(a)所示。功率器件的选择主要根据电压和电流容量确定,目前主要采用的功率器件有功率MOS管和IGBT。较之IGBT,功率MOS管的最高工作电压较低,同时设计时需考虑到电压尖峰、脉冲等因素对耐压的影响。对于工作电流,可通过多管并联的方式提高其容量,但需考虑均流、同步驱动等问题。

随着器件技术的发展,碳化硅等基于宽禁带半导体材料的新型功率器件应用场合也会逐步扩大。此外,功率器件的选择还需考虑开关频率、损耗,以及可靠性等因素,采用具有驱动、保护等功能的复合功率集成模块,取代传统的分立功率器件,也是目前设计时的优选方案之一。

除上述部件的匹配设计外,还需对信号检测装置(如陀螺仪、转速传感器、电流传感器等)、控制系统结构、总线网络进行总体设计,限于篇幅,这里不再逐一分析。

考虑武器装备研制的继承性,在工程实践中,系统参数匹配计算也经常采用参照现有型号装备进行比照推算的方法进行,即选取与拟设计系统功能结构近似的现有型号装备,根据其部件参数和系统性能指标与拟设计系统对比,类推相应参数。

3.2 武器稳定系统非线性数学建模

3.2.1 火炮/炮塔运动分析

由第 2 章分析可知,火炮和炮塔在动力传动装置(如丝杠、齿弧、方向机等)驱动力矩和扰动力矩的共同作用下运动,其运动方程可分别描述为

$$J_{\mathrm{G}}\ddot{\theta}_{\mathrm{Gy}} = T_{\mathrm{drvG}} - T_{\mathrm{dT}} - T_{\mathrm{lG}} - T_{\mathrm{fG}} \tag{3-15a}$$

$$J_{\mathrm{T}}\ddot{\theta}_{\mathrm{Tz}} = T_{\mathrm{drvT}} - T_{\mathrm{dV}} - T_{\mathrm{lT}} - T_{\mathrm{dG}} - T_{\mathrm{fT}} \tag{3-15b}$$

考虑到高低向分系统和水平向分系统结构具有相似性,为了使分析具有一般性,后续章节将控制对象(包括火炮、炮塔等)的运动方程统一描述为

$$J_{\mathrm{m}}\ddot{\theta}_{\mathrm{m}} = T_{\mathrm{drv}} - T_{\mathrm{dlm}} - T_{\mathrm{mf}} \tag{3-16}$$

式中:J_{m} 为控制对象转动惯量;θ_{m} 为控制对象在惯性空间的角度;T_{drv} 为动力传动装置输出的驱动力矩;T_{dlm} 为坦克机动过程武器载体振动引起的等效扰动力矩以及偏心力矩等的总和;T_{mf} 为对象所受的摩擦力矩,根据前述分析,其 Stribeck 模型可描述为

$$T_{\mathrm{mf}} = f(\dot{\theta}_{\mathrm{m}} - \dot{\theta}_{\mathrm{p}}) = \left[T_{\mathrm{mc}} + (T_{\mathrm{ms}} - T_{\mathrm{mc}})\mathrm{e}^{-\left(\frac{\dot{\theta}_{\mathrm{m}} - \dot{\theta}_{\mathrm{p}}}{\omega_{\mathrm{ms}}}\right)^2}\right]\mathrm{sgn}(\dot{\theta}_{\mathrm{m}} - \dot{\theta}_{\mathrm{p}}) + B_{\mathrm{m}}(\dot{\theta}_{\mathrm{m}} - \dot{\theta}_{\mathrm{p}}) \tag{3-17}$$

其中:ω_{ms} 为 Stribeck 摩擦模型中的临界速度;T_{mc} 为库仑摩擦力矩幅值;T_{ms} 为最大静摩擦力矩幅值;θ_{p} 为武器载体在惯性空间的角度(武器载体是指武器运动体的支撑装置:对于火炮来说,其载体为炮塔,通过耳轴支撑火炮转动;对于炮塔来说,其载体为车体,通过座圈支撑炮塔转动)。

3.2.2 动力传动装置建模

3.1节在进行部件参数计算时将动力传动装置视为比例环节设计，实际系统中的方向机、齿弧、丝杠等动力传动装置存在齿圈间隙（或称为空回），方向机最后一级齿轮输出和座圈之间的动力传动结构如图3-3所示。

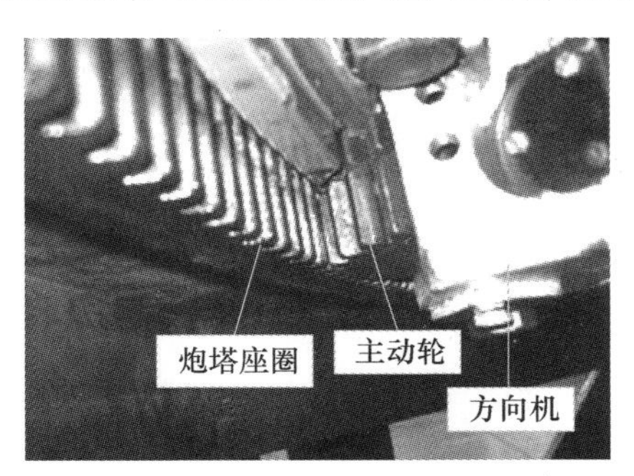

(a) 实物结构

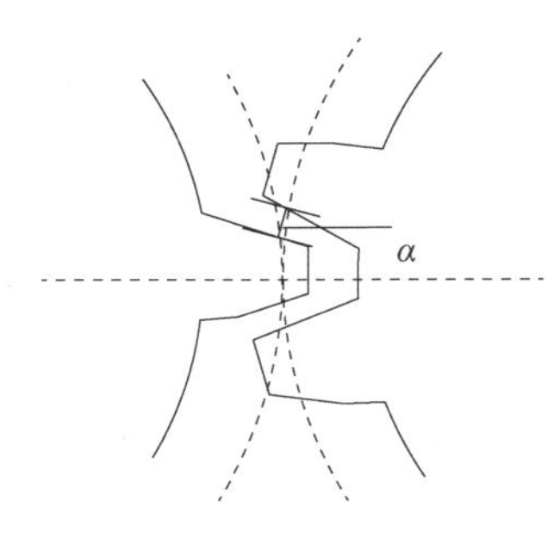

(b) 模型描述

图3-3 方向机-座圈动力传动结构

此外，方向机内部每一级齿轮传动机构都存在间隙，因此其分析较为复杂。考虑到最后一级齿轮输出和座圈之间的齿隙对系统的影响最大，为简化研究难度，可将整个传动装置的传动间隙折算到最后一级。根据齿轮传递位移-力矩关系，可建立齿轮传动装置的模型如下：

$$T_{\mathrm{drv}}=\tau(\Delta\theta)=\begin{cases}k_{\tau}(\Delta\theta-\alpha),\Delta\theta>\alpha\\0,|\Delta\theta|\leqslant\alpha\\k_{\tau}(\Delta\theta+\alpha),\Delta\theta<-\alpha\end{cases}\tag{3-18}$$

式中：k_{τ} 为弹性系数（本书分析时忽略阻尼系数。需要说明的是：传动装置的弹性形变也不只是方向机输出轴的形变，所有传动轴（包括电动机轴在内）、轴上的齿轮、紧固件、联轴器以及传动箱体和基座等，均产生不同程度的弹性形变。与间隙分析类似的，此处 k_{τ} 为整个传动装置的弹性形变都折算到输出轴上后的等效值）；2α 为齿隙宽度，$\Delta\theta$ 为齿隙相对位移，且有

$$\Delta\theta=\frac{1}{k_{\mathrm{cd}}}\theta-(\theta_{\mathrm{m}}-\theta_{\mathrm{p}})\tag{3-19}$$

其中：θ 为驱动齿轮（电机转子）角度。为分析方便，后续研究中将 θ 与 θ_{m}、θ_{p} 进行归一化处理，式(3-19)可记为

$$\Delta\theta=\theta-(\theta_{\mathrm{m}}-\theta_{\mathrm{p}})\tag{3-20}$$

3.2.3 驱动电机建模

如第1章所述，目前全电式炮控系统中采用的电机主要有直流电机（主要

为永磁他励直流电动机）和交流电机（主要为永磁同步电机）两种。由于永磁同步电机采用矢量控制后也可等效为直流电动机控制，因此考虑到分析普遍性（分析方法同时适用于直流全电炮控系统和交流全电炮控系统），并简化系统模型的复杂程度，此处建模时采用他励直流电机作为对象。

根据电机转动的力矩方程，可得

$$\begin{cases} U_d = K_D i_d + E \\ T_e = J\dfrac{d^2\theta}{dt^2} + T_f + \tau(\Delta\theta) \\ E = K_e\dfrac{d\theta}{dt} \\ T_e = K_M i_d \end{cases} \tag{3-21}$$

式中：U_d 为驱动电机电枢端电压；i_d 为电枢电流；K_D 为电机电枢阻抗系数；J 为电机转动惯量；θ 为归一化后的电机转子角度；E 为电枢的反电动势；T_f 为驱动电机上的摩擦力矩，且有

$$T_f = f(\dot{\theta}) = [T_c + (T_s - T_c)e^{-\left(\frac{\dot{\theta}}{\omega_s}\right)^2}]\mathrm{sgn}(\dot{\theta}) + B\dot{\theta} \tag{3-22}$$

其中：ω_s 为 Stribeck 摩擦模型中的临界速度；T_c 为库仑摩擦力矩幅值；T_s 为最大静摩擦力矩幅值。

3.2.4 功率放大装置建模

如前所述，早期的全电式炮控系统采用基于旋转变换的电机放大机作为功率放大装置，根据图 1－11（b），可推得其传递函数为

$$G_{ZKK}(s) = \frac{K_{ZKK}}{T_{ZKK1}s^2 + T_{ZKK2}s + 1} \tag{3-23}$$

式中：K_{ZKK}为放大倍数；T_{ZKK1}、T_{ZKK2}为由其结构决定的时间常数。

当不考虑铁耗、滞后换向以及反应磁通去磁效应等因素影响时，其传递函数可化简为两个惯性环节串联形式

$$G_{ZKK}(s) = \frac{K_k}{T_k s + 1}\frac{K_q}{T_q s + 1} \tag{3-24}$$

式中：K_k、K_q 分别为两级放大的倍数；T_k、T_q 分别为两级放大环节的时间常数。

随着电力电子技术的发展，电机放大机逐渐被 H 型变换器（主要应用于直流全电炮控系统）和三相逆变器（主要应用于交流全电炮控系统）等以大功率电力电子器件为基础的静止功率变换装置替代。根据其工作原理（图 1－12 和图 1－14（a）），当采用 PWM 控制时，输入控制量改变后，其输出值要等到下一个开关周期才能改变，因此可将其看成一个滞后环节。其最大延时不超过一个开关周期，取延时的统计平均值为 0.5 个开关周期，并记为 T_{PWM}，则 H 型变换器和

逆变器等静止功率变换装置的传递函数为

$$G_{PWM}(s) = K_{PWM} \cdot e^{-T_{PWM} \cdot s} \tag{3-25}$$

式中：K_{PWM} 为装置的放大倍数。

设系统开环频率特性曲线的截止频率为 ω_c，且满足

$$\omega_c \leqslant \frac{1}{3T_{PWM}} \tag{3-26}$$

时，式(3-25)可化简为惯性环节

$$G_{PWM}(s) = \frac{K_{PWM}}{T_{PWM}s + 1} \tag{3-27}$$

考虑武器装备技术发展现状，建模时选取静止功率变换装置为分析对象。由于装置开关周期很小，通常为几十到几百微秒，因此 T_{PWM} 也非常小，故其传递函数还可进一步简化为比例环节，即

$$G_{PWM}(s) = K_{PWM} \tag{3-28}$$

3.2.5　动力子系统整体建模

综上分析，可得由功率放大装置、驱动电机、动力传动装置和火炮/炮塔构成的动力子系统数学模型如图 3-4 所示。

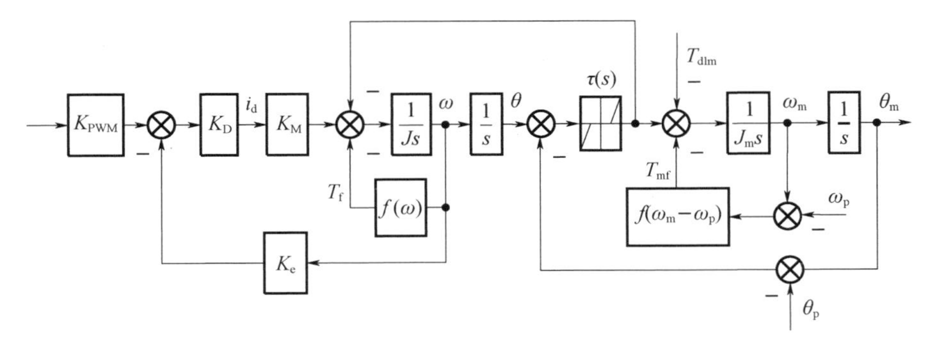

图 3-4　动力子系统数学模型

图 3-4 中，ω_m 为控制对象在惯性空间的角速度，ω_p 为武器载体在惯性空间的角速度，ω 为电机转子角速度，且有 $\omega_m = \dot{\theta}_m$，$\omega_p = \dot{\theta}_p$，$\omega = \dot{\theta}$。

3.2.6　系统整体模型及其化简

炮控系统的非线性数学模型由动力子系统模型与相应的控制子系统模型构成。根据系统性能的要求不同，炮控系统的控制结构也不尽相同，如新型炮控系统中还采用了复合控制或变结构控制等。为使分析具有一般性，本节选用电流-转速双闭环控制结构为例进行分析，并将电流环等效为比例控制。根据

图3－4，可进一步建立炮控系统的非线性数学模型如图3－5所示。

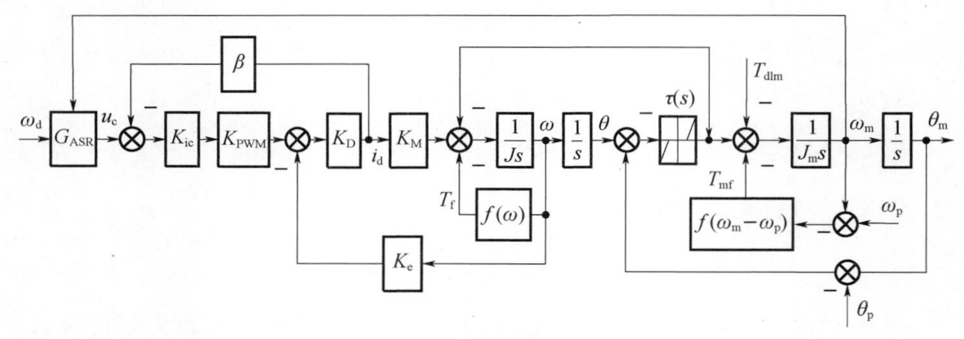

图3－5　系统整体数学模型

图3－5中，K_{ic}为电流环控制器增益，β为电流环反馈系数，G_{ASR}为速度环控制器，ω_d为系统给定角速度。

对上述模型进行简化，可得

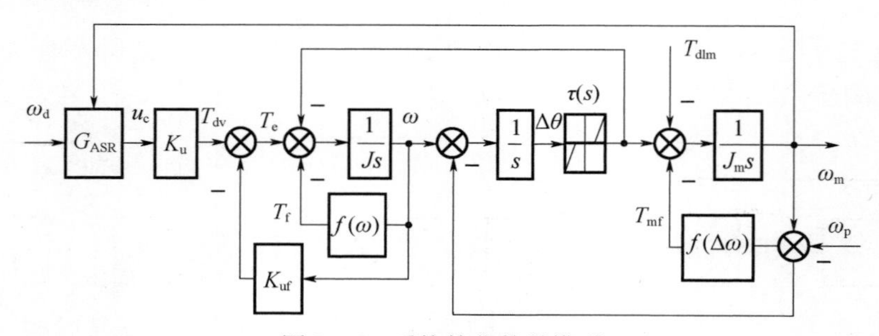

图3－6　系统简化数学模型

图3－6中：

$$K_u=\frac{K_{ic}K_{PWM}K_DK_M}{1+\beta K_{ic}K_{PWM}K_D}, K_{uf}=\frac{K_eK_u}{K_{ic}K_{PWM}}$$

进一步，令$x_1=\omega, x_2=\Delta\theta, x_3=\omega_m$，则可得系统的状态方程为

$$\begin{cases}\begin{bmatrix}\dot{x}_1\\ \dot{x}_2\\ \dot{x}_3\end{bmatrix}=\begin{bmatrix}-\frac{1}{J}(f(x_1)+K_{uf}\cdot x_1+\tau(x_2))\\ x_1-x_3+\omega_p\\ \frac{1}{J_m}(\tau(x_2)-T_{dlm}-f(x_3-\omega_p))\end{bmatrix}+\begin{bmatrix}\frac{K_u}{J}\\ 0\\ 0\end{bmatrix}u_c\\ y=[0\quad 0\quad 1]\begin{bmatrix}x_1\\ x_2\\ x_3\end{bmatrix}\end{cases}\tag{3-29}$$

3.3　计及驱动非线性作用的系统运动特性分析

由图 3-6 和式(3-29)可知,武器稳定系统呈现出强非线性特性,其主要体现在系统的两个“链”上:一是“扰动链”上系统扰动力矩的强时变特性;另一个是“驱动链”上的齿圈间隙和系统内部摩擦力矩等非线性特性。前者在第 2 章进行了详尽分析,本节重点对齿圈间隙和摩擦力矩的作用机理及其对武器运动特性的影响进行分析,为使分析结果更具针对性,暂不考虑外部扰动力矩影响,即不作特殊说明时,本节分析中均设 $T_{\mathrm{dlm}}=0$。

3.3.1　系统的稳定状态分析

1. 武器载体速度为零情形

设 $\omega_{\mathrm{p}}=0$,则式(3-29)可化为

$$\begin{cases}\begin{bmatrix}\dot{x}_1\\ \dot{x}_2\\ \dot{x}_3\end{bmatrix}=\begin{bmatrix}-\dfrac{1}{J}(f(x_1)+K_{\mathrm{uf}}\cdot x_1+\tau(x_2))\\ x_1-x_3\\ \dfrac{1}{J_{\mathrm{m}}}(\tau(x_2)-f(x_3))\end{bmatrix}+\begin{bmatrix}\dfrac{K_{\mathrm{u}}}{J}\\ 0\\ 0\end{bmatrix}u_{\mathrm{c}}\\ y=\begin{bmatrix}0 & 0 & 1\end{bmatrix}\begin{bmatrix}x_1\\ x_2\\ x_3\end{bmatrix}\end{cases}\tag{3-30}$$

考虑标量函数

$$V(X)=\frac{J\cdot x_1^2}{2}+\frac{J_{\mathrm{m}}\cdot x_3^2}{2}+\int_0^{x_2}\tau(t)\,\mathrm{d}t\tag{3-31}$$

首先验证函数满足李雅普诺夫(Lyapunov)函数的基本性质。

(1) $V(X)$ 对状态变量 x_1、x_2、x_3 均有连续偏导数,且分别为

$$\frac{\partial V(X)}{\partial x_1}=J\cdot x_1,\frac{\partial V(X)}{\partial x_2}=\tau(x_2),\frac{\partial V(X)}{\partial x_3}=J_{\mathrm{m}}\cdot x_3$$

(2) 当 $x_1=0,x_2=0,x_3=0$ 时,$V(0)=0$。

(3) 根据式(3-18)可知:

当 $x_2<-\alpha$ 时,有

$$\int_0^{x_2}\tau(t)\,\mathrm{d}t=\int_0^{-\alpha}0\mathrm{d}t+\int_{-\alpha}^{x_2}k_\tau(t+\alpha)\,\mathrm{d}t=\frac{k_\tau}{2}(x_2+\alpha)^2>0$$

当 $-\alpha \leqslant x_2 \leqslant \alpha$ 时，有

$$\int_0^{x_2} \tau(t)\,\mathrm{d}t = \int_0^{x_2} 0\,\mathrm{d}t = 0$$

当 $x_2 > \alpha$ 时，有

$$\int_0^{x_2} \tau(t)\,\mathrm{d}t = \int_0^{\alpha} 0\,\mathrm{d}t + \int_{\alpha}^{x_2} k_\tau (t-\alpha)\,\mathrm{d}t = \frac{k_\tau}{2}(x_2-\alpha)^2 > 0$$

综上可得

$$\int_0^{x_2} \tau(t)\,\mathrm{d}t \geqslant 0$$

则当 $x_1 \neq 0, x_2 \neq 0, x_3 \neq 0$ 时，有

$$V(X) = \frac{J \cdot x_1^2}{2} + \frac{J_{\mathrm{m}} \cdot x_3^2}{2} + \int_0^{x_2} \tau(t)\,\mathrm{d}t > 0 \tag{3-32}$$

且有 $\lim\limits_{\|X\| \to \infty} V(X) = \infty$。

根据上述三点分析可知，函数式(3-31)满足李雅普诺夫函数要求(正定，且具有无穷大性质)，因此可将其作为系统(式(3-30))的李雅普诺夫函数，分析系统的稳定性。

当 $u_{\mathrm{c}}=0$ 时，函数式(3-31)沿式(3-30)求导，可得

$$\begin{aligned}\dot{V}(X) &= -x_1(K_{\mathrm{uf}} \cdot x_1 + f(x_1) + \tau(x_2)) + x_3(\tau(x_2) - f(x_3)) + \tau(x_2)(x_1 - x_3) \\ &= -K_{\mathrm{uf}} \cdot x_1^2 - x_1 f(x_1) - x_3 f(x_3)\end{aligned}$$

代入摩擦力矩模型式(3-17)、式(3-22)，可得

$$\begin{aligned}\dot{V}(X) = &-K_{\mathrm{uf}} \cdot x_1^2 - [T_{\mathrm{c}} + (T_{\mathrm{s}} - T_{\mathrm{c}})\exp(-(x_1/\omega_{\mathrm{s}})^2) + B|x_1|]|x_1| - \\ &[T_{\mathrm{mc}} + (T_{\mathrm{ms}} - T_{\mathrm{mc}})\exp(-(x_3/\omega_{\mathrm{ms}})^2) + B_{\mathrm{m}}|x_3|]|x_3| \\ = &-(K_{\mathrm{uf}} + B)x_1^2 - B_{\mathrm{m}}x_3^2 - [T_{\mathrm{c}} + (T_{\mathrm{s}} - T_{\mathrm{c}})\exp(-(x_1/\omega_{\mathrm{s}})^2)]|x_1| - \\ &[T_{\mathrm{mc}} + (T_{\mathrm{ms}} - T_{\mathrm{mc}})\exp(-(x_3/\omega_{\mathrm{ms}})^2)]|x_3| < 0\end{aligned}$$

式中：T_{c}、T_{s}、T_{mc}、T_{ms}分别为动静摩擦幅值，为正值，且有 $T_{\mathrm{c}} < T_{\mathrm{s}}$，$T_{\mathrm{mc}} < T_{\mathrm{ms}}$。

因此系统稳定。下面进一步分析系统的平衡点，由式(3-31)可知，系统的平衡点不唯一，为$(0, x_{20}, 0)$。其中，x_{20}为$[-\alpha, \alpha]$区间的任意实数。

上述分析表明：

(1) 由于齿隙的存在，致使系统存在多个平衡点，x_2(即 $\Delta\theta$)不一定趋近于0，导致系统位置驱动存在稳态误差，因此齿隙的存在会影响系统的瞄准精度。

(2) 在武器载体静止时，摩擦力矩方向始终与控制对象的运动方向相反，因此摩擦力矩的存在有利于系统稳定。

2. 武器载体匀速运动情形

与前分析类似的，令 $x'_1 = \omega, x'_2 = \Delta\theta, x'_3 = \omega_{\mathrm{m}} - \omega_{\mathrm{p}}$，则式(3-29)可化为

$$\begin{cases}\begin{bmatrix}\dot{x}'_1\\ \dot{x}'_2\\ \dot{x}'_3\end{bmatrix}=\begin{bmatrix}-\dfrac{1}{J}(f(x'_1)+K_{\mathrm{uf}}\cdot x'_1+\tau(x'_2))\\ x'_1-x'_3\\ \dfrac{1}{J_{\mathrm{m}}}(\tau(x'_2)-f(x'_3))-\dot{\omega}_{\mathrm{p}}\end{bmatrix}+\begin{bmatrix}\dfrac{K_{\mathrm{u}}}{J}\\ 0\\ 0\end{bmatrix}u_{\mathrm{c}}\\ y=\begin{bmatrix}0 & 0 & 1\end{bmatrix}\begin{bmatrix}x'_1\\ x'_2\\ x'_3\end{bmatrix}+\begin{bmatrix}0\\ 0\\ \omega_{\mathrm{p}}\end{bmatrix}\end{cases}\tag{3-33}$$

当武器载体速度为匀速时，式(3-33)中 $\dot{\omega}_{\mathrm{p}}=0$。

同样的，选取李雅普诺夫函数

$$V(X')=\frac{J\cdot(x'_1)^2}{2}+\frac{J_{\mathrm{m}}\cdot(x'_3)^2}{2}+\int_0^{x'_2}\tau(t)\mathrm{d}t\tag{3-34}$$

并沿式(3-33)求导，可得 $\dot{V}(X')<0$，因此系统稳定，且其稳定点为$(0,x'_{20},0)$，其中，x'_{20}为$[-\alpha,\alpha]$区间的任意实数。

由此，系统输出 $y=x'_3+\omega_{\mathrm{p}}\to\omega_{\mathrm{p}}$。即前面分析的稳定性是相对于武器载体而言的，当武器载体运动，如车体在行进间转向时，摩擦力矩会致使炮塔随车体转向，严重时会导致系统丢失目标，这种现象称为“牵移”。图 3-7 为某坦克炮控系统采用开环控制时“牵移”现象的仿真和实车试验波形，曲线 1 为车体转向速度，曲线 2 为炮塔速度。当车体运动时，炮塔受到摩擦力矩作用随之转动，发生“牵移”现象。

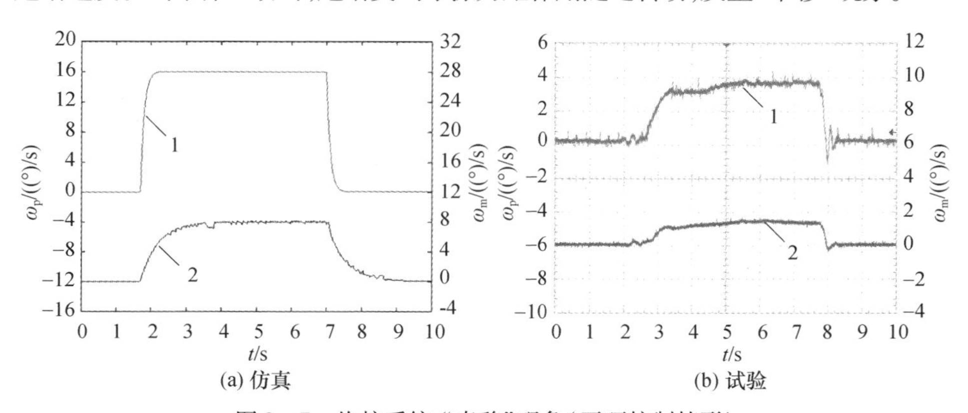

图 3-7　炮控系统“牵移”现象(开环控制情形)

当炮控系统采用反馈控制结构时，陀螺仪可以检测到炮塔速度并反馈给系统控制器，从而产生相应的反向力矩，阻止其运动，保持稳定状态，系统的受力如图 3-8 所示。显然，抑制“牵移”的控制力矩要产生的非常及时，即控制系统的动态响应速度非常快，才能保证火炮基本不动。为此，一些新型炮控系统增加了车体陀螺仪作为前馈装置，用以检测车体运动速度，达到前馈补偿的目的，从而提高系统的快速性,抑制“牵移”现象的发生。

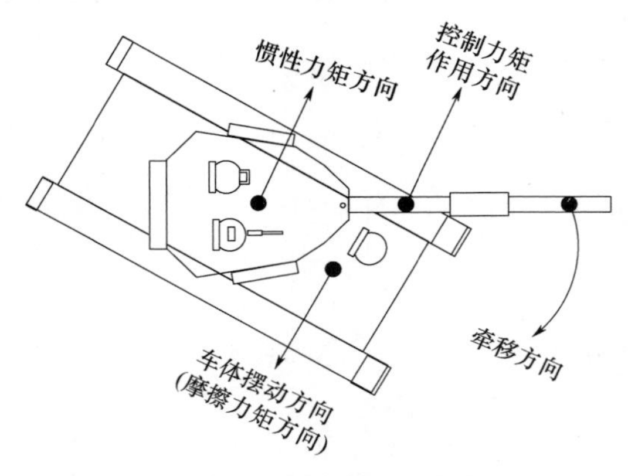

图 3-8 炮控系统“牵移”现象受力示意图

3.3.2 系统的低速运动分析

下面根据图 3-6 所示结构,以水平向炮控分系统为例进行分析。分析时设载体(车体)以及炮塔的初始状态为静止稳定状态,并将式(3-17)和式(3-22)做如下简化:

$$T_f = \begin{cases} T_e(\leqslant T_s), \omega = 0 \\ T_c \mathrm{sgn}(\omega), 0 < \omega \ll \omega_{HL} \\ B\omega, \omega \gg \omega_{HL} \end{cases} \tag{3-35a}$$

$$T_{mf} = \begin{cases} T_{drv}(\leqslant T_{ms}), \omega_m = 0 \\ T_{mc} \mathrm{sgn}(\omega_m), 0 < \omega_m \ll \omega_{mHL} \\ B_m \omega_m, \omega_m \gg \omega_{mHL} \end{cases} \tag{3-35b}$$

即在静止时将其简化为静摩擦力矩,低速时为库仑摩擦力矩,高速时为黏滞摩擦力矩,大小与运动速度成正比例。

1. 驱动延时与驱动死区

电机初始状态为静止,当给定控制量 u_c 时,在驱动电机输出轴产生驱动力矩 $T_e = K_u \cdot u_c$。当 $T_e \leqslant T_s$ 时,产生第一次驱动死区;当 $T_e > T_s$ 时,电机将在驱动力作用下运动。实际系统中的 T_s 一般较小,故该驱动死区可忽略,因此电机输出轴的“爬行”现象也不考虑。

1) 齿隙期间的运动分析——驱动延时

齿隙期间 $\tau(\Delta\theta) = 0$,电机输出轴在驱动力矩 T_e 和摩擦力矩 $T_f(=T_c)$ 的作用下运动。根据图 3-6 可将其运动方程描述为

$$\frac{d\omega}{dt} = \frac{1}{J}(T_e - T_c) = \frac{1}{J}(K_u u_c - K_{uf}\omega - T_c) \tag{3-36}$$

可解得

$$\omega=\frac{K_{\mathrm{u}}u_{\mathrm{c}}-T_{\mathrm{c}}}{K_{\mathrm{uf}}}(1-\exp(-K_{\mathrm{uf}}t/J)) \tag{3-37}$$

此时,由于炮塔和车体静止,即 $\theta_{\mathrm{m}}=0,\theta_{\mathrm{p}}=0$,因此

$$\Delta\theta=\theta=\int_0^t\omega\mathrm{d}t=\frac{K_{\mathrm{u}}u_{\mathrm{c}}-T_{\mathrm{c}}}{K_{\mathrm{uf}}}\left(t+\frac{J}{K_{\mathrm{uf}}}\left(\exp(-\frac{K_{\mathrm{uf}}t}{J})-1\right)\right) \tag{3-38}$$

由此可知,$\Delta\theta$ 为单调递增函数,且存在 t_a,使得 $t=t_a$ 时,$\Delta\theta=a$,此时齿隙结束。在此期间,齿圈间隙造成系统存在 t_a 的驱动延时。

2)齿隙结束后的运动分析——驱动死区

当齿隙结束时,电机输出轴力矩可通过齿轮机构作用于炮塔,且在接触过程时会产生复杂的冲击振荡现象。为简化分析,本节忽略其冲击过程,认为齿隙结束后,炮塔在摩擦力矩 T_{mf} 的作用下仍处于静止状态;电机轴继续运动,促使齿轮机构的传动轴发生弹性形变,从而产生驱动力矩 $\tau(\Delta\theta)$,当其大于炮塔的最大静摩擦力矩 T_{ms} 时,带动炮塔转动。下面对其运动过程进行具体分析。

齿隙刚结束时,电机输出轴在电磁力矩 T_{e},摩擦力矩 $T_{\mathrm{f}}(=T_{\mathrm{c}})$ 和齿轮机构的反作用力矩 $\tau(\Delta\theta)$ 的作用下运动。此时,由于 $\theta_{\mathrm{m}}=0,\theta_{\mathrm{p}}=0$,有

$$\tau(\Delta\theta)=k_{\tau}(\theta-a) \tag{3-39}$$

根据图 3-6,可得系统运动方程为

$$\frac{\mathrm{d}\omega}{\mathrm{d}t}=\frac{1}{J}(K_{\mathrm{u}}u_{\mathrm{c}}-T_{\mathrm{c}}-K_{\mathrm{uf}}\omega-k_{\tau}(\theta-a)) \tag{3-40}$$

由于此时炮塔静止且与电机输出轴处于接触状态,故电机输出轴的速度 ω 很小。因此,式(3-40)可简化为

$$\frac{\mathrm{d}\omega}{\mathrm{d}t}=\frac{1}{J}(K_{\mathrm{u}}u_{\mathrm{c}}-T_{\mathrm{c}}-k_{\tau}(\theta-a)) \tag{3-41}$$

结合初始条件,可得 ω 和 θ 关系为

$$\omega=\sqrt{\frac{2}{J}(K_{\mathrm{u}}u_{\mathrm{c}}-T_{\mathrm{c}})(\theta-a)-\frac{k_{\tau}}{J}(\theta-a)^2+\omega_a^2} \tag{3-42}$$

式中:ω_a 为齿隙结束时电机输出轴的速度。

根据式(3-37),有

$$\omega_a=\frac{K_{\mathrm{u}}u_{\mathrm{c}}-T_{\mathrm{c}}}{K_{\mathrm{uf}}}(1-\exp(-K_{\mathrm{uf}}t_a/J)) \tag{3-43}$$

由式(3-42)可知,当 $\theta>a+\frac{K_{\mathrm{u}}u_{\mathrm{c}}-T_{\mathrm{c}}}{k_{\tau}}$ 时,电机轴减速运行。随着 θ 增加,ω 不断减小,当 $\omega=0$ 时,有

$$\theta_{\omega0}=a+\frac{1}{k_{\tau}}\left(K_{\mathrm{u}}u_{\mathrm{c}}-T_{\mathrm{c}}+\sqrt{Jk_{\tau}\omega_a^2+(K_{\mathrm{u}}u_{\mathrm{c}}-T_{\mathrm{c}})^2}\right) \tag{3-44}$$

若此时，$T_{drv}=k_{\tau}(\theta_{\omega0}-a)\leqslant T_{ms}$，则电机轴静止，这就出现了第二次驱动死区。若 $T_{drv}=k_{\tau}(\theta_{\omega0}-a)>T_{ms}$，则电机轴带动炮塔转动。

下面采用正弦跟踪试验对“驱动延时与冲击”和“驱动死区”等现象进行分析。取给定信号 $\omega_d=5\sin(6t)$ ((°)/s)，采用开环控制进行仿真，系统响应如图3－9所示。图3－9(a)为炮塔与电机的速度曲线，其中曲线1为电机转速，曲线2为炮塔转速。由图可知，在时刻 t_1 处电机转速开始下降，进入齿隙间运动，炮塔失去驱动力矩，速度响应出现畸变；在时刻 t_2 处齿隙结束，在此过程中，存在时间长度 $\Delta t=t_2-t_1$ 的驱动延时。图3－9(b)为齿隙位移差值曲线，仿真表明，在齿隙结束时产生了较严重的冲击现象。由于输入信号频率较高，速度变化较快，因此过零时间较短，图3－9中摩擦力矩引起的“驱动死区”影响不明显。

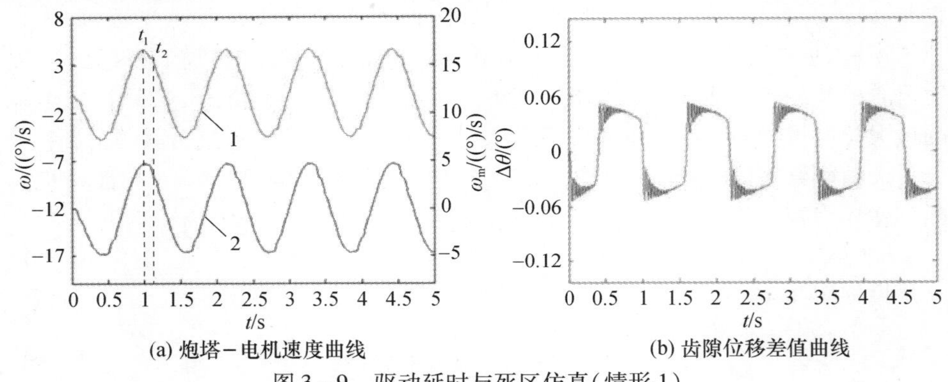

(a) 炮塔－电机速度曲线　　(b) 齿隙位移差值曲线

图3－9　驱动延时与死区仿真(情形1)

下面取给定信号 $\omega_d=5\sin t$ ((°)/s)分析摩擦力矩的影响。此时系统响应曲线如图3－10(a)所示，其中曲线1为电机转速，曲线2为炮塔转速。如图所示，在时刻 t_3 处电机和炮塔速度过零时，由于驱动力矩较小，受摩擦力矩的影响，系统出现驱动死区。此时由于在电机速度下降阶段，速度变化较慢，炮塔受到摩擦力矩的影响而下降，二者的速度差较小，速度畸变和换向冲击较小，齿隙影响不明显。

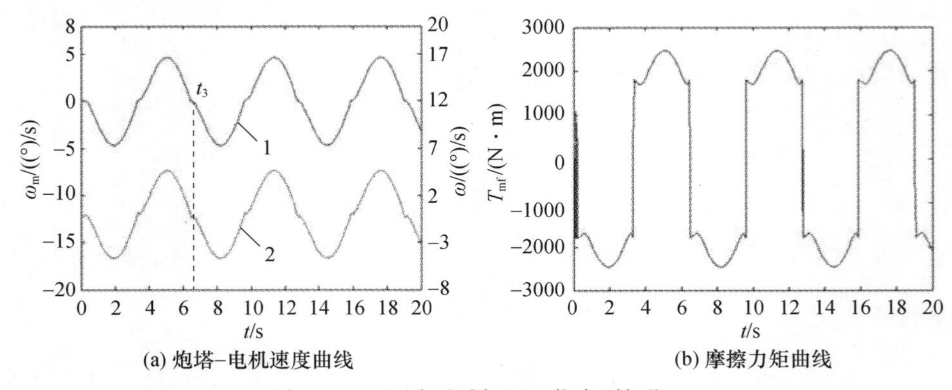

(a) 炮塔－电机速度曲线　　(b) 摩擦力矩曲线

图3－10　驱动延时与死区仿真(情形2)

为验证上述仿真的正确性,分别施加正弦速度给定 $\omega_d = 5\sin(6t)$ ((°)/s)和 $\omega_d = 4\sin t$ ((°)/s)进行实车试验,测得某炮控系统的速度响应如图 3-11 所示,试验和仿真结果基本一致。

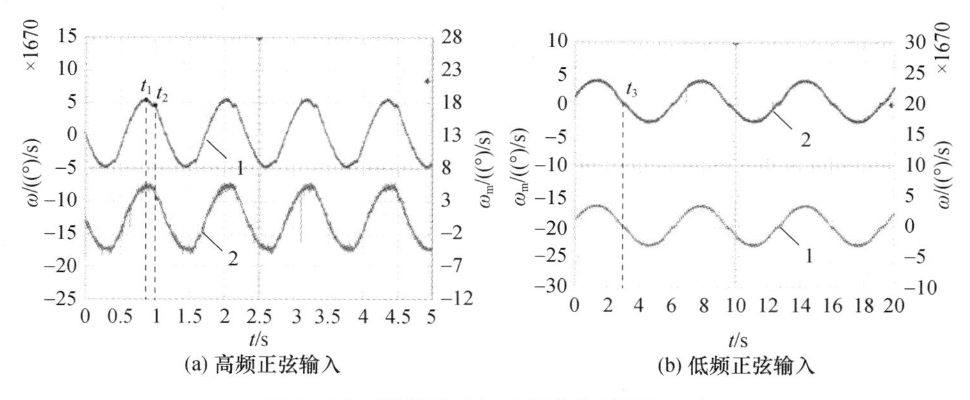

图 3-11　驱动延时与死区试验(情形 1,2)

进一步,取系统给定为 $\omega_d = 5\sin(1.5t)$ ((°)/s)进行实车试验,测得此时炮控系统的响应如图 3-12 所示,曲线 1 为电机转速,曲线 2 为炮塔转速。此时摩擦和齿隙影响均比较明显,分别如图中 t_1、t_2、t_3 处所示。

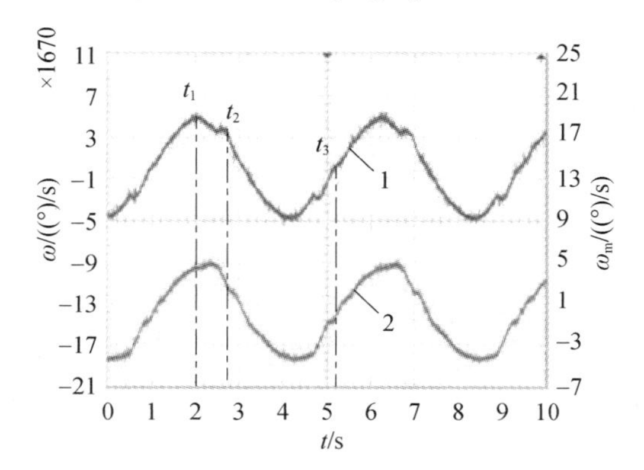

图 3-12　驱动延时与死区试验(情形 3)

2. 低速“爬行”

根据式(3-35),低速运动时:

$$T_f = T_c \mathrm{sgn}(\omega), T_{mf} = T_{mc} \mathrm{sgn}(\omega_m)$$

令

$x_{L1} = \omega, x_{L2} = \Delta\theta - a, x_{L3} = \omega_m$

则当驱动死区结束后,炮塔正向低速运动时,式(3-29)可化为

$$\begin{cases}\begin{bmatrix}\dot{x}_{L1}\\ \dot{x}_{L2}\\ \dot{x}_{L3}\end{bmatrix}=\begin{bmatrix}-\dfrac{K_{uf}}{J} & -\dfrac{k_\tau}{J} & 0\\ 1 & 0 & -1\\ 0 & \dfrac{k_\tau}{J_m} & 0\end{bmatrix}\begin{bmatrix}x_{L1}\\ x_{L2}\\ x_{L3}\end{bmatrix}+\begin{bmatrix}\dfrac{K_u}{J}u_c-\dfrac{T_c}{J}\\ 0\\ -\dfrac{T_{mc}}{J_m}\end{bmatrix}\\ y=[0\quad 0\quad 1]\begin{bmatrix}x_{L1}\\ x_{L2}\\ x_{L3}\end{bmatrix}\end{cases} \tag{3-45}$$

首先分析式(3－45)中状态变量的初始值。炮塔刚开始运动瞬间，有 $x_{L3}(0)=0$。且此时炮塔所受驱动力矩等于最大静摩擦力矩，即 $k_\tau x_{L2}(0)=T_{ms}$，故 $x_{L2}(0)=T_{ms}/k_\tau$。

进一步，根据式(3－42)，可得

$$x_{L1}(0)=\sqrt{\frac{2}{J}(K_u u_c-T_c)x_{L2}(0)-\frac{k_\tau}{J}x_{L2}(0)^2+\omega_a^2} \tag{3-46}$$

式(3－45)中 u_c、T_c、T_{mc} 均取为阶跃变量，对其进行拉普拉斯变换，可得

$$\boldsymbol{X}_L(s)=[s\boldsymbol{I}-\boldsymbol{A}]^{-1}\boldsymbol{X}_L(0)+[s\boldsymbol{I}-\boldsymbol{A}]^{-1}\boldsymbol{BV} \tag{3-47}$$

式中

$$\boldsymbol{X}_L(s)=[x_{L1}(s)\quad x_{L2}(s)\quad x_{L3}(s)]^T$$

$$[s\boldsymbol{I}-\boldsymbol{A}]^{-1}=\frac{\begin{bmatrix}s^2+\dfrac{k_\tau}{J_m} & -\dfrac{k_\tau}{J}s & \dfrac{k_\tau}{J}\\ s & \left(s+\dfrac{K_{uf}}{J}\right)s & -\left(s+\dfrac{K_{uf}}{J}\right)\\ \dfrac{k_\tau}{J_m} & \dfrac{k_\tau}{J_m}\left(s+\dfrac{K_{uf}}{J}\right) & s^2+\dfrac{K_{uf}}{J}s+\dfrac{k_\tau}{J}\end{bmatrix}}{\left(s+\dfrac{K_{uf}}{J}\right)\left(s^2+\dfrac{k_\tau}{J_m}\right)+\dfrac{k_\tau}{J}s},\quad \boldsymbol{BV}=\begin{bmatrix}\dfrac{K_u u_c-T_c}{Js}\\ 0\\ -\dfrac{T_{mc}}{J_m s}\end{bmatrix}$$

又 $y(s)=[0\quad 0\quad 1]\boldsymbol{X}_L(s)$，则可求得

$$y(s)=\frac{\dfrac{k_\tau}{J_m}x_{L1}(0)+\dfrac{k_\tau}{J_m}\left(s+\dfrac{K_{uf}}{J}\right)x_{L2}(0)+\left(s^2+\dfrac{K_{uf}}{J}s+\dfrac{k_\tau}{J}\right)x_{L3}(0)}{\left(s+\dfrac{K_{uf}}{J}\right)\left(s^2+\dfrac{k_\tau}{J_m}\right)+\dfrac{k_\tau}{J}s}+$$

$$\frac{\dfrac{k_\tau}{J_m}\dfrac{K_u u_c-T_c}{Js}-\left(s^2+\dfrac{K_{uf}}{J}s+\dfrac{k_\tau}{J}\right)\dfrac{T_{mc}}{J_m s}}{\left(s+\dfrac{K_{uf}}{J}\right)\left(s^2+\dfrac{k_\tau}{J_m}\right)+\dfrac{k_\tau}{J}s} \tag{3-48}$$

代入式(3-45)的初始状态值,化简可得

$$y(s)=\frac{k_\tau(K_u u_c-T_c)}{JJ_m\left(s^3+\frac{K_{uf}}{J}s^2+\left(\frac{k_\tau}{J_m}+\frac{k_\tau}{J}\right)s+\frac{K_{uf}k_\tau}{JJ_m}\right)s}+$$
$$\frac{\left(s^2+\frac{K_{uf}}{J}s+\frac{k_\tau}{J}\right)\Delta T_m}{J_m\left(s^3+\frac{K_{uf}}{J}s^2+\left(\frac{k_\tau}{J_m}+\frac{k_\tau}{J}\right)s+\frac{K_{uf}k_\tau}{JJ_m}\right)s}+$$
$$\frac{k_\tau(Jx_{L1}(0)\cdot s-k_\tau x_{L2}(0))}{JJ_m\left(s^3+\frac{K_{uf}}{J}s^2+\left(\frac{k_\tau}{J_m}+\frac{k_\tau}{J}\right)s+\frac{K_{uf}k_\tau}{JJ_m}\right)s} \quad (3-49)$$

式中:$\Delta T_m=T_{ms}-T_{mc}$。

考虑式(3-45)稳定,且其极点为 $s_1=-c,s_2=-a+j\psi,s_3=-a-j\psi$ 时,则有

$$s^3+\frac{K_{uf}}{J}s^2+\left(\frac{k_\tau}{J_m}+\frac{k_\tau}{J}\right)s+\frac{K_{uf}k_\tau}{JJ_m}=(s+c)((s+a)^2+\psi^2) \quad (3-50)$$

则式(3-49)可写为

$$y(s)=\frac{k_\tau(Jx_{L1}(0)\cdot s-k_\tau x_{L2}(0))}{JJ_m(s+c)((s+a)^2+\psi^2)s}+\frac{k_\tau(K_u u_c-T_c)}{JJ_m(s+c)((s+a)^2+\psi^2)s}+$$
$$\frac{\left(s^2+\frac{K_{uf}}{J}s+\frac{k_\tau}{J}\right)\Delta T_m}{J_m(s+c)((s+a)^2+\psi^2)s} \quad (3-51)$$

对其进行反拉普拉斯变换,可得

$$y(t)=y_0(t)+y_u(t)+y_{\Delta T}(t) \quad (3-52)$$

式中

$$y_0(t)=\frac{k_\tau x_{L1}(0)}{J_m}\left(\frac{c+\frac{k_\tau x_{L2}(0)}{Jx_{L1}(0)}}{c[(c-a)^2+\psi^2]}e^{-ct}-\frac{\frac{k_\tau x_{L2}(0)}{J\cdot x_{L1}(0)}}{c(a^2+\psi^2)}+\right.$$
$$\left.\frac{e^{-at}}{\psi\sqrt{a^2+\psi^2}}\times\sqrt{\frac{\left(\frac{k_\tau x_{L2}(0)}{Jx_{L1}(0)}+a\right)^2+\psi^2}{(c-a)^2+\psi^2}}\sin(\psi t-\vartheta)\right)$$

$$y_u(t)=\frac{k_\tau(K_u u_c-T_c)}{JJ_m}\left(\frac{1}{c(a^2+\psi^2)}-\frac{e^{-ct}}{c((c-a)^2+\psi^2)}+\frac{e^{-at}}{\psi\sqrt{a^2+\psi^2}\sqrt{(c-a)^2+\psi^2}}\times\right.$$
$$\left.\sin(\psi t-\varphi)\right)$$

$$y_{\Delta T}(t)=\frac{\Delta T_m}{J_m}\left(\frac{k_\tau}{Jc(a^2+\psi^2)}+\frac{\frac{cK_{uf}-k_\tau}{Jc}-c}{(a-c)^2+\psi^2}e^{-ct}+\sqrt{\frac{\left(\frac{K_{uf}}{J}-a\right)^2+\psi^2}{(c-a)^2+\psi^2}}\frac{e^{-at}}{\psi}\times\right.$$

$$\sin(\psi t-\phi)+\frac{k_\tau e^{-at}}{J\psi\sqrt{a^2+\psi^2}\sqrt{(c-a)^2+\psi^2}}\sin(\psi t-\varphi)\Bigg)$$

其中

$$\phi=\arctan\frac{J\psi}{K_{uf}-Ja}-\arctan\frac{\psi}{c-a}$$

$$\varphi=-\arctan\frac{\psi}{a}+\arctan\frac{\psi}{c-a}$$

$$\vartheta=-\arctan\frac{\psi J\cdot x_{L1}(0)}{k_\tau x_{L2}(0)+aJx_{L1}(0)}-\arctan\frac{\psi}{c-a}-\arctan\frac{\psi}{-a}$$

式(3－52)表明：

(1) 炮塔速度主要由系统初始状态作用产生的分量 $y_0(t)$、系统控制量作用产生的分量 $y_u(t)$ 和炮塔摩擦力矩变化引起的分量 $y_{\Delta T}(t)$ 三部分作用组成。

(2) 炮塔摩擦力矩变化引起的分量 $y_{\Delta T}(t)$ 呈现出强振荡特性，当其处于最大负值时，可能导致作用总和 $y(t)=y_0(t)+y_u(t)+y_{\Delta T}(t)=0$，炮塔输出为零，系统再次处于静止状态。而后重复前面分析的运动过程，开始新一轮的运动，这样周而复始，系统时停时转，即发生"爬行"现象。

(3) 当控制量 u_c 较大时，产生的速度分量 $y_u(t)$ 起主导作用，可抑制炮塔摩擦力矩变化引起的分量 $y_{\Delta T}(t)$ 的影响。即系统在高速运动时一般不会发生"爬行"现象。

需要说明：上述分析是在系统速度开环控制情况下进行的，并假定控制量 u_c 为阶跃变量，在运行过程中保持不变。对于速度环采用 PID 控制的传统炮控系统来说，G_{ASR} 中含有积分控制环节，使得系统低速运动过程中，控制量 u_c 呈现出如图 3－13 所示的变化趋势。

图 3－13 中，t_0 为炮塔开始转动时刻，t_1 为炮塔再次静止时刻。当操纵台输入给定 ω_d 足够小时，控制量 u_c 产生的驱动力矩小于最大静摩擦力矩 T_{ms}，炮塔静止；控制器 G_{ASR} 的积分环节开始积分，使得控制量 u_c 不断增加，直到驱动力矩大于最大静摩擦力矩 T_{ms} 时(t_0 时刻)，炮塔开始转动。此时摩擦力矩由 T_{ms} 突然下降至 T_{mc}，炮塔加速运动，系统失调角迅速减小，积分环节反向积分，致使控制量 u_c 减小，炮塔开始减速，直至重新回到静止状态(t_1 时刻)，而后重复上述过程，开始新一轮的变化。

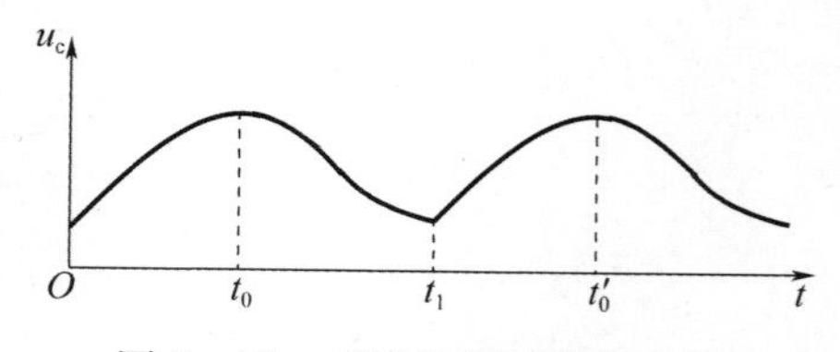

图 3－13　系统控制量变化趋势

炮控系统采用速度闭环且含有积分控制时，具有以下特点：

(1) 抑制驱动死区。根据式(3－44)可知，控制量 u_c 在系统静止时不断增加,可有效地抑制静摩擦力矩的影响,减小驱动死区。

(2) 加剧低速"爬行"。根据式(3－52)可知,控制量 u_c 在系统运动时不断减小,降低了对炮塔摩擦力矩变化引起的分量 $y_{\Delta T}(t)$ 的抑制能力,从而加剧低速运动时的"爬行"现象。

下面对低速"爬行"现象进行仿真与试验分析。取给定信号为 $\omega_d = 0.05$ (°)/s,炮控系统采用双闭环控制,且速度控制器采用 PID 控制进行仿真。图 3－14(a)为炮塔速度曲线,由图可知,系统在低速运行阶段存在较严重的"爬行"现象。图 3－14(b)为速度控制器的控制量曲线,和图 3－13 中分析基本一致。

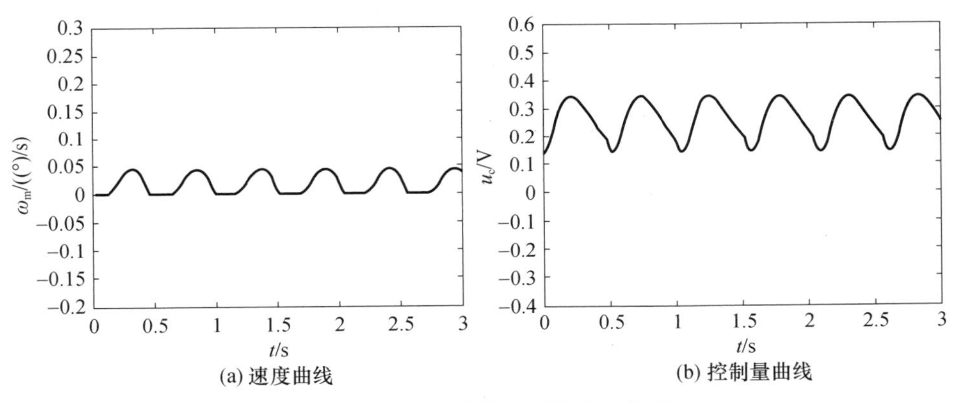

(a) 速度曲线　(b) 控制量曲线

图 3－14　系统低速"爬行"现象仿真

图 3－15 为系统低速"爬行"的实车试验曲线,其中曲线 1 为系统给定,曲线 2 为炮塔转速曲线。由于驱动延时、驱动死区和低速"爬行"等影响,使得系统的最低(平稳)瞄准速度下不来,制约了对远程机动目标的实时瞄准与跟踪能力。

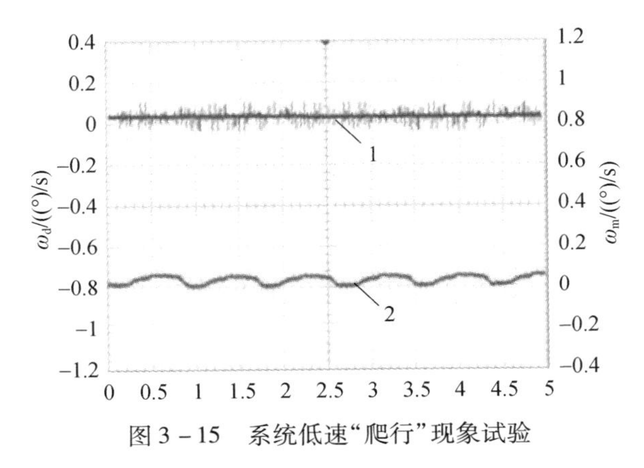

图 3－15　系统低速"爬行"现象试验

3.3.3 系统的高速运动分析

根据式(3－35),高速运动时 $T_f = B\omega$,$T_{mf} = B_m\omega_m$,令 $x_{H1} = \omega$,$x_{H2} = \Delta\theta - a$,$x_{H3} = \omega_m$。则与低速运动分析情形类似的,根据式(3－29)可得此时系统状态方程为

$$\begin{cases}\begin{bmatrix}\dot{x}_{H1}\\ \dot{x}_{H2}\\ \dot{x}_{H3}\end{bmatrix}=\begin{bmatrix}-\dfrac{K_{uf}+B}{J} & -\dfrac{k_\tau}{J} & 0\\ 1 & 0 & -1\\ 0 & \dfrac{k_\tau}{J_m} & -\dfrac{B_m}{J_m}\end{bmatrix}\begin{bmatrix}x_{H1}\\ x_{H2}\\ x_{H3}\end{bmatrix}+\begin{bmatrix}\dfrac{K_u}{J}\\ 0\\ 0\end{bmatrix}u_c \\ y=[0\quad 0\quad 1]\begin{bmatrix}x_{H1}\\ x_{H2}\\ x_{H3}\end{bmatrix}\end{cases} \tag{3-53}$$

与前面相似,可以求得

$$y(s) = \frac{G(s)}{1+G(s)H(s)}\frac{K_u u_c}{s} \tag{3-54}$$

式中

$$G(s) = \frac{k_\tau}{JJ_m\left(s^2+\left(\dfrac{K_{uf}+B}{J}+\dfrac{B_m}{J_m}\right)s+\dfrac{k_\tau}{J}+\dfrac{k_\tau}{J_m}+\dfrac{(K_{uf}+B)B_m}{JJ_m}\right)s}$$

$$H(s) = K_{uf}+B+B_m$$

如前所述,系统在高速运动阶段控制量 u_c 起主导作用,故式(3－54)忽略了初始状态对系统的影响。下面采用根轨迹法对系统式(3－54)的性能进行分析。

令 $1+G(s)H(s)=0$,即

$$1+\frac{k_\tau(K_{uf}+B+B_m)}{JJ_m\left(s^2+\left(\dfrac{K_{uf}+B}{J}+\dfrac{B_m}{J_m}\right)s+\dfrac{k_\tau}{J}+\dfrac{k_\tau}{J_m}+\dfrac{(K_{uf}+B)B_m}{JJ_m}\right)s}=0 \tag{3-55}$$

化简可得

$$1+k_\tau\frac{(K_{uf}+B+B_m)+(J+J_m)s}{(JJ_ms^2+((K_{uf}+B)J_m+JB_m)s+(K_{uf}+B)B_m)s}=0 \tag{3-56}$$

与前类似,设式(3－54)存在三个极点,分别为 $s_1=-c'$,$s_2=-a'+j\psi'$,$s_3=-a'-j\psi'$。则根据式(3－56),可得到参数 k_τ 变化过程中式(3－54)的根轨迹如图 3－16 所示。

由图 3－16 可知,随着 k_τ 的减小,$a'\downarrow$,$\psi'\downarrow$,$c'\uparrow$。与前相似的,对式(3－54)进行反拉普拉斯变换,可得

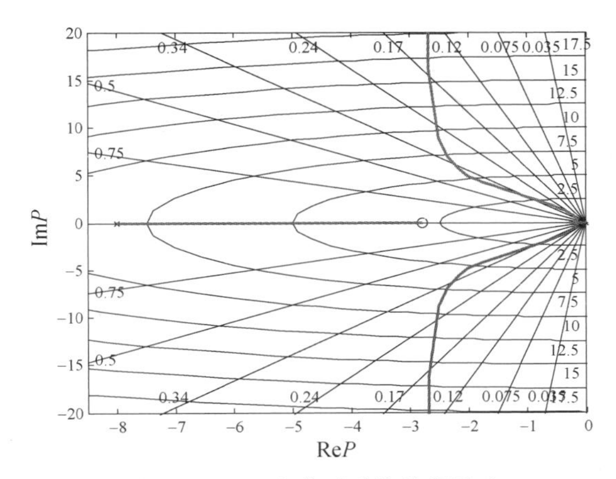

图3-16 k_τ 变化时系统的根轨迹

$$y(t)=\frac{k_\tau K_u}{JJ_m}\left(\frac{1}{c'(a'^2+\psi'^2)}-\frac{e^{-c't}}{c'((c'-a')^2+\psi'^2)}+\frac{e^{-a't}}{\psi'\sqrt{a'^2+\psi'^2}\sqrt{(c'-a')^2+\psi'^2}}\times\sin(\psi't-\varphi')\right)u_c \tag{3-57}$$

式中

$$\varphi'=-\arctan\frac{\psi'}{a'}+\arctan\frac{\psi'}{c'-a'}$$

当 c' 增大到一定程度时,可令式(3-57)中的指数项为0,有

$$y(t)\approx\frac{k_\tau K_u}{JJ_m}\left(\frac{1}{c'(a'^2+\psi'^2)}+\frac{e^{-a't}}{\psi'\sqrt{a'^2+\psi'^2}\sqrt{(c'-a')^2+\psi'^2}}\sin(\psi't-\varphi')\right)u_c \tag{3-58}$$

式(3-58)对 t 进行微分并令其为0,可得

$$\tan(\psi't_P-\varphi')=\frac{\psi'}{a'} \tag{3-59}$$

式中:t_P 为估算系统峰值时间。

代入 φ' 表达式,可得

$$t_P=\frac{\arctan(\psi'/(c'-a'))}{\psi'} \tag{3-60}$$

根据系统参数,可得 $a'\downarrow,\psi'\downarrow,c'\uparrow$ 时,$t_P\uparrow$。因此,随着 k_τ 的减小,系统峰值时间变长。与此相似的,当 B_m 等其他参数变化时,t_P 也会随之变化。

上述分析表明:

(1) k_τ、B_m 等参数直接影响系统的峰值时间,即影响系统的响应速度。在进行高速调炮时,需要系统以最快的速度转向目标,在接近目标时迅速停下来,并稳定在目标位置。如果系统的响应速度过慢,则减速阶段过长,速度曲线和时间轴所包络的面积(位移)增大,导致停止时超过目标位置(调炮“超回”),无法实现快速精确调炮,需要再进行修正才能瞄准目标。这种来回反复修正的现象通常称为“搓炮”。

(2) 限于篇幅,本节只对系统的峰值时间(即响应速度)进行分析。实际上,k_τ、B_m 等参数的变化还会导致系统高速调炮结束时出现速度超调量变大、振荡次数增加等问题(其分析方法与本节分析方法类似),它们都会影响高速调炮过程的快速性和精确性。

3.3.4 “低速/高速”分段控制分析

“低速/高速”分段控制是为了适应系统宽调速范围要求(希望系统同时具有尽可能高的最大调炮速度和尽可能小的最低瞄准速度)而采用的一种特殊结构。前述分析可知,由于各种非线性因素的影响,使得炮控系统特性在低速和高速运行两个运行阶段呈现出较大差异(如低速运动时受齿隙、摩擦等非线性的影响较大,而高速运动时受参数漂移的影响较大),且具有强不确定性,因此速度控制器采用单一的 PID 控制往往难以同时满足低速和高速阶段的控制性能要求。

为解决上述问题,一些武器稳定系统采用了分段控制结构,即将图 1-8(a)中的操控区分为两段:在 $0 \sim \omega_l$ 范围内采用双闭环控制结构实现瞄准速度的连续调节,称为瞄准区;当给定速度大于 ω_l 时直接以最大速度驱动火炮运动,称为调炮区,如图 3-17 所示。当转动角度 θ_{CZT} 在 AB 段(即瞄准区)时,火炮速度连续可调;当 θ_{CZT} 处于 BD 段(即调炮区)时,火炮速度不能连续调节,只能以最大速度运动。

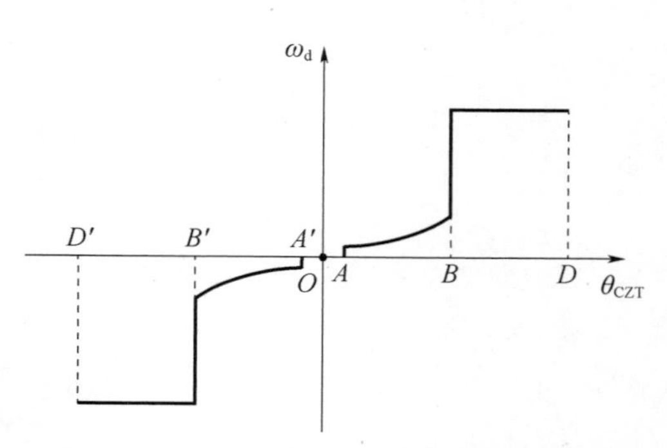

图 3-17 分段控制时的系统“操/瞄”曲线

图 3-18 为某分段控制炮控系统水平向速度调节试验曲线,其中曲线 1 为操纵台输出的电压信号,曲线 2 为炮塔的速度响应。图 3-18(a)中,操纵台输出电压信号从 t_1 时刻开始逐渐增加,但由于此时给定信号处于死区段(图 3-17 中的 OA 段),炮塔不运动;随着给定信号的不断增加,t_2 时刻进入瞄准区,炮塔在给定信号的作用下加速运动;t_3 时刻给定电压达到最大瞄准速度后,短路继电器闭合,操纵台直接输出最高电压,驱动炮塔以最大速度运动。

这种分段控制模式在一定意义上增大了系统的速度范围,但是它并没有实

现全速度范围连续调节,因此还存在如下问题:

(1) 在跟踪高速机动目标时(特别是未来武器系统要求具备一定的低空目标打击能力),如果运动目标(特别是低空运动目标)速度较快,根据式(1-6)折算到火炮跟踪速度大于 ω_l 时,采用分段控制策略无法实现对运动目标的连续跟踪,因此,这种控制方式对高速机动目标的连续跟踪与精确打击能力有限。

(2) 这种分段控制方式在瞄准区和调炮区切换点(图 3-17(a)中的 B 点)还容易出现切换抖动问题。当操纵台转动角度在切换点附近变化时,操纵台中的短路继电器不断闭合/断开,产生如图 3-18(b)中曲线 1 所示的输出电压,此时受给定电压抖动的影响,火炮速度出现较大的波动和振荡,如图 3-18(b)曲线 2 所示。这种振荡也会影响系统对目标的跟踪瞄准。

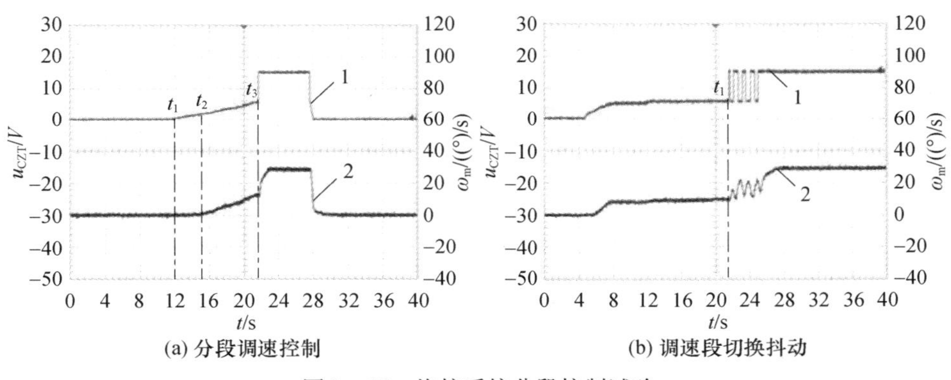

图 3-18　炮控系统分段控制试验

3.4　系统虚拟样机模型构建方法与应用

上节通过建立数学模型研究了坦克武器稳定系统的运动特性,与其相对应的,在武器稳定系统分析中常用的另一种模型是虚拟样机模型。虚拟样机技术是设计制造领域的一门新兴技术,涉及系统动力学、计算方法与软件工程等学科,目前代表性的虚拟样机技术软件有 ADAMS、Recurdyn、SIMPACK、DADS、EASYS 等,本节以某装甲车辆炮控系统为例,分析介绍基于 ADAMS/MATLAB 的系统虚拟样机的构建方法及其应用。

3.4.1　虚拟样机建模的基本方法与步骤

1. 炮控系统虚拟样机模型框架

炮控系统虚拟样机模型框架如图 3-19 所示,图中实框内为控制模型(包括功率放大装置、信号检测装置和驱动电机电磁部分模型以及系统控制器模型)，采用 MATLAB 软件构建，虚框内为动力学模型(包括动力传动装置、耳轴、座圈、火炮、炮塔、外部扰动以及驱动电机机械部分模型)，采用 ADAMS 多体动力学软件构建。二者之间通过接口程序实现系统驱动力矩、电机转速、火炮/炮塔角速度与空间位置、扰动力矩以及载体平台速度等数据的实时交互。

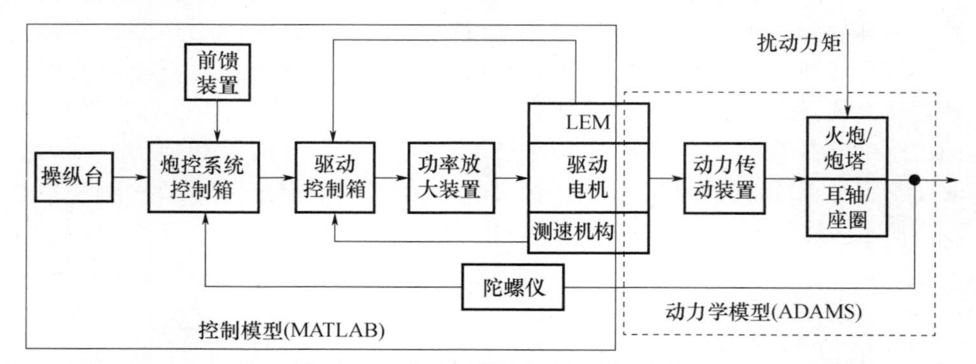

图 3－19　炮控系统虚拟样机模型框架

虚拟样机的控制模型部分与前面章节分析的系统数学模型相同，不同之处在动力学模型部分，虚拟样机通过对动力传动装置、被控对象等机械环节各零部件的参数化实体建模，并根据系统受力拓扑结构对其施加约束关系与载荷，进行动力学建模仿真，从而更加精准地描述图 1－22 所示的驱动力矩和扰动力矩在炮控系统中作用机理和传递关系，为系统分析论证、优化设计以及控制策略验证等工作提供研究平台。因此，如何构建与实际系统高度吻合的动力学模型是虚拟样机构建时的一项重要工作，也是需要解决的关键问题。

为使分析更具典型性，本节选取的装甲车辆炮控系统水平向分系统动力传动装置采用方向机，高低向采用齿轮－齿弧结构，对于丝杠等其他动力传动装置的分析建模方法与之相似。

2. 炮控系统虚拟样机建模的一般步骤

上述分析可知，炮控系统虚拟样机建模包括两部分，一是机械部分的多体动力学建模，二是控制系统建模，其基本流程如图 3－20 所示。

具体建模步骤如下：

1）系统拓扑结构分析

将图 2－2 所示的路面－车体－火炮系统受力拓扑中的炮塔和火炮部分进一步细化，可构建炮控系统受力拓扑关系如图 3－21 所示。图中，下座圈与车体固定，上下座圈之间通过滚珠连接，它们之间定义为接触副；炮塔与上座圈固定，炮塔中安装方向机、高低机、耳轴等，上述炮塔组合件定义为固定副，方向机输出齿轮可相对于方向机本体旋转，输出齿轮与下座圈之间定义为接触副；火炮与耳轴之间定义为接触副；火炮与齿弧固定，齿弧与高低机输出齿轮之间定义为接触副,高低机输出齿轮与高低机本体之间定义为旋转副。为了精确地描述力矩在系统中的传递规律,建模时将“驱动链”和“扰动链”中的关键零部件,如耳轴、高低机输出齿轮、齿弧、方向机输出齿轮和下座圈等定义为柔性体,并将其相互关系定义为接触,这样一来,柔性体建模和关键部件的接触/碰撞问题成为影响动力学模型准确度的两个关键因素,将在3.4.2节进行重点分析。

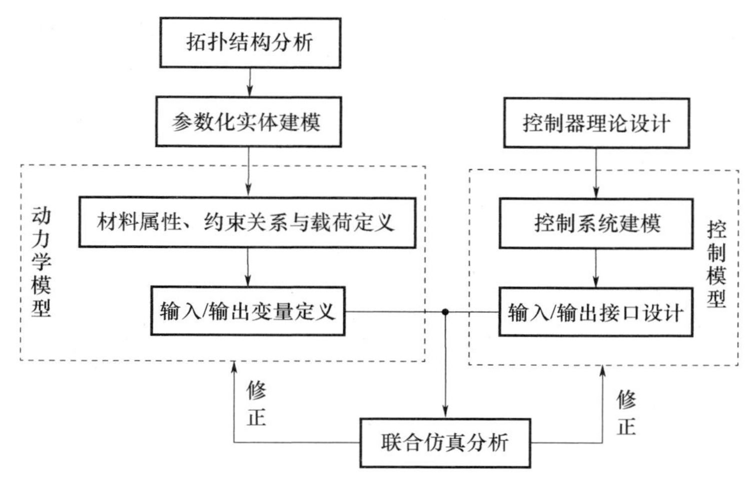

图3-20 炮控系统虚拟样机建模流程

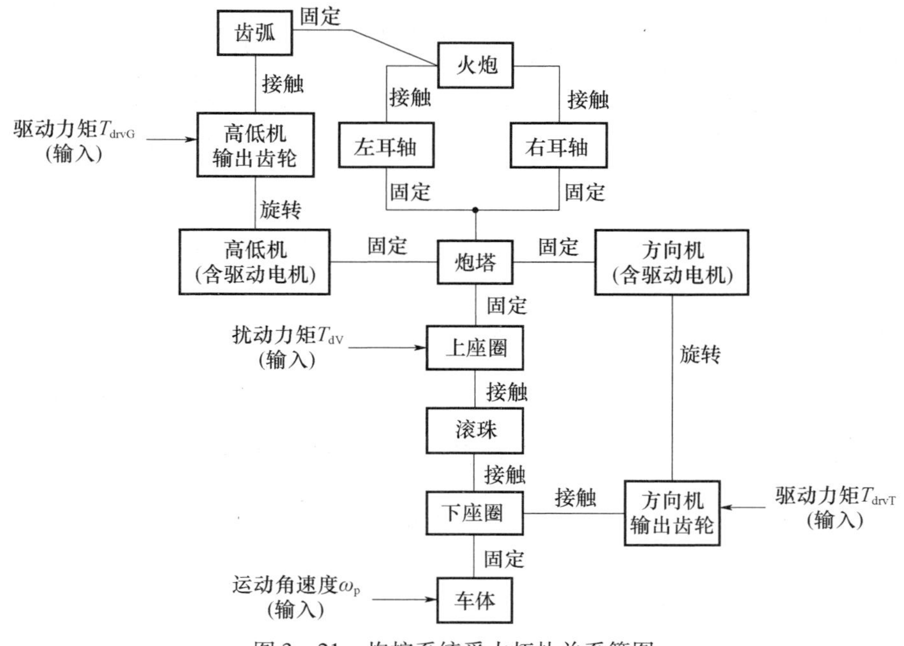

图3-21 炮控系统受力拓扑关系简图

综上分析，系统可简化成车体、炮塔组合件（含炮塔、上座圈、方向机、高低机等）、火炮等6个刚体以及n个滚珠刚体；左右耳轴、高低机输出齿轮、齿弧、方向机输出齿轮和下座圈等6个柔性体、6个接触副、7个固定副、2个旋转副。

2）参数化实体建模

首先采用SolidWorks或Creo等软件建立各部件的三维实体模型，并进行参数化，构建各零部件的几何形状、装配关系、质量、质心位置和转动惯量等信息，同时为有限元网格划分提供载体，为动力学模型及结构修改提供直观显示，某装甲车辆炮控系统主要部件的实体模型如图3-22所示。

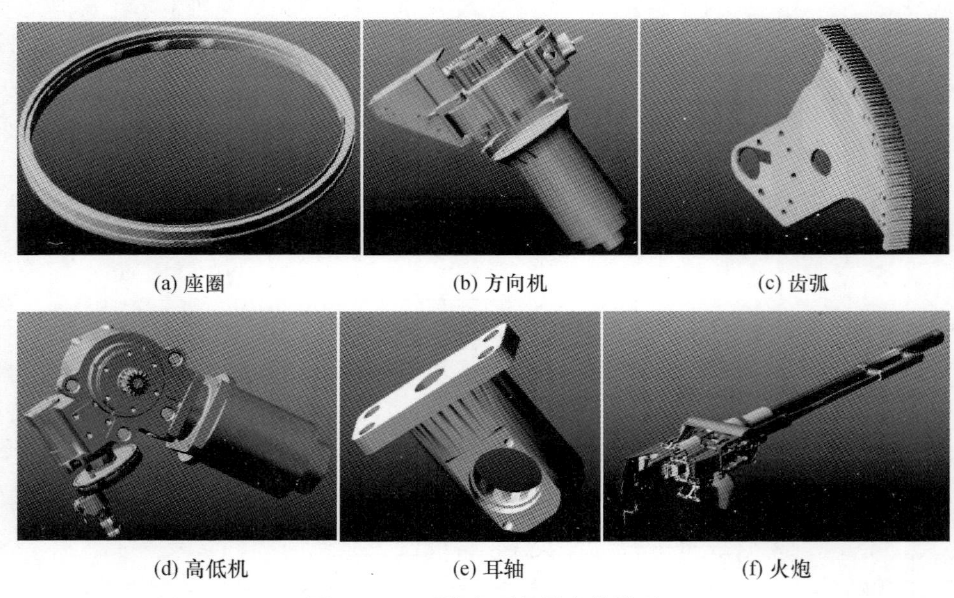

(a) 座圈　(b) 方向机　(c) 齿弧

(d) 高低机　(e) 耳轴　(f) 火炮

图3-22　系统主要部件实体模型

根据模型参数的性质不同，通常采用不同的参数化建模方法。对于各零部件间隙、部件外形等几何尺寸的参数化，一般利用三维建模软件的参数化建模功能实现；而对于零部件的质量、转动惯量等物理参数，可采用动力学仿真软件进行参数化。下面以高低机输出齿轮与齿弧配合间隙为例分析参数化建模方法。

在建模时，齿轮与齿弧间的配合间隙调整可通过改变齿轮中心距的方法来实现，以外啮合为例，此时齿轮法向齿侧间隙调整关系如图3-23所示，法向齿侧间隙为

$$\alpha = m(z_1 + z_2)\cos\alpha_0(\text{inv}\alpha' - \text{inv}\alpha_0) - 2m(x_1 + x_2)\sin\alpha_0 \tag{3-61}$$

式中：z_1、z_2、m分别为两齿轮齿数和模数；x_1、x_2分别为两齿轮的变位系数；inv(·)为渐开线函数，且有$\text{inv}\alpha_0 = \tan\alpha_0 - \alpha_0$；$\alpha_0$、$\alpha'$分别为两齿轮分度圆压力角

和实际啮合角,且满足

$$A'\cos\alpha' = A_0\cos\alpha_0 \tag{3-62}$$

其中:A'、A_0 分别为两齿轮实际中心距和标准中心距,且有 $A_0 = m(z_2 \pm z_1)/2$。

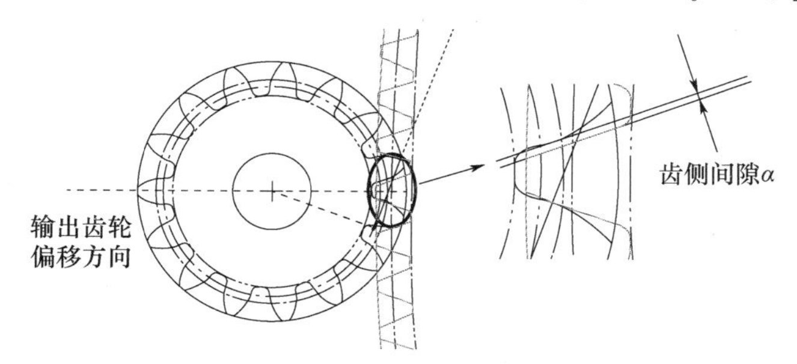

图 3-23　外啮合齿轮法向齿侧间隙调整示意图

综合式(3-61)和式(3-62)计算调整齿侧间隙 α 时,需要齿轮中心距 A' 对应的变化量,再根据两齿轮在系统实体模型中的坐标可计算出相应的输出齿轮坐标偏移量。因此,将输出齿轮三维实体模型导入动力学软件时,根据上述偏移量设置齿轮的初始位置,即可确定动力学模型中的高低机输出齿轮与齿弧配合间隙。

齿轮内啮合时分析方法与之类似,法向齿侧间隙为

$$\alpha = m(z_2 - z_1)\cos\alpha_0(\mathrm{inv}\alpha_0 - \mathrm{inv}\alpha') + 2m(x_2 - x_1)\sin\alpha_0 \tag{3-63}$$

3)材料属性、约束关系和载荷的定义

根据系统模型拓扑结构,首先将各子部件以动力学软件能识别的格式(如 X_T、IGS 等)导入动力学软件中,为各零部件设定所用的材料属性;然后根据系统受力拓扑关系定义零部件之间运动副和运动约束,并施加载荷。由图 3-21 可知,系统输入包括水平向驱动电机和高低向驱动电机输出的驱动力矩,系统扰动力矩以及载体平台的运动姿态等。其中,电机驱动力矩用变量表示,其值通过控制模型计算输出;扰动力矩可根据第 2 章的方法测试获得,也可通过动力学仿真方法得到,即建立车体和路面的动力学模型,再与炮控系统模型结合,建立整车动力学模型来进行系统仿真,在此基础上与试验数据进行对比校正,提高模型准确度。图 3-24 为施加约束和载荷后的某装甲车辆炮控系统动力学模型。

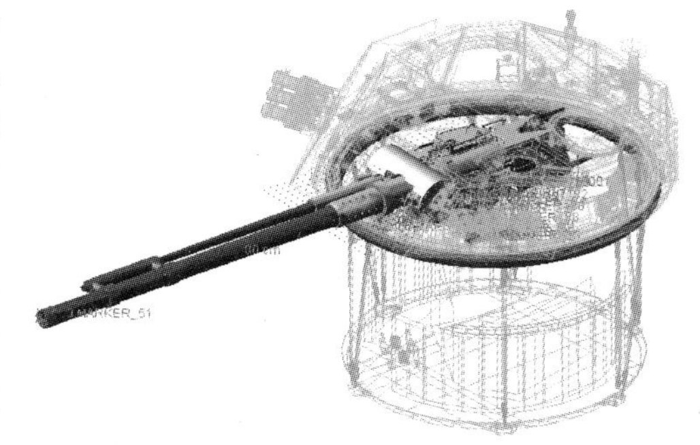

图 3-24　施加约束和载荷后的某装甲车辆炮控系统动力学模型

4）定义输入和输出状态变量

这里的输入和输出是针对动力学模型而言的，动力学模型输入前面已经进行了分析。模型输出状态变量相当于实际系统中传感器的测量值，它也是控制模型的输入，主要包括驱动电机转速、炮塔角速度、火炮角速度以及空间位置等。

5）控制系统设计、建模与联合仿真

控制器设计一般有基于系统模型和不基于系统模型两种方法。以前者为例，首先可根据3.2节建立的数学模型设计系统控制器，选取控制参数，分析控制器的稳定性以及抗扰能力等特性；然后在MATLAB/Simulink中建立控制系统模型，根据采用的控制算法，设定输入和输出变量，并与ADAMS软件建立的动力学模型耦合，构成炮控系统虚拟样机模型。如图3－25为一种基于自抗扰控制的高低向炮控分系统虚拟样机模型，图中adams_sub为动力学模块，图3－26为其展开图。

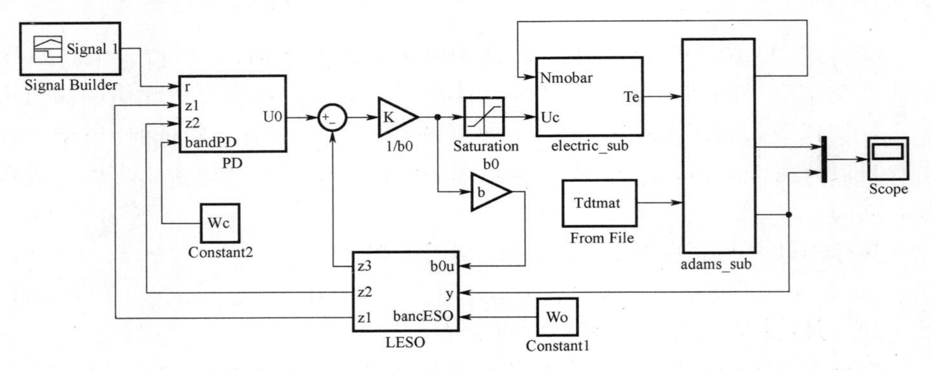

图3－25　高低向炮控分系统虚拟样机仿真模型

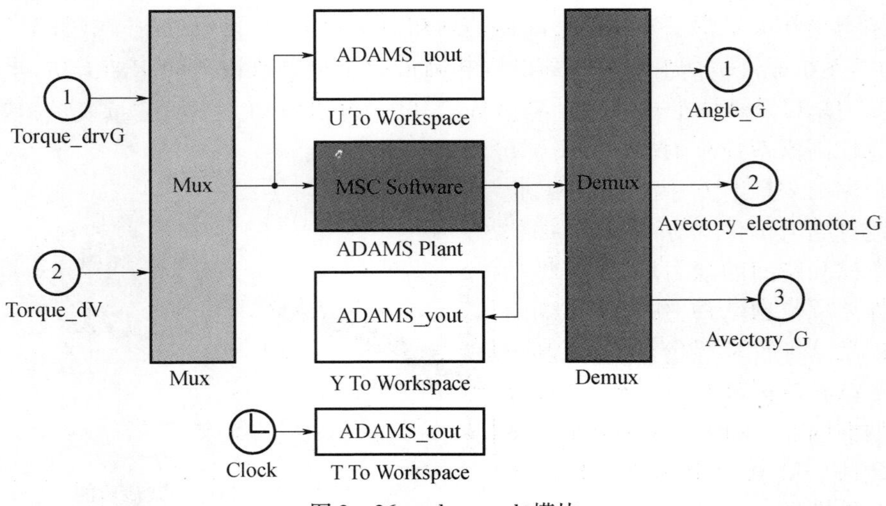

图3－26　adams_sub 模块

在控制软件中设置仿真参数进行仿真，根据仿真结果，调整动力学模型和控制系统模型，再进行仿真，如此反复，提高模型准确度。

3.4.2　系统虚拟样机建模的关键问题

如前所述，柔性体建模和关键部件的接触/碰撞建模是影响动力学模型准确度的关键问题，本节对其进行具体分析。

1. 柔性体建模问题

1）多柔体系统建模方法

多柔体系统动力学主要研究由变形体及刚体组成的系统在大范围空间运动中的动力学行为，它是多刚体系统动力学和结构动力学的综合和推广，它侧重研究“柔性效应”，即物体变形与整体刚性运动的相互作用或耦合，以及这种耦合所导致的动力学效应。

ADAMS 处理柔体时一般有柔性体离散化方法和模态集成法等。从建模的本质上来讲，采用离散化方法建立柔性体模型，其理论方法与刚体建模是一致的，它在多刚体动力学基础上，将一个刚体分为若干段，每段之间采用图元约束，从而得到离散化柔性体模型。模态集成法将柔性体看作是有限元模型的节点集合，其相对于局部坐标系有小的线性变形，而此局部坐标系做大的非线性整体平动和转动，每个节点的线性局部运动近似为模态振型或模态振型向量的线性叠加。

基于模态集成法，ADAMS 提供了两种建立柔性体构件的方式：一种是利用 Nastran、ABAQUS、ANSYS、I－DEAS 等专业有限元分析软件导出的模态中性文件在 ADAMS 中生成柔性体；另一种是在 ADAMS 中直接生成模态中性文件来生成柔性体。第一种方式一般适用于建立外形复杂零部件的柔性体，第二种方式适应于创建几何外形比较简单的柔性体。考虑炮控系统各部件外形结构复杂等特点，此处采用第一种柔性体建模方式，软件平台选用 ANSYS/Workbench，采用 ANSYS 生成模态中性文件流程图如图 3－27 所示。

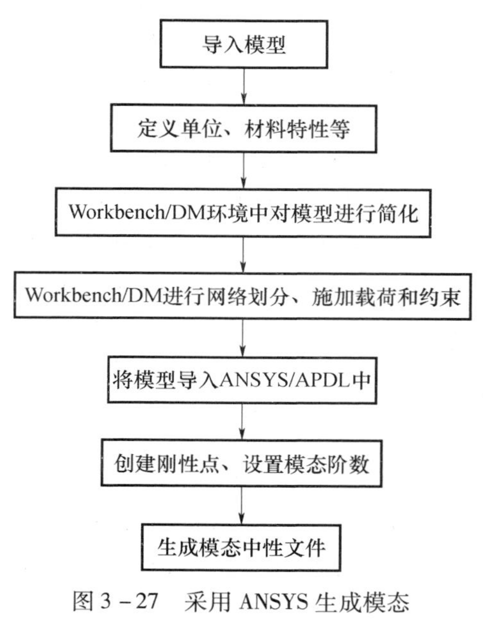

图 3－27　采用 ANSYS 生成模态中性文件流程图

2）系统关键部件的柔性体建模

如前所述，系统动力学模型中包括左右耳轴、高低机输出齿轮、齿弧、方向机输出齿轮和下座圈6个柔性体，下面以齿弧连接体为例分析其柔性体建模方法。

首先，建立齿弧连接体的有限元模型，将齿弧连接体导入 ANSYS/Workbench 后定义模型的单位及材料属性，在齿弧连接体与耳轴、齿弧连接面定义多个刚性区域和外部节点，采用 SOLID186/SOLID187 实体单元对齿弧连接体划分网格，采用 BEAM188 梁单元对刚性区域划分网格，采用 mass21 质点单元对外部节点划分网格，并将单元尺寸控制在 5mm 以内，可得其有限元网格模型如图 3－28 所示，模型共有 68056 个节点（其中包括 12 个外部节点）、29692 个单元。

然后，将网格文件导入 ANSYS/APDL，定义输出模态、单位等信息，应用 ANSYS 与 ADAMS 的接口程序产生模态中性文件（mnf 文件）。

最后，将该模态中性文件导入 ADAMS 软件，建立其柔性体模型如图 3－29 所示。在柔性齿弧连接体的外部节点与齿弧、耳轴之间定义约束，齿弧和耳轴上的载荷通过外部节点均布地分布在刚性区域的每个节点上，从而实现刚柔耦合连接。

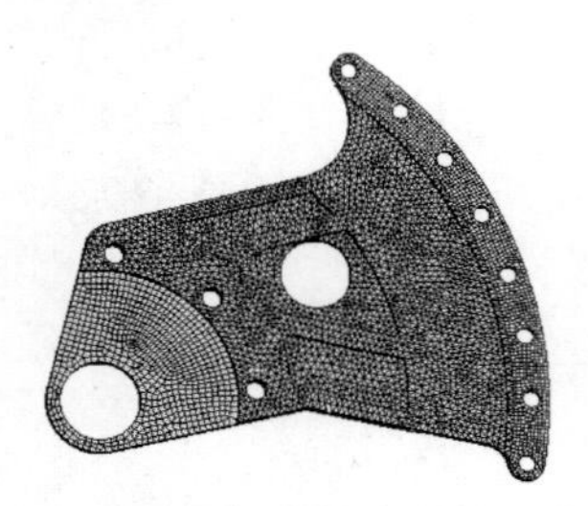

图 3－28　齿弧连接体有限元网格模型

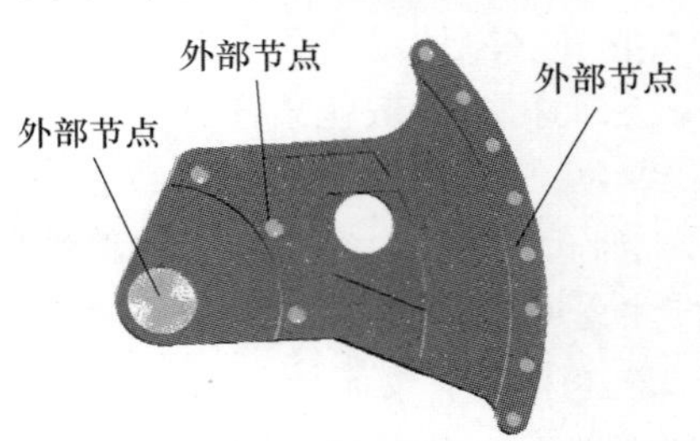

图 3－29　齿弧连接体柔性体模型

2. 关键部件间的接触/碰撞问题（齿轮，轴承）

如前所述，系统“驱动链”和“扰动链”中的关键零部件的接触/碰撞建模精度直接影响动力学模型与实际系统的吻合度，对真实地反映物理模型的运动规律，更加准确地分析由间隙、摩擦等非线性引起的动力学特性变化具有重要意义。本节在前述柔性和刚性部件建模的基础上，分析基于弹塑性力学的接触/碰撞问题建模及典型构件接触/碰撞参数的确定方法。

1）接触/碰撞问题的描述

两物体接触/碰撞过程中，通过接触发生相互作用，以高低机输出齿轮－齿弧接触为例，其受力关系如图 3－30 所示。其中，F_f 为齿轮啮合的摩擦力，F_n 为齿轮啮合法向接触力，这两个力模型及

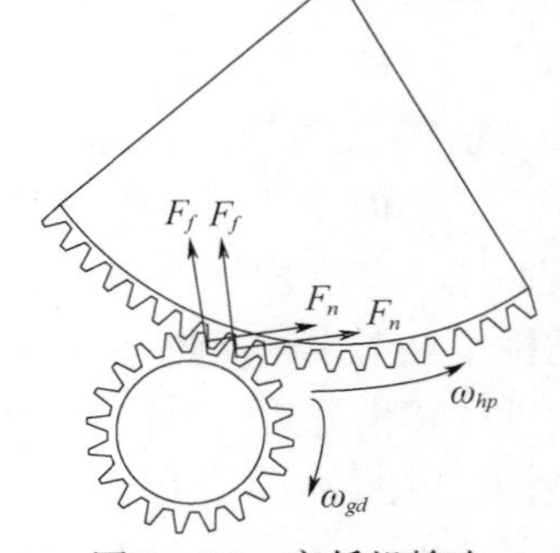

图 3－30　高低机输出齿轮－齿弧受力分析

其参数设定是 ADAMS 接触定义的关键，下面首先分析接触力 F_n。

在 3.2 节系统数学建模时，采用式（3－18）描述齿轮环节的力传递关系，ADAMS 中有两种接触/碰撞计算模型，一种是基于 Hertz 理论的 Impact 函数模型，另一种是基于恢复系数的泊松模型。本节采用 Impact 函数计算动力学模型中的接触碰撞力，Impact 函数将实际中物体的碰撞过程等效为基于穿透深度的非线性弹簧—阻尼模型，由弹性分量和阻尼分量两部分组成，其计算表达式为

$$F_n=\begin{cases}\max\{0,K(q_0-q)^b-C_{\max}\dot{q}\cdot \mathrm{step}(q,q_0-d,1,q_0,0)\},q\leqslant q_0\\0,q>q_0\end{cases}\tag{3-64}$$

式中：q_0 为距离开关量，用于确定单侧碰撞是否起作用；q 为接触物体之间的实际距离；$\dot{q}$ 为接触物体的相对运动速度；d 为阻尼达到最大时两接触物体的穿透深度；K 为接触刚度系数，$C_{\max}$ 为接触阻尼系数 C 的最大值，非负实数；b 为力的指数，对于刚度比较大的接触面，$b>1$，反之，$0\leqslant b<1$。

为了避免阻尼分量突变导致函数式（3－64）不连续，将 step（·）函数定义为

$$\mathrm{step}(q,q_0-d,1,q_0,0)=\begin{cases}1,q\leqslant q_0-d\\1-\Delta^2(3-2\Delta),q_0-d<q\leqslant q_0\\0,q>q_0\end{cases}\tag{3-65}$$

式中：$\Delta=(q-q_0+d)/d$。

ADAMS 中齿轮啮合的摩擦力 F_f 提供了库仑摩擦模型和自定义模型，为了提高建模精度，本节仍采用前述 Stribeck 模型。

2）接触/碰撞模型的参数计算

接触/碰撞模型式（3－64）的主要参数有接触刚度系数和接触阻尼系数，其设定可采用经验公式估算，几种典型零部件的接触刚度系数估算公式如表 3－1 所列。

表 3－1　几种典型零部件的接触刚度系数估算公式

零部件	接触刚度系数	参数定义
滚珠与内外滚道之间	$K=3.587\times10^{10}\cdot(\sum\rho_l)^{-0.5}(\delta_l)^{-1.5}$	$\sum\rho_l$ 为内外圈滚道与滚珠的曲率和；δ 为曲率差函数；l 为内圈滚道 i 或外圈滚道 O
滚珠之间	$K=\dfrac{2\pi E_g}{3(1-\upsilon_g^2)}\left(\dfrac{R_g}{2}\right)^{0.5}$	R_g 为滚珠的半径；υ_g 为滚珠材料的泊松比；E_g 为滚珠材料的弹性模量
齿轮之间	$K=\dfrac{4}{3\pi(n_1+n_2)}\left(\dfrac{R_1R_2}{R_1+R_2}\right)^{0.5}$	R_1、R_2 为相啮合的两齿廓面在啮合点处的曲率半径；n_1、n_2 为材料参数

接触阻尼系数可采用式(3－66)的非线性阻尼模型来计算：

$$C = \frac{3K(1-\mu^2)}{4\dot{q}^{(-)}}(q_0 - q)^n \tag{3-66}$$

式中，μ 为弹性恢复系数；$\dot{q}^{(-)}$ 为碰撞前相对速度。

弹性恢复系数和碰撞速度与实际的工况有关，其具体的取值在各仿真工况下确定。

除了经验公式估算外，也可采用有限元模型仿真分析确定接触参数，以方向机输出齿轮与下座圈接触分析为例。在 ANSYS 中建立方向机输出齿轮与下座圈齿轮有限元模型(如方向机齿轮接触面选用 CONTACT174 单元，下座圈齿轮目标面选用 TARGE170 单元)，为方向机输出齿轮轴设定初始旋转加速度，应用仿真计算方法可以得到方向机输出齿轮与下座圈齿轮之间接触特性，根据接触特性可以反推求取接触刚度系数和阻尼系数等参数，某装甲车辆炮控系统仿真得到的方向机输出齿轮与下座圈齿轮之间接触特性如图 3－31 所示。

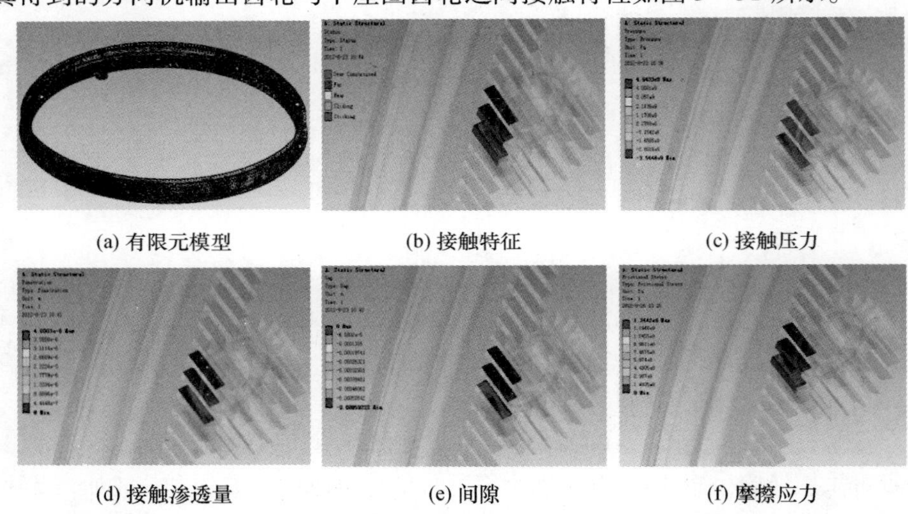

(a) 有限元模型　(b) 接触特征　(c) 接触压力

(d) 接触渗透量　(e) 间隙　(f) 摩擦应力

图 3－31　方向机输出齿轮与下座圈齿轮单齿接触特性

3.4.3　系统虚拟样机模型的应用

1. 控制器设计与系统性能评估

如前所述，构建炮控系统虚拟样机并开展基于 ADAMS/MATLAB 的多平台联合仿真，可为炮控系统论证、研制、设计等过程中的控制器设计提供研究平台。依托该平台可进行控制策略的分析验证，控制参数的调整优化，不同控制方法的对比改进等工作，为系统论证阶段的方案设计以及研制前期的控制算法初调提供基础和依据，是加速推进系统工程研制进度的重要手段。此外，利用该虚拟样机还可进行危险程度高、破坏性强以及具有不可逆性(难以再次复现)

等采用实车试验难以完成的系统各种极限工况分析。

进一步，将基于系统虚拟样机的多平台联合仿真方法与6.3节介绍的基于dSPACE平台的控制算法快速集成开发方法相结合，可形成控制策略“理论设计—仿真分析—工程实现”全过程一体化高效开发手段。

2. 系统参数灵敏度分析

灵敏度是目标函数对设计变量的敏感程度，本节所指主要为虚拟样机中动力学模型各结构参数（如齿轮间隙、偏心距、摩擦力矩等）变化对系统性能影响的程度。通过分析各结构参数对系统性能的灵敏度，可以进一步揭示系统运行机理，找到制约系统性能的关键环节和核心要素，从而改变传统的单纯依靠经验的分析方法，对系统论证设计、指标分解具有重要的指导意义。

从数学意义上讲，如果目标函数 y 和设计变量 x_i，$(i=1,2,\cdots,n)$ 之间具有显式函数关系 $F(x_i,x_j,\cdots)(i,j=1,2,\cdots,n)$，则其一阶灵敏度为

$$s_i=\frac{\partial F(x_i,x_j,\cdots)}{\partial x_i} \tag{3-67}$$

若求解的是二阶导数，则可称为二阶灵敏度。

但是对于坦克武器稳定系统来说，结构参数与系统之间的关系难以直接描述为函数关系。因此需要采用系统虚拟样机，通过试验设计方法获得多组试验样本，计算每组样本的目标函数值，再运用极差分析等方法，获得各个结构参数对系统性能的影响规律。极差是各组试验样本对应的目标函数平均值构成的数组中最大值与最小值之差，极差大小反映各结构参数对指标影响的程度。较之采用实际系统进行试验分析，这种虚拟样机仿真进行参数灵敏度分析的方法，无需加工各种参数不同的零部件，具有分析效率高、实验成本低等优点。

如采用基于接口的协同仿真技术，实现上述灵敏度分析过程的自动运行，还可构建系统参数灵敏度自动分析平台，从而进一步提高分析效率，如图3-32为坦克炮控系统齿轮间隙参数化动力学仿真平台。

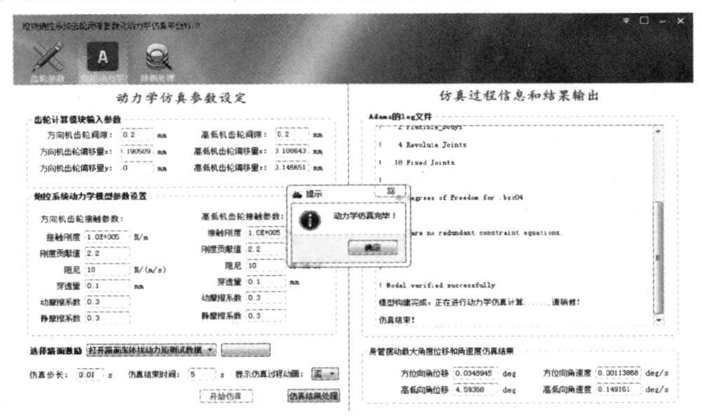

图3-32　坦克炮控系统齿轮间隙参数化动力学仿真平台

3. 系统优化匹配设计

传统武器稳定系统设计主要依靠工程经验和已有的设计规范，根据战术技术指标确定初步总体方案，进行系统指标初始匹配计算，然后开展各部件的设计，试验样机研制，研制完成后进行系统联调试验，发现和暴露设计方案存在的问题和缺陷，再进行设计修改，重新进行样机试制和系统试验。这种系统设计方法往往需要多次反复迭代循环，才能使其性能不断优化，存在研制周期长、成本耗费高、程序繁琐等问题。

针对上述问题，采用系统虚拟样机，在前述参数灵敏度分析的基础上，进一步开展基于智能优化算法（如遗传算法、粒子群优化算法等）的系统结构参数优化匹配方法研究，获取各部件在满足总体布局、结构尺寸和加工工艺水平等约束条件下，使系统总体性能实现最优化的结构参数，可成为改变传统设计研制模式的重要手段。这种优化设计方法是 3.1 节介绍的系统参数匹配技术的进一步拓展和深入，在系统设计时可先根据 3.1 节方法设计初始参数，然后采用初始参数构建虚拟样机并进行基于智能优化算法的参数动态寻优，实现系统优化设计。

限于篇幅，本节只对系统虚拟样机的应用进行了概述，关于灵敏度分析和动态优化的相关方法，有兴趣的读者可参阅本章所列参考文献。

参考文献

[1] 张相炎，郑建国，袁人枢. 火炮设计理论[M]. 北京理工大学出版社，2014.

[2] 王亚平，徐诚，王永娟，等. 火炮与自动武器动力学[M]. 北京理工大学出版社，2014.

[3] 冯国楠. 现代伺服系统的分析与设计[M]. 北京：机械工业出版社，1990.

[4] 阮毅，陈伯时. 电力拖动自动控制系统——运动控制系统：第 4 版[M]. 北京：机械工业出版社，2009.

[5] 陈明俊，李长红，杨燕. 武器伺服系统工程实践[M]. 北京：国防工业出版社，2013.

[6] 王瑞林，李永建，张军挪. 基于虚拟样机的轻武器建模技术与应用[M]. 北京：国防工业出版社，2013.

[7] 北京兆迪科技有限公司. Creo 2.0 高级应用教程[M]. 北京：机械工业出版社，2013.

[8] 吴碧磊. 重型汽车动力学性能仿真研究与优化设计[D]. 吉林：吉林大学，2008.

[9] 郝赫. 多轴重型汽车刚弹耦合虚拟样机分析与匹配[D]. 吉林：吉林大学，2011.

[10] 陈志伟，董月亮. MSC ADAMS 多体动力学仿真基础与实例解析[M]. 北京：中国水利水电出版社. 2012.

[11] 陈鹿民，阎绍泽，郭峰，等. 多柔体系统动力学中的间隙接触内碰撞[J]. 机械动力学专集，2003.

[12] 胡胜海，郭彬，邓坤秀，等. 含非线性接触碰撞的大口径舰炮弹链柔性铰多体模型[J]. 哈尔滨工程大学学报. 2011，32(9)：1217 – 1222.

[13] 何芝仙，干洪. 计入轴承间隙时轴 – 滚动轴承系统动力学行为研究[J]. 振动与冲击，2009，28(9)：120 – 124.

[14] 曾晋春,杨国来,王晓锋. 计及齿轮 - 齿轮接触的火炮动力学分析[J]. 弹道学报,2008,20(2):81 - 84.
[15] 徐礼. 顶置武器站发射动力学仿真与结构参数优化研究[D]. 北京:装甲兵工程学院,2013.
[16] 赵韩,陈奇,黄康. 两圆柱体结合面的法向接触刚度分形模型[J]. 机械工程学报,2011,47(7):53 - 58.
[17] 高月华. 基于 kriging 代理模型的优化设计方法及其在注塑成型中的应用[D]. 大连:大连理工大学,2009.

第 4 章　系统非线性状态估计与参数辨识技术

第 2、3 章分析表明，武器稳定系统外部扰动力矩与内部的各种非线性因素造成系统出现稳态“牵移”，驱动死区、延时与振荡，低速“爬行”和高速调炮“超回”等一系列问题，成为制约系统性能的重要因素。在实际系统运行过程中，各种非线性因素随运行环境改变而不断变化，使系统呈现出不确定特性，大大增加了控制难度。许多理论研究成果应用于工程实践时，往往由于系统强不确定性而致使控制性能下降，或者因过度提高控制器的鲁棒性，抑制不确定性影响而导致控制算法过于复杂，工程实现困难。为此，有必要进一步探讨武器稳定系统参数辨识问题，以实现对系统非线性因素和参数漂移的实时估计，从而减少未知环节，降低系统不确定性。

4.1　状态估计与参数辨识器构架

4.1.1　系统不确定特性分析

限于篇幅，本节以摩擦力矩和偏心力矩为例进行重点分析。第 3 章给出了摩擦力矩的 Stribeck 模型：

$$T_{mf}=f(\dot{\theta}_m-\dot{\theta}_p)=\left[T_{mc}+(T_{ms}-T_{mc})e^{-\left(\frac{\dot{\theta}_m-\dot{\theta}_p}{\omega_{ms}}\right)^2}\right]\mathrm{sgn}(\dot{\theta}_m-\dot{\theta}_p)+B_m(\dot{\theta}_m-\dot{\theta}_p) \tag{4-1}$$

由式(4 - 1)可知，摩擦力矩模型主要参数有临界速度 ω_{ms}、库仑摩擦力矩幅值 T_{mc}、最大静摩擦力矩幅值 T_{ms} 等。在实际系统运行过程中，上述参数会受到润滑特性、接触面法线向压力等因素的影响而不断变化，如由于火炮/炮塔旋转中心与重心不重合，使接触面法线向压力随载体平台姿态改变而不断变化，从而导致最大静摩擦、库仑摩擦力矩等参数均会变化。

另外，摩擦力矩的大小还与火炮/炮塔的运动角速度以及载体平台的运动状态紧密相关，这些状态量在实际工作过程中都是实时变化的，它们都会影响摩擦力矩的大小，致使摩擦力矩呈现强不确定特性。

再如，由偏心力矩方程式(3 - 13)可知，偏心力矩随车体姿态不同而实时变化。将某型坦克放置于 8°斜坡位置，车首方向沿斜坡向下，炮控系统采用开环控制，以恒定给定驱动炮塔旋转 2 圈。图 4 - 1(a)中曲线 1 为系统给定，曲线 2

为炮塔速度,图4-1(b)中曲线1为电机转速,曲线2为炮塔速度。试验表明,由于偏心力矩的影响,旋转过程中炮塔在恒定驱动力矩作用下出现较大的速度波动,最大转速差值约7(°)/s。

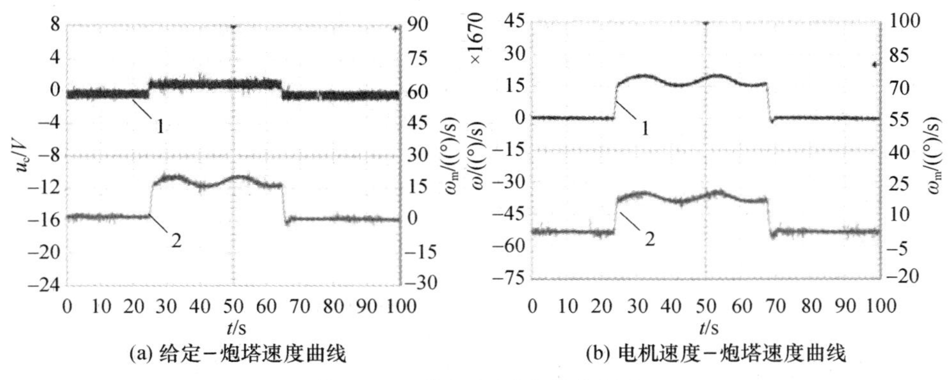

(a) 给定-炮塔速度曲线
(b) 电机速度-炮塔速度曲线

图4-1 偏心力矩影响试验图

此外,2.2.3节已经指出,路面振动引起的扰动力矩会受路面特性、机动速度等因素影响呈现出快时变特性,齿隙宽度等参数也会随着齿轮啮合过程的磨损不断加大。

同时,各种非线性环节之间相互耦合,使系统不确定性成积数倍增加。在图3-5所示的系统非线性数学模型中,外部扰动力矩、偏心力矩与系统内部的齿圈间隙、摩擦力矩及其相互耦合作用,使得整个动力子系统成为快时变不确定环节。

4.1.2 状态估计与参数辨识的互逆性与解耦方法

一般的,参数辨识要求系统状态变量已知,但是在实际武器稳定系统中,可直接测量的状态量很少,且测量值往往受到噪声污染,因此还需要根据含有噪声的观测信息来估计系统的状态变量,而状态观测器一般是在假定系统参数已知的前提下进行的;反过来,前面所述的参数辨识又往往要求系统状态变量已知,这就使得状态估计和参数辨识构成一组互逆问题。为克服其互逆性,传统方法通常采用两步估计法,先假定一组参数值来估计状态变量,再根据所估计的状态变量来进行参数辨识,这种方法用于时变系统的状态与参数联合估计,存在初值敏感、运算量大、收敛性差等问题。

“既然状态估计与参数辨识是一组逆问题,如果其中一者可以独立于系统模型,则状态变量与参数的联合估计可迎刃而解”——基于该思路,本章引入自抗扰控制技术,建立不依赖于系统模型的扩张状态观测器(ESO),用以实时获取系统的状态变量,在此基础上设计基于协方差修正最小二乘法(CVMLS)的辨识器,实现系统的状态估计与参数辨识。

4.1.3 基于串联结构的辨识器降阶设计

由图 3-5 可知,炮控系统模型较为复杂,且待辨识参数多,因此直接对其进行状态估计与参数辨识,存在辨识器阶次高、运算量大、估计精度低等问题。为了降低辨识对象的复杂程度,提高辨识精度,本节分析一种基于串联结构的状态估计与参数辨识器降阶设计方法,即利用系统内部可测信息,将其分解为多个低阶串联子系统,再分别对其进行辨识。仍以水平向炮控系统为例,实际系统中通常安装有 LEM-I 模块、炮塔电机同轴测速发电机、速度陀螺仪以及车体陀螺仪等检测装置,用于采集电机电枢电流、电机转速、炮塔转速以及车体运动状态等信息,据此可构建两个低阶辨识子系统,如图 4-2 所示。

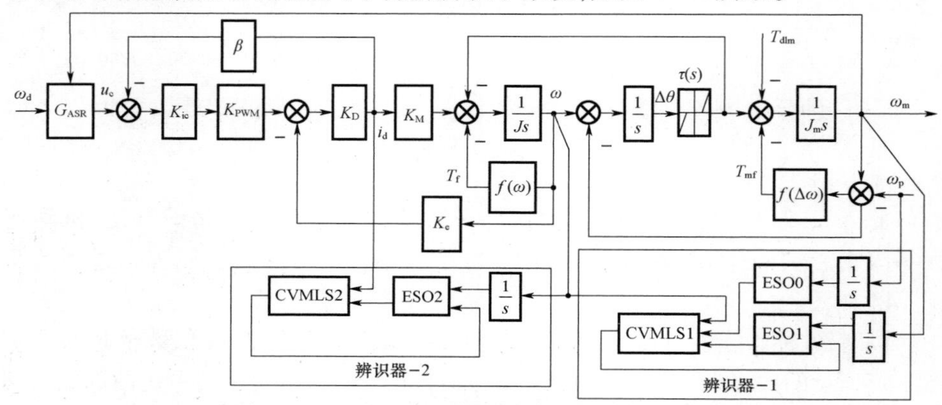

图 4-2 炮控系统状态估计与参数辨识器结构

辨识子系统 1 采用电机转速信号作为系统输入,炮塔速度信号作为输出,同时利用车体陀螺仪信号作为辨识辅助信息,构建 ESO 和 CVMLS,为实现观测噪声的滤波,对观测信号进行硬件积分构成积分型 ESO。辨识子系统 2 输入为电枢电流,输出为电机转速,其辨识器结构与辨识子系统 1 相似。由于两个辨识子系统均为开环辨识子系统,且输入和输出信号可测,故二者可独立分析。

4.2 基于扩张状态观测器的系统状态估计

4.2.1 积分型扩张状态观测器及其滤波特性

一般的,考虑 n 阶系统

$$\begin{cases} \dot{x}_1 = x_2 \\ \quad\vdots \\ \dot{x}_{n-1} = x_n \\ \dot{x}_n = f(x_1, x_2, \cdots, x_{n-1}, u) \\ y = x_1 \end{cases} \tag{4-2}$$

式中:$f(x_1,x_2,\cdots,x_{n-1},u)$为未知函数;$u(t)$为系统的输入;$y(t)$为系统的输出。

$x_1(t),x_2(t),\cdots,x_n(t)$为系统的状态变量。如果将变量$\dot{x}_n(t)$也作为状态变量$x_{n+1}(t)$,则得到被扩张的状态变量$x_1(t),x_2(t),\cdots,x_n(t),x_{n+1}(t)$,现以$y(t)$为观测量,构造出不依赖于$f(x_1,x_2,\cdots,x_{n-1},u)$的非线性系统

$$\begin{cases}\dot{\hat{x}}_1(t)=\hat{x}_2(t)-\beta_{01}g_1(\hat{x}_1(t)-y(t))\\ \vdots\\ \dot{\hat{x}}_n(t)=\hat{x}_{n+1}(t)-\beta_{0n}g_n(\hat{x}_1(t)-y(t))\\ \dot{\hat{x}}_{n+1}(t)=-\beta_{0n+1}g_{n+1}(\hat{x}_1(t)-y(t))\end{cases}\tag{4-3}$$

选取合适的非线性函数$g_1(\cdot),g_2(\cdot),\cdots,g_{n+1}(\cdot)$和系数$\beta_{01},\beta_{02},\cdots,\beta_{0n+1}$。则在仅有观测量$y(t)$时,可实现对原系统扩张状态变量的跟踪,即$\hat{x}_1(t)\to x_1(t)$, $\hat{x}_2(t)\to x_2(t),\cdots,\hat{x}_{n+1}(t)\to x_{n+1}(t)$,式(4-3)称为扩张状态观测器。

选取非线性函数$g_1(\cdot),g_2(\cdot),\cdots,g_{n+1}(\cdot)$为

$$g(\cdot)=\mathrm{fal}(e,a,\delta)=\begin{cases}|e|^a\mathrm{sgn}(e),|e|>\delta\\ \dfrac{e}{\delta^{1-a}},|e|\leqslant\delta\end{cases}\tag{4-4}$$

则式(4-3)可表示为

$$\begin{cases}e(t)=\hat{x}_1(t)-y(t)\\ \dot{\hat{x}}_1(t)=\hat{x}_2(t)-\beta_{01}e(t)\\ \vdots\\ \dot{\hat{x}}_n(t)=\hat{x}_{n+1}(t)-\beta_{0n}\mathrm{fal}(e(t),a_n,\delta)\\ \dot{\hat{x}}_{n+1}(t)=-\beta_{0n+1}\mathrm{fal}(e(t),a_{n+1},\delta)\end{cases}\tag{4-5}$$

在实际系统中,所测信号(如火炮角速度、电机转速等)往往带有观测噪声$v(t)$,即

$$y(t)=x_1(t)+v(t)\tag{4-6}$$

为了消除噪声影响,可在扩张状态观测器前端加入跟踪微分器(TD),构成微分扩张状态观测器(DESO),但是其计算量较大,且需调整的参数较多。为此,本节采用对观测信号$y(t)$积分,获得广义量测输出,再对其构建新的扩张状态观测器的方法,实现对观测信号滤波。设

$$y_0(t)=\int_0^t y(\tau)\mathrm{d}\tau\tag{4-7}$$

为广义量测输出,则式(4-2)描述为

$$\begin{cases}\dot{x}_0 = x_1 + v \\ \dot{x}_1 = x_2 \\ \quad\vdots \\ \dot{x}_{n-1} = x_n \\ \dot{x}_n = f(x_1, x_2, \cdots, x_{n-1}, u) \\ y_0 = x_0\end{cases} \tag{4-8}$$

与式(4-5)类似,可建立式(4-8)所示的扩张状态观测器,即

$$\begin{cases}e(t) = \hat{x}_0(t) - y_0(t) \\ \dot{\hat{x}}_0(t) = \hat{x}_1(t) - \beta_{00}e(t) \\ \dot{\hat{x}}_1(t) = \hat{x}_2(t) - \beta_{01}\mathrm{fal}(e(t), a_1, \delta) \\ \quad\vdots \\ \dot{\hat{x}}_n(t) = \hat{x}_{n+1}(t) - \beta_{0n}\mathrm{fal}(e(t), a_n, \delta) \\ \dot{\hat{x}}_{n+1}(t) = -\beta_{0n+1}\mathrm{fal}(e(t), a_{n+1}, \delta)\end{cases} \tag{4-9}$$

则有

$$\hat{x}_0(t) \to \int_0^t x_1(\tau)\mathrm{d}\tau, \hat{x}_1(t) \to x_1(t), \hat{x}_2(t) \to x_2(t), \cdots, \hat{x}_{n+1}(t) \to x_{n+1}(t)$$

式(4-9)称为积分型 ESO。

下面采用仿真与试验对比方法对积分型 ESO 的滤波和状态估计能力进行测试。被测系统式(4-2)取为 2 阶系统,系统观测噪声为白噪声信号。

1. 滤波性能测试

图 4-3 和图 4-4 分别为正弦信号和阶跃信号滤波仿真和试验结果。其中,曲线 1 为带噪声的系统输出 $y(t)$,曲线 2 为滤波后的状态变量值 $\hat{x}_1(t)$。由图可知,仿真和试验结果基本一致,积分型 ESO 具有良好的噪声抑制能力和较快的跟踪性能。

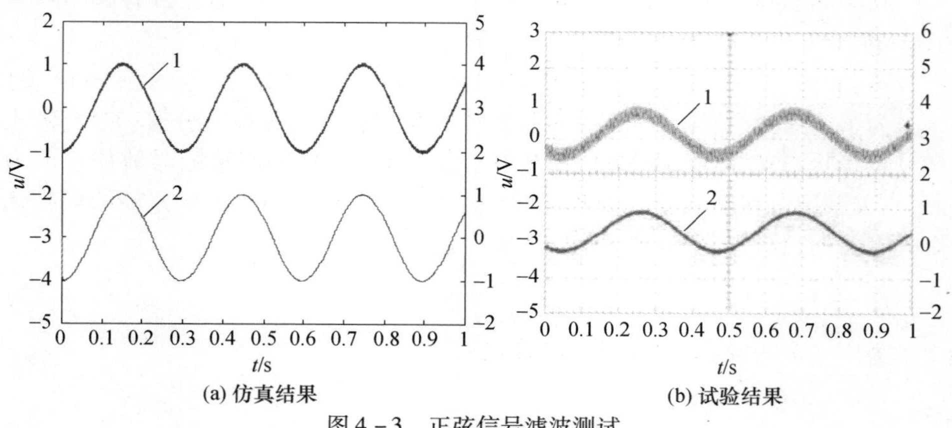

图 4-3 正弦信号滤波测试

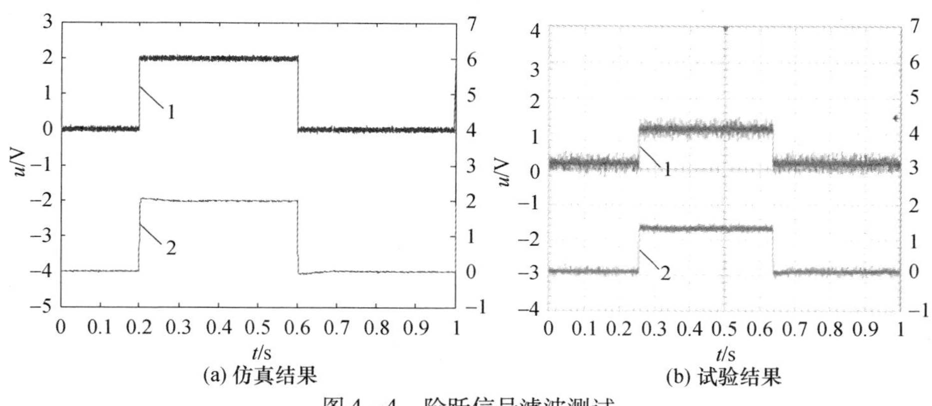

(a) 仿真结果　(b) 试验结果

图 4－4　阶跃信号滤波测试

2. 状态估计性能测试

选取系统输出 $y(t)$ 为斜坡信号和阶跃信号进行测试。图 4－5 和图 4－6 中各子图曲线 1 为 $y(t)$ 的估计值 $\hat{x}_1(t)$，图 4－5（a）、（b）和图 4－6（a）、（b）曲

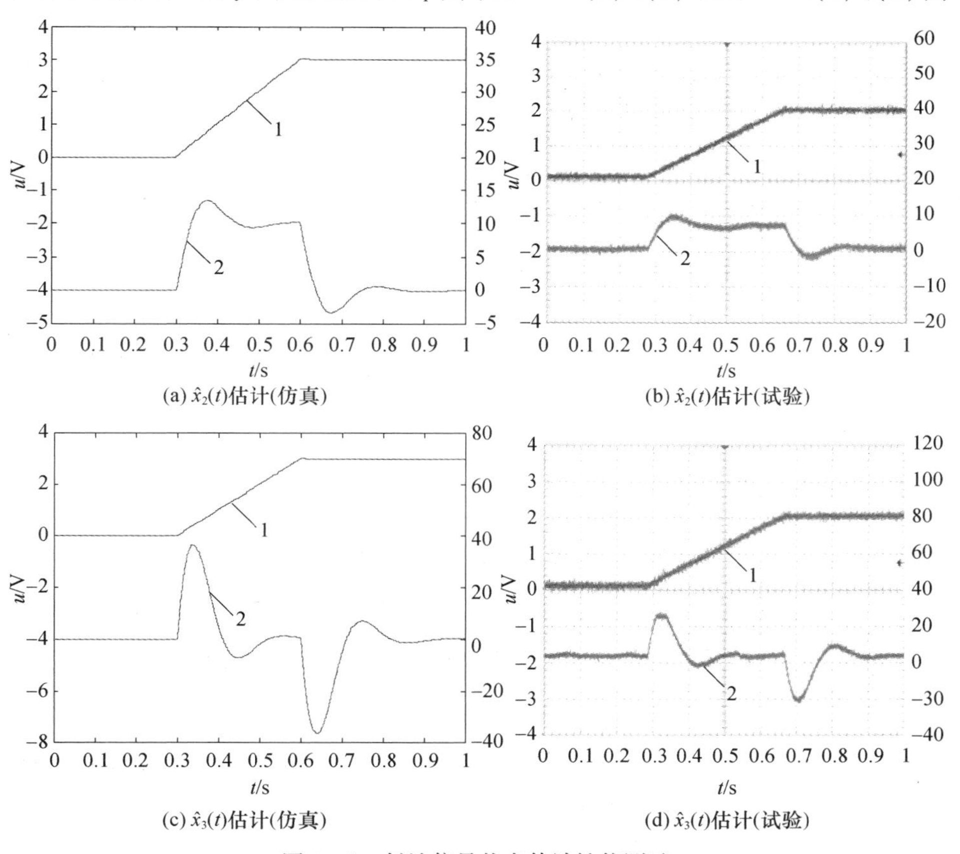

(a) $\hat{x}_2(t)$估计(仿真)　(b) $\hat{x}_2(t)$估计(试验)

(c) $\hat{x}_3(t)$估计(仿真)　(d) $\hat{x}_3(t)$估计(试验)

图 4－5　斜坡信号状态估计性能测试

线 2 为估计值 $\hat{x}_2(t)$，图 4－5(c)、(d) 和图 4－6(c)、(d) 中曲线 2 为估计值 $\hat{x}_3(t)$（根据式(4－2)可知，$x_2(t)$ 为 $x_1(t)$ 的微分信号，$x_3(t)$ 为 $x_1(t)$ 的二阶微分信号）。仿真和试验表明，积分型 ESO 能够很好地估计系统状态变量，收敛速度较快，且估计值信号平滑，受噪声干扰小。

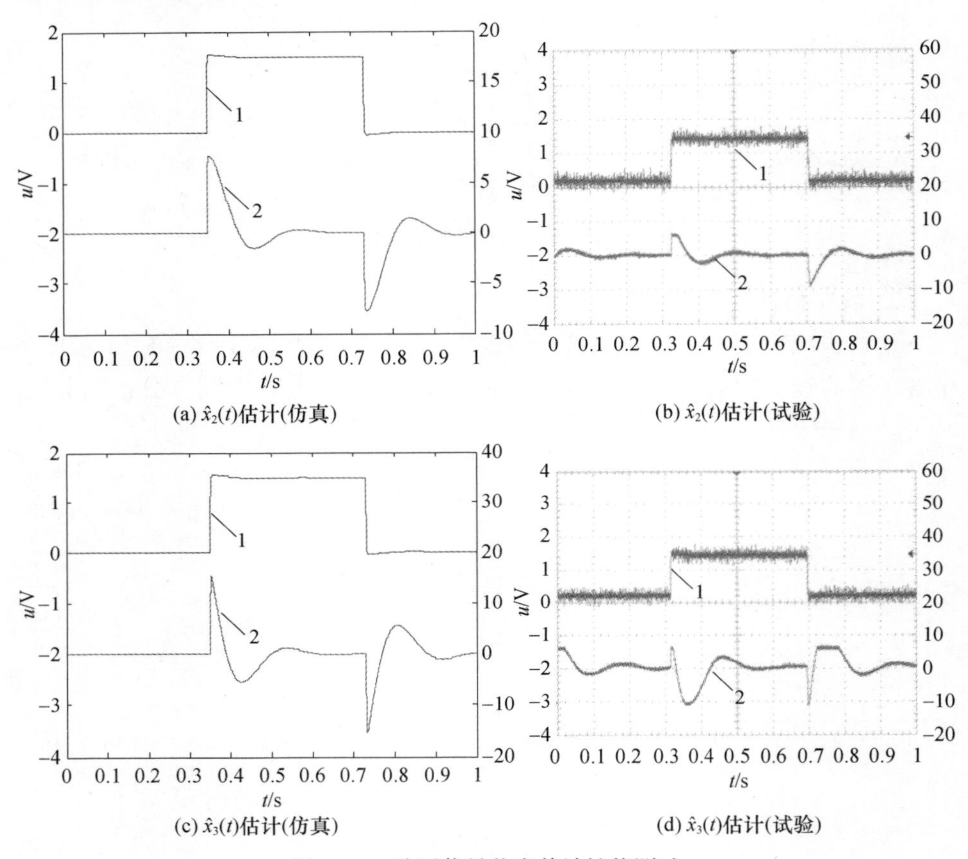

(a) $\hat{x}_2(t)$估计(仿真)　(b) $\hat{x}_2(t)$估计(试验)

(c) $\hat{x}_3(t)$估计(仿真)　(d) $\hat{x}_3(t)$估计(试验)

图 4－6　阶跃信号状态估计性能测试

4.2.2　基于积分型 ESO 的炮控系统状态估计

由前可知，图 4－2 中的摩擦和齿隙模型均为分段函数，为了辨识方便，可构建与之对应的分段状态估计与参数辨识器。下面以 $\omega_m - \omega_p > 0$ 且 $\Delta\theta > \alpha$ 情形为例进行分析，此时炮塔所受摩擦力矩和齿隙模型可简化为

$$T_{mf} = T_{mc} + (T_{ms} - T_{mc})e^{-\left(\frac{\omega_m - \omega_p}{\omega_{ms}}\right)^2} + B_m(\omega_m - \omega_p) \tag{4-10a}$$

$$\tau(\Delta\theta) = k_\tau(\theta - (\theta_m - \theta_p) - \alpha) \tag{4-10b}$$

考虑到驱动电机自身所受的摩擦力矩 T_f 很小，辨识时将其忽略。

下面采用积分型 ESO 分别对两个子系统进行状态估计，由于子系统 2 较为简单，按照由简到难的思路，先对其进行分析。

1. 子系统 2 的建模与状态估计

如前所述，子系统 2 的输入变量为电枢电流 i_d，输出变量为电机转子位移 θ（由测速电机获取的电机速度信号 ω 积分获得），需要估计的参数有 J、k_τ、a。

根据图 4－2，可建立其状态方程

$$\begin{cases}\dot{x}_{20}=x_{21}\\ \dot{x}_{21}=\varphi_{20}x_{20}+\varphi_{2u}u_2+\varphi_{2L}\\ y_2=x_{20}\end{cases}\tag{4-11}$$

式中：x_{20}、x_{21} 为子系统 2 的状态变量；u_2 为输入；y_2 为输出；$x_{20}=\theta$；$x_{21}=\omega$；$u_2=i_d$；$y_2=\theta$；$\varphi_{20}=-k_\tau/J$；$\varphi_{2u}=K_M/J$；$\varphi_{2L}=k_\tau((\theta_m-\theta_p)+\alpha)/J$。

根据式（4－9），可将子系统 2 的积分型 ESO 设计为

$$\begin{cases}e_2(t)=\hat{x}_{20}(t)-y_2(t)\\ \dot{\hat{x}}_{20}(t)=\hat{x}_{21}(t)-\beta_{20}e_2(t)\\ \dot{\hat{x}}_{21}(t)=\hat{x}_{22}(t)-\beta_{21}\mathrm{fal}(e_2(t),a_{21},\delta)\\ \dot{\hat{x}}_{22}(t)=-\beta_{22}\mathrm{fal}(e_2(t),a_{22},\delta)\end{cases}\tag{4-12}$$

由式（4－12）获得状态量 $x_{20}(t)$、$x_{21}(t)$、$\dot{x}_{21}(t)$ 的估计值 $\hat{x}_{20}(t)$、$\hat{x}_{21}(t)$、$\hat{x}_{22}(t)$。结合式（4－11）可将子系统 2 的参数辨识问题描述为

$$\hat{x}_{22}(t)=\varphi_{20}(t-1)\hat{x}_{20}(t)+\varphi_{2u}(t-1)u_2(t)+\varphi_{2L}(t-1)+v_2(t)\tag{4-13}$$

式中：$v_2(t)$ 为状态估计误差引起的噪声，为分析方便，此处假定为白噪声。

2. 子系统 1 的建模与状态估计

子系统 1 的输入变量为电机转子位移 θ，即子系统 2 的输出变量 $y_2(t)$；输出变量为炮塔的角度 θ_m（由陀螺仪获取的角速度信号 ω_m 积分获得）；辨识辅助变量为车体的角度 θ_p（由车体陀螺仪获取的载体角速度信号 ω_p 积分获得）。需要估计的参数有 J_m、T_{ms}、T_{mc}、ω_{ms}、B_m。

暂不考虑 T_{dlm} 时，建立子系统 1 的状态方程为

$$\begin{cases}\dot{x}_{10}=x_{11}\\ \dot{x}_{11}=\varphi_{10}(x_{10}-z_{10}-u_1)+\varphi_{12}\exp(-\varphi_{13}(x_{11}-z_{11})^2)+\varphi_{11}(x_{11}-z_{11})+\varphi_{1L}\\ y_1=x_{10}\end{cases}\tag{4-14}$$

式中：x_{10}、x_{11} 为子系统 1 的状态变量；z_{10}、z_{11} 为子系统 1 的辅助变量；u_1 为系统输入；y_1 为系统输出；$x_{10}=\theta_m$；$x_{11}=\omega_m$；$z_{10}=\theta_p$；$z_{11}=\omega_p$；$u_1=\theta$；$y_1=\theta_m$；$\varphi_{10}=-k_\tau/J_m$；$\varphi_{11}=-B_m/J_m$；$\varphi_{12}=-(T_{ms}-T_{mc})/J_m$；$\varphi_{13}=1/\omega_{ms}^2$；$\varphi_{1L}=-(k_\tau a+T_{mc})/J_m$。

进一步,将式(4-14)进行线性化,可得

$$\begin{cases}\dot{x}_{10}=x_{11}\\ \dot{x}_{11}=\varphi_{10}(x_{10}-z_{10}-u_1)+\varphi_{120}\exp(-\varphi_{130}(x_{11}-z_{11})^2)+\varphi_{11}(x_{11}-z_{11})+\\ \qquad\varphi_{1L}-\Delta\varphi_{13}(\varphi_{120}\exp(-\varphi_{130}(x_{11}-z_{11})^2))(x_{11}-z_{11})^2+\\ \qquad\Delta\varphi_{12}\exp(-\varphi_{130}(x_{11}-z_{11})^2)\\ y_1=x_{10}\end{cases} \tag{4-15}$$

式中:φ_{120}、φ_{130}为φ_{12}、φ_{13}的初始值,且令$\varphi_{12}=\varphi_{120}+\Delta\varphi_{12}$,$\varphi_{13}=\varphi_{130}+\Delta\varphi_{13}$。

同理,分别对状态变量x_{10}和辅助变量z_{10}设计扩张状态观测器

$$\begin{cases}e_1(t)=\hat{x}_{10}(t)-y_1(t)\\ \dot{\hat{x}}_{10}(t)=\hat{x}_{11}(t)-\beta_{10}e_1(t)\\ \dot{\hat{x}}_{11}(t)=\hat{x}_{12}(t)-\beta_{11}\text{fal}(e_1(t),a_{11},\delta)\\ \dot{\hat{x}}_{12}(t)=-\beta_{12}\text{fal}(e_1(t),a_{12},\delta)\end{cases} \tag{4-16}$$

$$\begin{cases}e_0(t)=\hat{z}_{10}(t)-z_{10}(t)\\ \dot{\hat{z}}_{10}(t)=\hat{z}_{11}(t)-\beta_{00}e_0(t)\\ \dot{\hat{z}}_{11}(t)=-\beta_{01}\text{fal}(e_0(t),a_{01},\delta)\end{cases} \tag{4-17}$$

则可获得子系统1的状态量$x_{10}(t)$、$x_{11}(t)$、$\dot{x}_{11}(t)$的估计值$\hat{x}_{10}(t)$、$\hat{x}_{11}(t)$、$\hat{x}_{12}(t)$以及辅助变量$z_{10}(t)$、$z_{11}(t)$的估计值$\hat{z}_{10}(t)$、$\hat{z}_{11}(t)$。又根据子系统2的扩张观测器获取$u_1(t)$的估计值$\hat{x}_{20}(t)$,可将子系统1的参数辨识问题描述为

$$\begin{aligned}\hat{x}_{12}(t)=&\varphi_{10}(t-1)(\hat{x}_{10}(t)-\hat{z}_{10}(t)-\hat{x}_{20}(t))+\varphi_{11}(t-1)\times\\ &(\hat{x}_{11}(t)-\hat{z}_{11}(t))+\varphi_{1L}(t-1)+\varphi_{120}\exp(-\varphi_{130}(\hat{x}_{11}(t)-\hat{z}_{11}(t))^2)\\ &-\Delta\varphi_{13}(t-1)\exp(-\varphi_{130}(\hat{x}_{11}(t)-\hat{z}_{11}(t))^2)\times\varphi_{120}(\hat{x}_{11}(t)-\hat{z}_{11}(t))^2\\ &+\Delta\varphi_{12}(t-1)\exp(-\varphi_{130}(\hat{x}_{11}(t)-\hat{z}_{11}(t))^2)+v_1(t)\end{aligned} \tag{4-18}$$

式中:$v_1(t)$为子系统1状态估计误差引起的噪声。

4.3 基于CVMLS的炮控系统非线性参数辨识

前面已经得到了两个子系统的辨识方程,接下来采用适当的方法从辨识方程中将待辨识参数估计出来。

4.3.1 参数辨识性能的评价指标

在研究定常系统参数辨识算法时,性能评价指标一般采用参数一致收敛

性，即

$$\lim_{t\to\infty}\hat{\boldsymbol{\varphi}}(t)=\boldsymbol{\varphi}(t),\text{a. s.}\tag{4-19}$$

式中：$\boldsymbol{\varphi}(t)$为实际参数向量；$\hat{\boldsymbol{\varphi}}(t)$为其估计值。

对于时变系统来说，一般认为，如果参数变化规律未知，则辨识算法给出的参数估计难以收敛于实际参数，即时变系统参数估计不采用一致收敛性作为评价指标，而通常采用有界收敛性，其定义为

$$\lim_{t\to\infty}\|\hat{\boldsymbol{\varphi}}(t)-\boldsymbol{\varphi}(t)\|^2\leqslant\varepsilon<\infty\tag{4-20}$$

式中：ε 为估计误差上界。

由于本章需要辨识参数多，且变化规律各异，因此要求辨识方法具有较强的适应能力，对定常参数和时变参数同时具备良好的辨识性能：既能一致渐进无偏的估计定常参数（要求具有一致收敛性），又能很好地跟踪时变参数并具有较快的收敛速度（要求具有良好的有界收敛性）。

4.3.2　协方差修正最小二乘算法设计

考虑时变系统

$$\psi(t)=\boldsymbol{\phi}^{\mathrm{T}}(t)\boldsymbol{\varphi}(t-1)+v(t)\tag{4-21}$$

式中：$\psi(t)$为系统输出；$\boldsymbol{\varphi}(t)$为待辨识参数向量；$\boldsymbol{\phi}(t)$为状态信息向量；$v(t)$为噪声。

其参数辨识递推算法一般形式为

$$\hat{\boldsymbol{\varphi}}(t)=\hat{\boldsymbol{\varphi}}(t-1)+\boldsymbol{R}(t)(\psi(t)-\boldsymbol{\phi}^{\mathrm{T}}(t)\hat{\boldsymbol{\varphi}}(t-1))\tag{4-22}$$

根据矩阵 $\boldsymbol{R}(t)$ 的选择不同，可得到不同的估计算法。常用的是递推最小二乘法，其表达式为

$$\begin{cases}\hat{\boldsymbol{\varphi}}(t)=\hat{\boldsymbol{\varphi}}(t-1)+\dfrac{\boldsymbol{P}(t-1)\boldsymbol{\phi}(t)}{1+\boldsymbol{\phi}^{\mathrm{T}}(t)\boldsymbol{P}(t-1)\boldsymbol{\phi}(t)}(\psi(t)-\boldsymbol{\phi}^{\mathrm{T}}(t)\hat{\boldsymbol{\varphi}}(t-1))\\ \boldsymbol{P}(t)=\boldsymbol{P}(t-1)-\dfrac{\boldsymbol{P}(t-1)\boldsymbol{\phi}(t)\boldsymbol{\phi}^{\mathrm{T}}(\mathrm{t})\boldsymbol{P}(t-1)}{1+\boldsymbol{\phi}^{\mathrm{T}}(t)\boldsymbol{P}(t-1)\boldsymbol{\phi}(t)}\end{cases}\tag{4-23}$$

当系统噪声为白噪声时，递推最小二乘法可以给出不变参数的一致无偏估计。但不具备跟踪时变参数的能力。为此产生了遗忘因子最小二乘算法、限定记忆最小二乘算法、协方差复位最小二乘算法等一系列改进算法，但是其中许多算法在解决时变参数跟踪问题的同时破坏了递推最小二乘法对不变参数的一致无偏性。

分析式（4－23）可以发现：递推最小二乘法之所以不具备跟踪参数变化的能力，是因为迭代运算过程中协方差矩阵 $\boldsymbol{P}(t)$ 趋近于零，使算法逐渐失去了修正能力。为此，可借鉴卡尔曼滤波算法中的修正项思想，在协方差阵上加上一

个非负定阵 $\boldsymbol{Q}(t)$，构成协方差修正最小二乘法，从而提高算法“活性”，改善其跟踪时变参数的能力。其辨识方程可描述为

$$\begin{cases}\hat{\boldsymbol{\varphi}}(t)=\hat{\boldsymbol{\varphi}}(t-1)+\dfrac{\boldsymbol{P}(t-1)\boldsymbol{\phi}(t)}{1+\boldsymbol{\phi}^{\mathrm{T}}(t)\boldsymbol{P}(t-1)\boldsymbol{\phi}(t)}(\psi(t)-\boldsymbol{\phi}^{\mathrm{T}}(t)\hat{\boldsymbol{\varphi}}(t-1))\\ \boldsymbol{P}(t)=\boldsymbol{P}(t-1)-\dfrac{\boldsymbol{P}(t-1)\boldsymbol{\phi}(t)\boldsymbol{\phi}^{\mathrm{T}}(t)\boldsymbol{P}(t-1)}{1+\boldsymbol{\phi}^{\mathrm{T}}(t)\boldsymbol{P}(t-1)\boldsymbol{\phi}(t)}+\boldsymbol{Q}(t)\end{cases},\boldsymbol{Q}(t)\geqslant 0 \tag{4-24}$$

为了使算法获得良好的辨识性能，修正矩阵 $\boldsymbol{Q}(t)$ 的选取应具有以下性质：

(1) 修正矩阵 $\boldsymbol{Q}(t)$ 的引入是为了改善算法对时变参数的跟踪能力，故 $\boldsymbol{Q}(t)$ 应该是参数变化率的函数，且随着参数变化率的增大而增大，以提高算法的跟踪能力。

(2) 为了使算法适应定常参数情形，保持递推最小二乘法对不变参数估计的一致无偏性，当参数不变时，$\boldsymbol{Q}(t)$ 应该为零。

(3) 为了保证算法的收敛性，必须保证 $\boldsymbol{P}(t)$ 有上界，故 $\boldsymbol{Q}(t)$ 也必须有上界。

综上考虑，可将修正矩阵 $\boldsymbol{Q}(t)$ 设计为

$$\boldsymbol{Q}(t)=\boldsymbol{k}_w(\boldsymbol{I}-\exp(-\boldsymbol{w}(t)\boldsymbol{w}^{\mathrm{T}}(t))) \tag{4-25}$$

式中：$\boldsymbol{w}(t)$ 为参数变化率，且 $\boldsymbol{w}(t)=\boldsymbol{\varphi}(t)-\boldsymbol{\varphi}(t-1)$。由于 $\boldsymbol{w}(t)$ 不可测，一般可采用 $\hat{\boldsymbol{w}}(t)=\hat{\boldsymbol{\varphi}}(t)-\hat{\boldsymbol{\varphi}}(t-1)$ 代替，则得

$$\boldsymbol{Q}(t)=\boldsymbol{k}_w(\boldsymbol{I}-\exp(-\hat{\boldsymbol{w}}(t)\hat{\boldsymbol{w}}^{\mathrm{T}}(t))) \tag{4-26}$$

考虑到计算方便，进一步将式(4-26)化为

$$\boldsymbol{Q}(t)=\frac{\boldsymbol{k}_w(1-\exp(-\hat{\boldsymbol{w}}^{\mathrm{T}}(t)\hat{\boldsymbol{w}}(t)))}{\hat{\boldsymbol{w}}^{\mathrm{T}}(t)\hat{\boldsymbol{w}}(t)}\hat{\boldsymbol{w}}(t)\hat{\boldsymbol{w}}^{\mathrm{T}}(t) \tag{4-27}$$

其变换过程如下：

$$\begin{aligned}\boldsymbol{Q}(t)&=\boldsymbol{k}_w(\boldsymbol{I}-\exp(-\hat{\boldsymbol{w}}(t)\hat{\boldsymbol{w}}^{\mathrm{T}}(t)))\\&=\boldsymbol{k}_w\left(\boldsymbol{I}-\left(\boldsymbol{I}-\hat{\boldsymbol{w}}(t)\hat{\boldsymbol{w}}^{\mathrm{T}}(t)+\frac{1}{2!}(\hat{\boldsymbol{w}}(t)\hat{\boldsymbol{w}}^{\mathrm{T}}(t))^2-\frac{1}{3!}(\hat{\boldsymbol{w}}(t)\hat{\boldsymbol{w}}^{\mathrm{T}}(t))^3+\cdots\right)\right)\\&=\boldsymbol{k}_w\left(\hat{\boldsymbol{w}}(t)\hat{\boldsymbol{w}}^{\mathrm{T}}(t)-\frac{1}{2!}(\hat{\boldsymbol{w}}(t)\hat{\boldsymbol{w}}^{\mathrm{T}}(t))^2+\frac{1}{3!}(\hat{\boldsymbol{w}}(t)\hat{\boldsymbol{w}}^{\mathrm{T}}(t))^3+\cdots\right)\\&=\boldsymbol{k}_w\hat{\boldsymbol{w}}(t)\hat{\boldsymbol{w}}^{\mathrm{T}}(t)\left(1-\frac{1}{2!}(\hat{\boldsymbol{w}}^{\mathrm{T}}(t)\hat{\boldsymbol{w}}(t))+\frac{1}{3!}(\hat{\boldsymbol{w}}^{\mathrm{T}}(t)\hat{\boldsymbol{w}}(t))^2+\cdots\right)\\&=\boldsymbol{k}_w\frac{\hat{\boldsymbol{w}}(t)\hat{\boldsymbol{w}}^{\mathrm{T}}(t)}{\hat{\boldsymbol{w}}^{\mathrm{T}}(t)\hat{\boldsymbol{w}}(t)}\left(-1+\hat{\boldsymbol{w}}^{\mathrm{T}}(t)\hat{\boldsymbol{w}}(t)-\frac{1}{2!}(\hat{\boldsymbol{w}}^{\mathrm{T}}(t)\hat{\boldsymbol{w}}(t))^2+\frac{1}{3!}(\hat{\boldsymbol{w}}^{\mathrm{T}}(t)\hat{\boldsymbol{w}}(t))^3+\cdots\right)\\&\quad+\boldsymbol{k}_w\frac{\hat{\boldsymbol{w}}(t)\hat{\boldsymbol{w}}^{\mathrm{T}}(t)}{\hat{\boldsymbol{w}}^{\mathrm{T}}(t)\hat{\boldsymbol{w}}(t)}\\&=\frac{\boldsymbol{k}_w(1-\exp(-\hat{\boldsymbol{w}}^{\mathrm{T}}(t)\hat{\boldsymbol{w}}(t)))}{\hat{\boldsymbol{w}}^{\mathrm{T}}(t)\hat{\boldsymbol{w}}(t)}\hat{\boldsymbol{w}}(t)\hat{\boldsymbol{w}}^{\mathrm{T}}(t)\end{aligned}$$

4.3.3　基于 CVMLS 的炮控系统参数辨识

与前类似，首先考虑子系统 2 的参数辨识。将式(4-13)描述为一般形式

$$\psi_2(t)=\boldsymbol{\phi}_2^{\mathrm{T}}(t)\boldsymbol{\varphi}_2(t-1)+v_2(t) \tag{4-28}$$

式中

$\psi_2(t)=\hat{x}_{22}(t)$；$\boldsymbol{\phi}_2(t)=[\hat{x}_{20}(t)\quad u_2(t)\quad 1]^{\mathrm{T}}$；$\boldsymbol{\varphi}_2(t)=[\varphi_{20}(t)\quad \varphi_{2u}(t)\quad \varphi_{2L}(t)]^{\mathrm{T}}$

根据式(4-24)，可得其参数估计递推方程为

$$\begin{cases}\hat{\boldsymbol{\varphi}}_2(t)=\hat{\boldsymbol{\varphi}}_2(t-1)+\dfrac{\boldsymbol{P}_2(t-1)\boldsymbol{\phi}_2(t)}{1+\boldsymbol{\phi}_2^{\mathrm{T}}(t)\boldsymbol{P}_2(t-1)\boldsymbol{\phi}_2(t)}(\psi_2(t)-\boldsymbol{\phi}_2^{\mathrm{T}}(t)\hat{\boldsymbol{\varphi}}_2(t-1))\\ \boldsymbol{P}_2(t)=\boldsymbol{P}_2(t-1)-\dfrac{\boldsymbol{P}_2(t-1)\boldsymbol{\phi}_2(t)\boldsymbol{\phi}_2^{\mathrm{T}}(t)\boldsymbol{P}_2(t-1)}{1+\boldsymbol{\phi}_2^{\mathrm{T}}(t)\boldsymbol{P}_2(t-1)\boldsymbol{\phi}_2(t)}+\boldsymbol{Q}_2(t)\end{cases} \tag{4-29}$$

式中，协方差矩阵 $\boldsymbol{P}_2(t)$ 为 3 阶矩阵，取 $\boldsymbol{P}_2(0)=p_{20}\boldsymbol{I}_3$。

利用式(4-29)的递推结果，可得子系统 2 的参数估计值如表 4-1 所列。

表 4-1　子系统 2 的参数估计值

参数	估计值
$\hat{J}(t)$	$K_{\mathrm{M}}/\hat{\varphi}_{2u}(t)$
$\hat{k}_{\tau}(t)$	$-K_{\mathrm{M}}\hat{\varphi}_{20}(t)/\hat{\varphi}_{2u}(t)$
$\hat{\alpha}(t)$	$-\hat{\varphi}_{2L}(t)/\hat{\varphi}_{20}(t)-(\hat{x}_{10}(t)-\hat{z}_{10}(t))$

同样的，建立子系统 1 的参数辨识器：

$$\begin{cases}\hat{\boldsymbol{\varphi}}_1(t)=\hat{\boldsymbol{\varphi}}_1(t-1)+\dfrac{\boldsymbol{P}_1(t-1)\boldsymbol{\phi}_1(t)}{1+\boldsymbol{\phi}_1^{\mathrm{T}}(t)\boldsymbol{P}_1(t-1)\boldsymbol{\phi}_1(t)}(\psi_1(t)-\boldsymbol{\phi}_1^{\mathrm{T}}(t)\hat{\boldsymbol{\varphi}}_1(t-1))\\ \boldsymbol{P}_1(t)=\boldsymbol{P}_1(t-1)-\dfrac{\boldsymbol{P}_1(t-1)\boldsymbol{\phi}_1(t)\boldsymbol{\phi}_1^{\mathrm{T}}(t)\boldsymbol{P}_1(t-1)}{1+\boldsymbol{\phi}_1^{\mathrm{T}}(t)\boldsymbol{P}_1(t-1)\boldsymbol{\phi}_1(t)}+\boldsymbol{Q}_1(t)\end{cases} \tag{4-30}$$

式中，协方差矩阵 $\boldsymbol{P}_1(t)$ 为 5 阶矩阵，取 $\boldsymbol{P}_1(0)=p_{10}\boldsymbol{I}_5$。

根据其递推结果，可获得子系统 1 的参数估计值如表 4-2 所列。

表 4-2　子系统 1 的参数估计值

参数	估计值
$\hat{\omega}_{\mathrm{ms}}^2(t)$	$\dfrac{1}{\varphi_{130}+\Delta\hat{\varphi}_{13}(t)}$
$\hat{J}_{\mathrm{m}}(t)$	$\dfrac{K_{\mathrm{M}}\hat{\varphi}_{20}(t)}{\hat{\varphi}_{2u}(t)\hat{\varphi}_{10}(t)}$

（续）

参数	估计值
$\hat{B}_{m}(t)$	$-\dfrac{K_{M}\hat{\varphi}_{20}(t)\hat{\varphi}_{11}(t)}{\hat{\varphi}_{2u}(t)\hat{\varphi}_{10}(t)}$
$\hat{T}_{mc}(t)$	$-\dfrac{K_{M}\hat{\varphi}_{20}(t)}{\hat{\varphi}_{2u}(t)}\left(\dfrac{\hat{\varphi}_{1L}(t)}{\hat{\varphi}_{10}(t)}+\dfrac{\hat{\varphi}_{2L}(t)}{\hat{\varphi}_{20}(t)}+(\hat{x}_{10}(t)-\hat{z}_{10}(t))\right)$
$\hat{T}_{ms}(t)$	$-\dfrac{K_{M}\hat{\varphi}_{20}(t)}{\hat{\varphi}_{2u}(t)}\left(\dfrac{\hat{\varphi}_{1L}(t)+\varphi_{120}+\Delta\hat{\varphi}_{12}(t)}{\hat{\varphi}_{10}(t)}+\dfrac{\hat{\varphi}_{2L}(t)}{\hat{\varphi}_{20}(t)}+(\hat{x}_{10}(t)-\hat{z}_{10}(t))\right)$

需要补充说明的是：此节子系统 1 的辨识过程中侧重分析摩擦力矩 T_{mf} 模型参数的辨识，未考虑外界扰动 T_{dlm}。在实际系统的控制策略研究中也可将其与摩擦力矩 T_{mf} 看作系统的总扰动 T_{d} 进行估计（忽略摩擦力矩模型中的具体参数的辨识），此时，子系统 1 的状态方程式（4－14）可简化为

$$\begin{cases}\dot{x}_{10}=x_{11}\\ \dot{x}_{11}=\varphi_{10}(x_{10}-z_{10}-u_{1})+\varphi'_{1L}\\ y_{1}=x_{10}\end{cases}\tag{4-31}$$

式中：$\varphi'_{1L}=-(k_{\tau}a+T_{d})/J_{m}$。此时，子系统 1 中需辨识的参数简化为 T_{d}、J_{m}。其辨识方法与前类似，这里不再赘述。

至此，可得基于 ESO/CVMLS 的状态估计与参数辨识流程如图 4－7 所示。

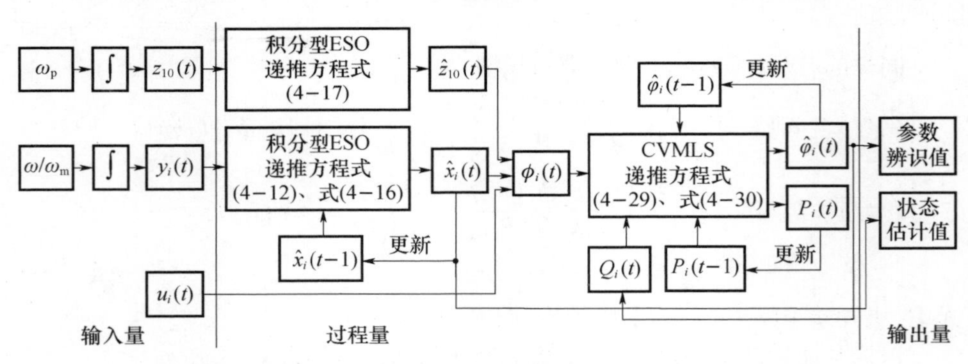

图 4－7 基于 ESO/CVMLS 的状态估计与参数辨识流程

注：图中 $i=1,2$。

4.4 状态估计与参数辨识误差分析与动态补偿

本节在前述辨识器设计的基础上开展 ESO 和 CVMLS 的估计误差分析，讨论影响系统辨识性能的主要因素，从而探讨进一步提高辨识精度的技术途径。

下面以子系统2为例进行分析。

4.4.1　积分型ESO的误差分析

根据扩张状态观测器的参数选择及其稳定性问题分析方法，本节对稳定条件下积分型ESO的估计误差问题进行讨论。

对于子系统2，根据式(4-11)和式(4-12)可得其观测误差系统为

$$\begin{cases}\dot{e}_{20}=e_{21}-\beta_{20}e_{20}\\ \dot{e}_{21}=e_{22}-\beta_{21}\mathrm{fal}(e_{20},a_{21},\delta)\\ \dot{e}_{22}=w_2(t)-\beta_{22}\mathrm{fal}(e_{20},a_{22},\delta)\end{cases} \tag{4-32}$$

式中：$e_{20}=\hat{x}_{20}-x_{20}$；$e_{21}=\hat{x}_{21}-x_{21}$；$e_{22}=\hat{x}_{22}-\dot{x}_{21}$；$w_2(t)=-\ddot{x}_{21}$。

当式(4-32)稳定时，有

$$\begin{cases}e_{21}-\beta_{20}e_{20}=0\\ e_{22}-\beta_{21}\mathrm{fal}(e_{20},a_{21},\delta)=0\\ w_2(t)-\beta_{22}\mathrm{fal}(e_{20},a_{22},\delta)=0\end{cases} \tag{4-33}$$

由于实际炮控系统中x_{21}(即电机转速ω)不会突变，因此可设$w_2(t)$有界，且$|w_2(t)|\leqslant w_{20}$。则式(4-33)可化为

$$\begin{cases}e_{21}-\beta_{20}e_{20}=0\\ e_{22}-\beta_{21}\mathrm{fal}(e_{20},a_{21},\delta)=0\\ w_2(t)-|\beta_{22}\mathrm{fal}(e_{20},a_{22},\delta)|\geqslant 0\end{cases} \tag{4-34}$$

由式(4-34)的第3个方程可知

$$|\beta_{22}\mathrm{fal}(e_{20},a_{22},\delta)|\leqslant w_{20} \tag{4-35}$$

式中，非线性函数$\mathrm{fal}(e_{20},a_{22},\delta)$由式(4-4)确定。

考虑函数的分段特性，下面分$|e_{20}|>\delta$和$|e_{20}|\leqslant\delta$两种情况进行讨论。

(1) $|e_{20}|>\delta$情形。

根据式(4-4)，式(4-35)可化为

$$\beta_{22}|e_{20}|^{a_{22}}\leqslant w_{20} \tag{4-36}$$

解得

$$|e_{20}|\leqslant\sqrt[a_{22}]{w_{20}/\beta_{22}} \tag{4-37}$$

根据条件$|e_{20}|>\delta$可知

$$\delta\leqslant\sqrt[a_{22}]{w_{20}/\beta_{22}} \tag{4-38}$$

(2) $|e_{20}|\leqslant\delta$情形。

由于$\delta\leqslant\sqrt[a_{22}]{w_{20}/\beta_{22}}$，而$|e_{20}|\leqslant\delta$，则有

$$|e_{20}|\leqslant\sqrt[a_{22}]{w_{20}/\beta_{22}} \tag{4-39}$$

综上可得

$$|e_{20}| \leqslant \sqrt[a_{22}]{w_{20}/\beta_{22}} \tag{4-40}$$

同理,分析可得

$$|e_{21}| \leqslant \beta_{20} \cdot \sqrt[a_{22}]{w_{20}/\beta_{22}} \tag{4-41}$$

$$|e_{22}| \leqslant \beta_{21} \cdot (w_{20}/\beta_{22})^{\frac{a_{21}}{a_{22}}} \tag{4-42}$$

式(4-40)~式(4-42)表明,积分型ESO的估计误差和$w_2(t)$的上界有关。因此,提高积分ESO的估计精度,需要尽可能地减小$|w_2(t)|$。

根据式(4-11),可得

$$|w_2(t)| = |\ddot{x}_{21}| = \left|\frac{\mathrm{d}(\boldsymbol{\phi}_2^{\mathrm{T}} \cdot \boldsymbol{\varphi}_2)}{\mathrm{d}t}\right| = \left|\boldsymbol{\phi}_2^{\mathrm{T}} \frac{\mathrm{d}(\boldsymbol{\varphi}_2)}{\mathrm{d}t} + \frac{\mathrm{d}(\boldsymbol{\phi}_2^{\mathrm{T}})}{\mathrm{d}t}\boldsymbol{\varphi}_2\right| \tag{4-43}$$

式中

$$\boldsymbol{\phi}_2(t) = [x_{20}(t) \quad u_2(t) \quad 1]^{\mathrm{T}}, \boldsymbol{\varphi}_2(t) = [\varphi_{20}(t) \quad \varphi_{2\mathrm{u}}(t) \quad \varphi_{2\mathrm{L}}(t)]^{\mathrm{T}}$$

式(4-43)表明,积分型ESO状态估计的稳态误差与系统状态变量、状态变量变化率、参数以及参数变化率有关。

4.4.2 CVMLS的辨识误差分析

引理4-1(鞅超收敛定理(MHCT)):考虑非负定函数$T(t) := T[x(t)]$和集$R_t := [x(t) : g(x(t)) \leqslant \eta_t < \infty, \text{a.s.}]$。若对于$x(t) \in R_t^c$($R_t^c$为$R_t$的补集),有

$$E[T(t) | F_{t-1}] - T(t-1) =: \Delta T(t) \leqslant -b(t), \text{a.s.} \tag{4-44}$$

其中,$g(x) = (\boldsymbol{a}^{\mathrm{T}}\boldsymbol{X})^2$称为收敛变量,$\boldsymbol{a}$是非零的时变或时不变向量,$\eta_t \geqslant 0$是非降有界随机变量,$(x(t), F_t)$是适应序列,$b(t)$是随机变量,且当$x(t) \in R_t^c$时,有

$$\sum_{t=t_0}^{\infty} b(t) = \infty, \text{a.s.} (t_0 < \infty) \tag{4-45}$$

则对充分大的t,有$x(t) \in R_t$,a.s.成立,或

$$\lim_{t \to \infty} x(t) \in R_{\infty}, \text{a.s.} \tag{4-46}$$

应用鞅超收敛定理可以证明:当式(4-21)的噪声、参数变化率、激励和协方差修正阵满足假设(1)~(4)时,采用式(4-24)进行辨识的误差满足式(4-20)所定义的有界收敛性,且有

$$\lim_{t \to \infty} \|\tilde{\boldsymbol{\varphi}}(t-1)\|^2 \overset{\text{a.s.}}{\leqslant} \frac{(1+\beta M)\dfrac{\sigma_w^2}{\alpha} + \beta M \sigma_v^2}{m} \tag{4-47}$$

式中:m、M分别为激励信号范数的上、下界;σ_w^2为参数变化率范数方差的上界;σ_v^2为系统状态估计误差引起的辨识噪声范数方差的上界。

假设：(1) 系统噪声 $v(t)$ 满足

$$E[v(t)|F_{t-1}]=0,\text{a. s. },E[v^2(t)|F_{t-1}]=\sigma_v^2(t)\leqslant\sigma_v^2<\infty,\text{a. s. },$$

$$\limsup_{t\to\infty}\frac{1}{t}\sum_{s=1}^{t}v^2(s)\leqslant\sigma_v^2<\infty,\text{a. s.}$$

(2) 参数变化率 $\boldsymbol{w}(t)=\boldsymbol{\varphi}(t)-\boldsymbol{\varphi}(t-1)$ 满足

$$E[\boldsymbol{w}(t)\boldsymbol{w}(s)^{\mathrm{T}}]=0,s\neq t,E[v(t)\boldsymbol{w}(s)]=0,E[\|\boldsymbol{w}(t)\|^2]=\sigma_w^2(t)\leqslant\sigma_w^2<\infty$$

(3) 激励满足

$$\limsup_{t\to\infty}\frac{1}{t}\sum_{s=1}^{t}\boldsymbol{\phi}(s)\boldsymbol{\phi}(s)^{\mathrm{T}}=E[\boldsymbol{\phi}(s)\boldsymbol{\phi}(s)^{\mathrm{T}}]=\boldsymbol{R}>0,m\leqslant\|\boldsymbol{\phi}(t)\|^2\leqslant M<\infty$$

(4) $\boldsymbol{Q}(t)$ 使得 $\boldsymbol{P}(t)$ 有界，即

$$0\leqslant\alpha\boldsymbol{I}\leqslant\boldsymbol{P}(t)\leqslant\beta\boldsymbol{I},\text{a. s. },0\leqslant\frac{1}{\beta}\boldsymbol{I}\leqslant\boldsymbol{P}^{-1}(t)\leqslant\frac{1}{\alpha}\boldsymbol{I},\text{a. s.}$$

证明：本节在进行算法的有界收敛性分析时，首先构造参数估计误差 $\tilde{\boldsymbol{\varphi}}(t)=\hat{\boldsymbol{\varphi}}(t)-\boldsymbol{\varphi}(t)$ 的非负定函数 $T(t)$，然后导出不等式(4-44)，找出变量 $b(t)$ 满足条件时的集 R_t，最后利用假设条件和引理 4-1 推导参数估计误差上界。

(1) 构造参数估计的误差向量：

$$\begin{aligned}\tilde{\boldsymbol{\varphi}}(t)&=\hat{\boldsymbol{\varphi}}(t)-\boldsymbol{\varphi}(t)\\&=\hat{\boldsymbol{\varphi}}(t-1)+\frac{\boldsymbol{P}(t-1)\boldsymbol{\phi}(t)}{1+\boldsymbol{\phi}^{\mathrm{T}}(t)\boldsymbol{P}(t-1)\boldsymbol{\phi}(t)}(\psi(t)-\boldsymbol{\phi}^{\mathrm{T}}(t)\hat{\boldsymbol{\varphi}}(t-1))-\boldsymbol{\varphi}(t)\\&=\hat{\boldsymbol{\varphi}}(t-1)+\boldsymbol{A}(t)(\boldsymbol{\phi}^{\mathrm{T}}(t)\boldsymbol{\varphi}(t-1)+v(t)-\boldsymbol{\phi}^{\mathrm{T}}(t)\hat{\boldsymbol{\varphi}}(t-1))-\boldsymbol{\varphi}(t-1)-\boldsymbol{w}(t)\\&=\tilde{\boldsymbol{\varphi}}(t-1)+\boldsymbol{A}(t)(-\tilde{\psi}(t)+v(t))-\boldsymbol{w}(t)\end{aligned}$$

式中

$$\tilde{\psi}(t)=\boldsymbol{\phi}^{\mathrm{T}}(t)\tilde{\boldsymbol{\varphi}}(t-1),\boldsymbol{A}(t)=(\boldsymbol{P}(t)-\boldsymbol{Q}(t))\boldsymbol{\phi}(t)=\frac{\boldsymbol{P}(t-1)\boldsymbol{\phi}(t)}{1+\boldsymbol{\phi}^{\mathrm{T}}(t)\boldsymbol{P}(t-1)\boldsymbol{\phi}(t)}$$

(2) 定义非负函数 $T(t)=\tilde{\boldsymbol{\varphi}}^{\mathrm{T}}(t)\boldsymbol{P}^{-1}(t)\tilde{\boldsymbol{\varphi}}(t)\geqslant0$，则

$$\begin{aligned}T(t)&=\tilde{\boldsymbol{\varphi}}^{\mathrm{T}}(t)\boldsymbol{P}^{-1}(t)\tilde{\boldsymbol{\varphi}}(t)\\&=(\tilde{\boldsymbol{\varphi}}(t-1)+\boldsymbol{A}(t)(-\tilde{\psi}(t)+v(t))-\boldsymbol{w}(t))^{\mathrm{T}}\boldsymbol{P}^{-1}(t)(\tilde{\boldsymbol{\varphi}}(t-1)+\\&\quad\boldsymbol{A}(t)(-\tilde{\psi}(t)+v(t))-\boldsymbol{w}(t))\\&\leqslant\tilde{\boldsymbol{\varphi}}(t-1)^{\mathrm{T}}(\boldsymbol{P}^{-1}(t-1)+\boldsymbol{\phi}(t)\boldsymbol{\phi}(t)^{\mathrm{T}})\tilde{\boldsymbol{\varphi}}(t-1)+\tilde{\boldsymbol{\varphi}}(t-1)^{\mathrm{T}}\boldsymbol{P}^{-1}(t)\times\\&\quad(\boldsymbol{A}(t)(-\tilde{\psi}(t)+v(t))-\boldsymbol{w}(t))+(\boldsymbol{A}(t)(-\tilde{\psi}(t)+v(t))-\boldsymbol{w}(t))^{\mathrm{T}}\times\\&\quad\boldsymbol{P}^{-1}(t)\tilde{\boldsymbol{\varphi}}(t-1)+(\boldsymbol{A}(t)(-\tilde{\psi}(t)+v(t))-\boldsymbol{w}(t))^{\mathrm{T}}\boldsymbol{P}^{-1}(t)\times\\&\quad(\boldsymbol{A}(t)(-\tilde{\psi}(t)+v(t))-\boldsymbol{w}(t))\\&=T(t-1)-(1-\boldsymbol{A}(t)^{\mathrm{T}}\boldsymbol{P}^{-1}(t)\boldsymbol{A}(t))\tilde{\psi}(t)^2+\boldsymbol{A}(t)^{\mathrm{T}}\boldsymbol{P}^{-1}(t)\boldsymbol{A}(t)v(t)^2+\\&\quad\boldsymbol{w}(t)^{\mathrm{T}}\boldsymbol{P}^{-1}(t)\boldsymbol{w}(t)+2(1-\boldsymbol{A}(t)^{\mathrm{T}}\boldsymbol{P}^{-1}(t)\boldsymbol{A}(t))\tilde{\psi}(t)v(t)-\\&\quad2\tilde{\boldsymbol{\varphi}}(t-1)^{\mathrm{T}}\boldsymbol{P}^{-1}(t)\boldsymbol{w}(t)-2\boldsymbol{A}(t)\boldsymbol{P}^{-1}(t)(-\tilde{\psi}(t)+v(t))\boldsymbol{w}(t)-\\&\quad2\tilde{\boldsymbol{\varphi}}(t-1)^{\mathrm{T}}\boldsymbol{P}^{-1}(t)\boldsymbol{Q}(t)\boldsymbol{\phi}(t)(-\tilde{\psi}(t)+v(t))\end{aligned}$$

(3) 求取 $\Delta T(t)$。对 F_{t-1} 求条件期望

$$
\begin{aligned}
E[T(t) \mid F_{t-1}] \leqslant & T(t-1)-(1-\boldsymbol{A}(t)^{\mathrm{T}} \boldsymbol{P}^{-1}(t) \boldsymbol{A}(t)) \tilde{\psi}(t)^2+ \\
& E[\boldsymbol{w}(t)^{\mathrm{T}} \boldsymbol{P}^{-1}(t) \boldsymbol{w}(t) \mid F_{t-1}]+E[\boldsymbol{A}(t)^{\mathrm{T}} \boldsymbol{P}^{-1}(t) \boldsymbol{A}(t) v(t)^2 \mid F_{t-1}] \\
= & T(t-1)-(1-\boldsymbol{A}(t)^{\mathrm{T}} \boldsymbol{P}^{-1}(t) \boldsymbol{A}(t)) \tilde{\psi}(t)^2+E[\boldsymbol{P}^{-1}(t) \mid F_{t-1}] \times \\
& \sigma_w^2(t)+E[\boldsymbol{A}(t)^{\mathrm{T}} \boldsymbol{P}^{-1}(t) \boldsymbol{A}(t) \mid F_{t-1}] \sigma_v^2(t)
\end{aligned}
$$

又因为

$$
\boldsymbol{A}(t)^{\mathrm{T}} \boldsymbol{P}^{-1}(t) \boldsymbol{A}(t) \leqslant \frac{\boldsymbol{\phi}(t)^{\mathrm{T}} \boldsymbol{P}(t-1) \boldsymbol{\phi}(t)}{1+\boldsymbol{\phi}^{\mathrm{T}}(t) \boldsymbol{P}(t-1) \boldsymbol{\phi}(t)}, \text{则}
$$

$$
\begin{aligned}
\Delta T(t)= & E[T(t) \mid F_{t-1}]-T(t-1) \leqslant-\frac{1}{1+\boldsymbol{\phi}^{\mathrm{T}}(t) \boldsymbol{P}(t-1) \boldsymbol{\phi}(t)} \times \\
& [\tilde{\psi}(t)^2-(1+\boldsymbol{\phi}^{\mathrm{T}}(t) \boldsymbol{P}(t-1) \boldsymbol{\phi}(t)) E[\boldsymbol{P}^{-1}(t) \mid F_{t-1}] \sigma_w^2(t)- \\
& \boldsymbol{\phi}(t)^{\mathrm{T}} \boldsymbol{P}(t-1) \boldsymbol{\phi}(t) \sigma_v^2(t)]
\end{aligned}
$$

(4) 求取 R_t。由于 $\boldsymbol{\phi}(t)$、$\boldsymbol{P}(t)$、$\boldsymbol{P}^{-1}(t)$ 有界，则

$$
\begin{aligned}
\eta_t & =(1+\boldsymbol{\phi}^{\mathrm{T}}(t) \boldsymbol{P}(t-1) \boldsymbol{\phi}(t)) E[\boldsymbol{P}^{-1}(t) \mid F_{t-1}] \sigma_w^2(t)+\boldsymbol{\phi}(t)^{\mathrm{T}} \boldsymbol{P}(t-1) \boldsymbol{\phi}(t) \sigma_v^2(t) \\
& \leqslant(1+\beta\|\boldsymbol{\phi}(t)\|^2) \frac{\sigma_w{ }^2}{\alpha}+\beta\|\boldsymbol{\phi}(t)\|^2 \sigma_v^2 \\
& \leqslant(1+\beta M) \frac{\sigma_w^2}{\alpha}+\beta M \sigma_v^2
\end{aligned}
$$

定义集：

$$
R_t=[\tilde{\boldsymbol{\varphi}}(t): \tilde{\psi}(t)^2 \leqslant(1+\beta M) \frac{\sigma_w^2}{\alpha}+\beta M \sigma_v^2, \text{a. s.}]
$$

$$
N(R_t)=[\tilde{\boldsymbol{\varphi}}(t): \tilde{\psi}(t)^2 \leqslant(1+\beta M) \frac{\sigma_w^2}{\alpha}+\beta M \sigma_v^2+\varepsilon, \text{a. s.}], \varepsilon>0
$$

则 $R_t \subset N_t(R_t)$ 且 $\tilde{\boldsymbol{\varphi}}(t) \in N_t^{c}(R_t)$ 时，有

$$
\Delta T(t) \leqslant-\frac{\varepsilon}{1+\boldsymbol{\phi}^{\mathrm{T}}(t) \boldsymbol{P}(t-1) \boldsymbol{\phi}(t)} \leqslant-\frac{\varepsilon}{1+\beta M} \tag{4-48}
$$

由于 ε 的任意性，容易验证式(4-45)成立。

(5) 应用鞅超收敛定理求取误差上界。根据引理 4-1，对于充分大的 t，恒有 $\tilde{\boldsymbol{\varphi}}(t) \in R_t$, a. s. ，即

$$
\lim_{t \rightarrow \infty} \tilde{\boldsymbol{\varphi}}(t) \in R_t=[\tilde{\boldsymbol{\varphi}}(t): \tilde{\psi}(t)^2 \leqslant(1+\beta M) \frac{\sigma_w^2}{\alpha}+\beta M \sigma_v^2, \text{a. s.}] \tag{4-49}
$$

又因为 $\tilde{\psi}(t)=\boldsymbol{\phi}^{\mathrm{T}}(t) \tilde{\boldsymbol{\varphi}}(t-1)$，则

$$
\tilde{\psi}(t)^2=\tilde{\boldsymbol{\varphi}}^{\mathrm{T}}(t-1) \boldsymbol{\phi}(t) \boldsymbol{\phi}(t)^{\mathrm{T}} \tilde{\boldsymbol{\varphi}}(t-1) \geqslant \lambda_{\min}[\boldsymbol{\phi}(t) \boldsymbol{\phi}(t)^{\mathrm{T}}]\|\tilde{\boldsymbol{\varphi}}(t-1)\|^2 \tag{4-50}
$$

求解式(4-50)可得

$$\lim_{t\to\infty}\|\tilde{\boldsymbol{\varphi}}(t-1)\|^2\leqslant\lim_{t\to\infty}\frac{\tilde{\psi}(t)^2}{\lambda_{\min}[\boldsymbol{\phi}(t)\boldsymbol{\phi}(t)^{\mathrm{T}}]}\leqslant\frac{1}{m}\left[(1+\beta M)\frac{\sigma_w^2}{\alpha}+\beta M\sigma_v^2\right],\text{a. s.} \tag{4-51}$$

得证。

根据式(4-51)可得以下结论:

(1) 一致收敛性分析。对于定常系统,根据式(4-27),CVMLS 算法中的修正矩阵 $\boldsymbol{Q}(t)$ 选取为 0,则当 $t\to\infty$ 时 $\|\boldsymbol{P}(t)\|=o(t)$,即 $\alpha\to0,\beta\to0$。由于此时参数变化率方差 $\sigma_w^2=0$,因此

$$\lim_{t\to\infty}\|\tilde{\boldsymbol{\varphi}}(t-1)\|^2\leqslant\frac{1}{m}\left[(1+\beta M)\frac{\sigma_w^2}{\alpha}+\beta M\sigma_v^2\right]=0,\text{a. s.} \tag{4-52}$$

故 CVMLS 能给出定常参数的一致无差估计。

(2) 有界收敛性分析。对于时变系统,若仍有修正矩阵 $\boldsymbol{Q}(t)=0$(采用最小二乘法),使得 $t\to\infty$ 时 $\|\boldsymbol{P}(t)\|=o(t)$,导致 $\alpha\to0,\beta\to0$。由于此时参数变化率方差 σ_w^2 不再为 0,因此

$$\lim_{t\to\infty}\|\tilde{\boldsymbol{\varphi}}(t-1)\|^2\to\infty \tag{4-53}$$

故最小二乘法不能跟踪时变参数,而 CVMLS 由于引入了 $\boldsymbol{Q}(t)$,使得 $\boldsymbol{P}(t)$ 有界且满足假设(4),其中 α、β 均为定常数。则由式(4-51)可知,此时算法有界收敛。

上述分析表明,本章设计的 CVMLS 算法具有较强的适应能力,满足对定常参数的一致收敛性和对时变参数的有界收敛性。

(3) 收敛误差(上界)分析。为了提高辨识性能,工程实践中不仅要求算法满足有界收敛性,还要求其具有尽可能小的收敛误差上界。分析式(4-51)可知,影响 CVMLS 估计误差的主要因素有:激励条件、参数变化率方差 σ_w^2 和状态估计误差引起的噪声方差 σ_v^2 等。综合 4.4.1 节分析,可得状态估计与辨识误差传递关系如图 4-8 所示。

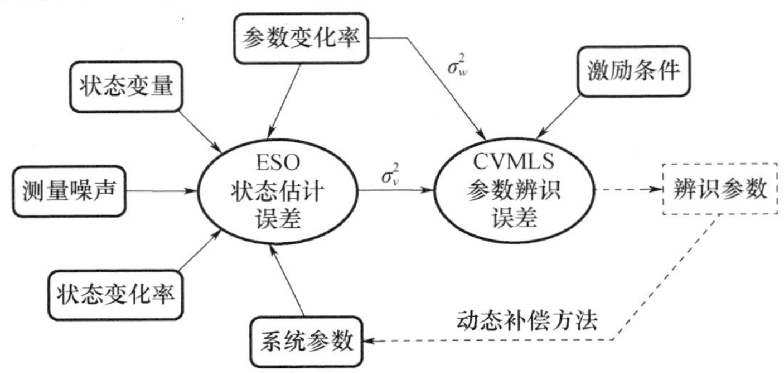

图 4-8　状态估计与参数辨识的误差传递关系

图4-8中圆角方框所示变量是影响系统状态估计与参数辨识误差的主要因素。其中,激励条件、状态变量、状态变化率和参数变化率都由系统实际运行状况决定。为此,可采用减小系统未知参数的方法来提高辨识精度,即利用辨识出的参数补偿到系统的已知部分,使观测对象的不确定性不断缩小并以此来提高系统状态估计的精度,从而同时提高参数辨识的精度,补偿原理如图4-8中虚线所示。

4.4.3 辨识误差动态补偿方法

下面仍以子系统2为例分析采用动态补偿提高辨识精度的具体过程。对于式(4-11),若已经辨识出 $\hat{\varphi}_{20}$、$\hat{\varphi}_{2u}$、$\hat{\varphi}_{2L}$,可有

$$\begin{cases}\varphi_{20}=\hat{\varphi}_{20}+\tilde{\varphi}_{20}\\ \varphi_{2u}=\hat{\varphi}_{2u}+\tilde{\varphi}_{2u}\\ \varphi_{2L}=\hat{\varphi}_{2L}+\tilde{\varphi}_{2L}\end{cases}\tag{4-54}$$

式中:$\tilde{\varphi}_{20}$、$\tilde{\varphi}_{2u}$、$\tilde{\varphi}_{2L}$为 $\hat{\varphi}_{20}$、$\hat{\varphi}_{2u}$、$\hat{\varphi}_{2L}$的辨识误差。

根据式(4-54),可将子系统2的状态方程式(4-11)化为

$$\begin{cases}\dot{x}_{20}=x_{21}\\ \dot{x}_{21}=(\hat{\varphi}_{20}+\tilde{\varphi}_{20})x_{20}+(\hat{\varphi}_{2u}+\tilde{\varphi}_{2u})u_2+(\hat{\varphi}_{2L}+\tilde{\varphi}_{2L})\\ y_2=x_{20}\end{cases}\tag{4-55}$$

与前类似,设计基于积分型ESO的状态估计器:

$$\begin{cases}e_2(t)=\hat{x}_{20}(t)-y_2(t)\\ \dot{\hat{x}}_{20}(t)=\hat{x}_{21}(t)-\beta_{20}(e_2(t))\\ \dot{\hat{x}}_{21}(t)=\hat{x}_{22}(t)-\beta_{21}\mathrm{fal}(e_2(t),a_{21},\delta)+(\hat{\varphi}_{20}x_{20}(t)+\hat{\varphi}_{2u}u_2(t)+\hat{\varphi}_{2L})\\ \dot{\hat{x}}_{22}(t)=-\beta_{22}\mathrm{fal}(e_2(t),a_{22},\delta)\end{cases}\tag{4-56}$$

区别于式(4-12),$\hat{x}_{22}(t)$不再是 $\dot{x}_{21}(t)$的估计值,而是参数辨识误差产生的等效系统扰动的估计值。与4.4.1节分析类似,可得式(4-56)状态估计的稳态误差满足

$$|e_{20}|\leqslant\sqrt[a_{22}]{\tilde{w}_{20}/\beta_{22}},\ |e_{21}|\leqslant\beta_{20}\cdot\sqrt[a_{22}]{\tilde{w}_{20}/\beta_{22}},\ |e_{22}|\leqslant\beta_{21}\cdot(\tilde{w}_{20}/\beta_{22})^{\frac{a_{21}}{a_{22}}}$$

式中:$\tilde{w}_{20}$为 $\tilde{w}_2(t)$的上界,且有

$$|\tilde{w}_2(t)|=\left|\frac{\mathrm{d}(\boldsymbol{\phi}_2^{\mathrm{T}}\cdot\tilde{\boldsymbol{\varphi}}_2)}{\mathrm{d}t}\right|\leqslant|w_2(t)|\tag{4-57}$$

其中

$$\tilde{\boldsymbol{\varphi}}_2(t)=[\tilde{\varphi}_{20}(t)\quad\tilde{\varphi}_{2u}(t)\quad\tilde{\varphi}_{2L}(t)]^{\mathrm{T}}$$

因此,采用动态补偿方法可有效减小系统的状态估计稳态误差。

此时，子系统 2 的参数辨识方程式(4-28)化为

$$\psi_2(t)=\boldsymbol{\phi}_2^{\mathrm{T}}(t)\tilde{\boldsymbol{\varphi}}_2(t-1)+v_2(t) \tag{4-58}$$

式中

$\psi_2(t)=\hat{x}_{22}(t)$，$\boldsymbol{\phi}_2(t)=[\hat{x}_{20}(t)\quad u_2(t)\quad 1]^{\mathrm{T}}$，$\tilde{\boldsymbol{\varphi}}_2(t)=[\tilde{\varphi}_{20}(t)\quad \tilde{\varphi}_{2u}(t)\quad \tilde{\varphi}_{2L}(t)]^{\mathrm{T}}$

参数估计递推方程为

$$\begin{cases}\hat{\tilde{\boldsymbol{\varphi}}}_2(t)=\hat{\tilde{\boldsymbol{\varphi}}}_2(t-1)+\dfrac{\boldsymbol{P}_2(t-1)\boldsymbol{\phi}_2(t)}{1+\boldsymbol{\phi}_2^{\mathrm{T}}(t)\boldsymbol{P}_2(t-1)\boldsymbol{\phi}_2(t)}(\psi_2(t)-\boldsymbol{\phi}_2^{\mathrm{T}}(t)\hat{\tilde{\boldsymbol{\varphi}}}_2(t-1))\\ \boldsymbol{P}_2(t)=\boldsymbol{P}_2(t-1)-\dfrac{\boldsymbol{P}_2(t-1)\boldsymbol{\phi}_2(t)\boldsymbol{\phi}_2^{\mathrm{T}}(t)\boldsymbol{P}_2(t-1)}{1+\boldsymbol{\phi}_2^{\mathrm{T}}(t)\boldsymbol{P}_2(t-1)\boldsymbol{\phi}_2(t)}+\boldsymbol{Q}_2(t)\end{cases} \tag{4-59}$$

式中：$\hat{\tilde{\boldsymbol{\varphi}}}_2(t)$为$\tilde{\boldsymbol{\varphi}}_2(t)$的估计值，且$\hat{\tilde{\boldsymbol{\varphi}}}_2(t)=[\hat{\tilde{\varphi}}_{20}(t)\quad \hat{\tilde{\varphi}}_{2u}(t)\quad \hat{\tilde{\varphi}}_{2L}(t)]^{\mathrm{T}}$。

根据式(4-59)递推结果，可得子系统 2 的参数估计值如表 4-3 所列。

表 4-3　采用动态补偿辨识的子系统 2 参数估计值

参数	估计值
$\hat{J}(t)$	$\dfrac{K_{\mathrm{M}}}{\hat{\varphi}_{2u}(t)+\tilde{\varphi}_{2u}(t)}$
$\hat{k}_{\tau}(t)$	$-\dfrac{K_{\mathrm{M}}(\hat{\varphi}_{20}(t)+\hat{\tilde{\varphi}}_{20}(t))}{\hat{\varphi}_{2u}(t)+\hat{\tilde{\varphi}}_{2u}(t)}$
$\hat{\alpha}(t)$	$-\dfrac{\hat{\varphi}_{2L}(t)+\hat{\tilde{\varphi}}_{2L}(t)}{\hat{\varphi}_{20}(t)+\hat{\tilde{\varphi}}_{20}(t)}-(\hat{x}_{10}(t)-\hat{z}_{10}(t))$

下面的问题是能否进一步迭代

$$\begin{cases}\hat{\varphi}_{20}=\hat{\varphi}_{20}+\hat{\tilde{\varphi}}_{20}\\ \hat{\varphi}_{2u}=\hat{\varphi}_{2u}+\hat{\tilde{\varphi}}_{2u}\\ \hat{\varphi}_{2L}=\hat{\varphi}_{2L}+\hat{\tilde{\varphi}}_{2L}\end{cases}$$

并重复上述辨识过程，使观测对象不确定性不断缩小以获得更高的辨识精度。对于定常参数系统，已有相关文献证明该方法的有效性。由于炮控系统参数时变且其变化规律未知，上述迭代过程的收敛性难以保证。为此，可采用门限迭代法，即当满足

$$E[\|\hat{\tilde{\boldsymbol{\varphi}}}_2(t)\|]\geqslant k_{\varphi}\|\hat{\boldsymbol{\varphi}}_2(t)\| \tag{4-60}$$

时进行迭代。

为保证迭代过程的收敛性，并考虑到参数辨识的精度和跟踪能力，通过仿真试验，选取 $k_{\varphi}=0.2$。子系统 1 的动态补偿方法与之类似，此处不再赘述。

采用动态补偿后，图 4-7 所示的系统状态估计与参数辨识流程转化为图 4-9。

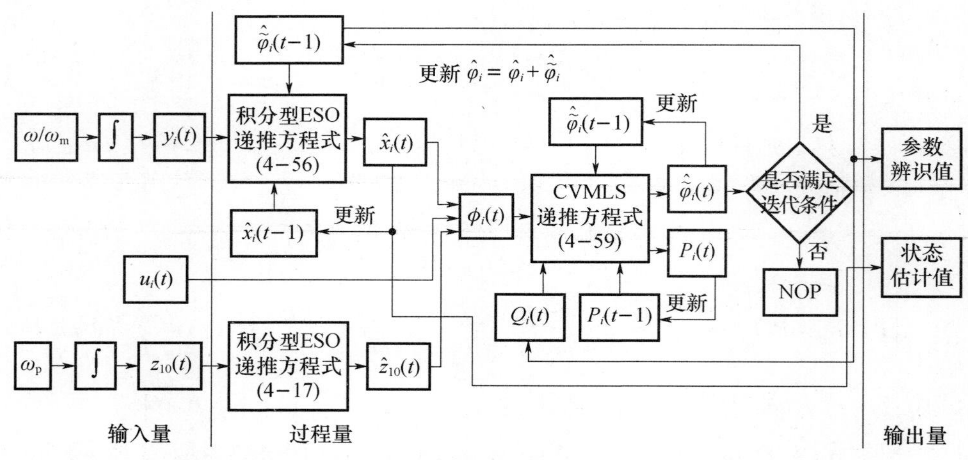

图 4-9　采用动态补偿的状态估计与参数辨识算法流程

4.4.4　应用实例分析

取输入信号为 $\omega_d=10\sin(2t)$ ((°)/s)，观测噪声为幅值小于 0.2(°)/s 的白噪声，ESO 与 CVMLS 采样周期为 1ms，参数 k_τ 在 $t_1=6$s 时发生 1 倍阶跃跳变，其他参数为定常参数，系统采用开环控制情形进行仿真。

图 4-10(a)为电机/火炮速度曲线(未加噪声)，图 4-10(b)为齿隙位置差曲线，受齿圈间隙和摩擦力矩的影响，电机和火炮速度出现换向冲击和过零死区等现象，在 $t_1=6$s 时受参数 k_τ 变化的影响，速度曲线出现振荡突变，且齿隙间振荡变得更严重。

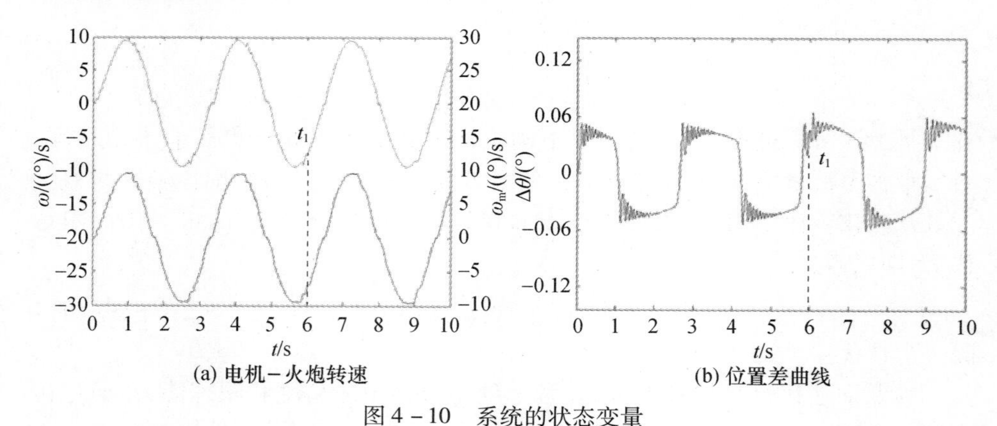

图 4-10　系统的状态变量

图 4-11(a)为加入噪声后的电机速度曲线，图 4-11(b)为电机速度估计值曲线，对比图 4-10(a)可知，状态估计器可以有效地滤除速度信号的观测噪

声,同时实时的观测出了 $t_1 = 6s$ 时的速度跳变,表明所设计的状态估计器具有良好的跟踪能力。

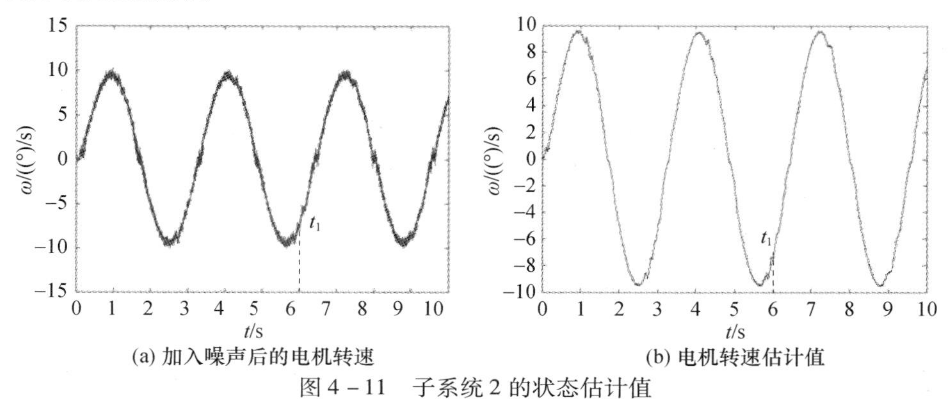

(a) 加入噪声后的电机转速　　(b) 电机转速估计值

图 4-11　子系统 2 的状态估计值

图 4-12 为子系统 2 中 J、α 和 k_τ 等参数的辨识结果。图中,辨识器在 t_1 时刻参数变化后 0.1 ~0.2s 即可跟踪上参数的变化,表明本章设计的参数辨识器能够实时跟踪参数变化,且具有较快的收敛速度。

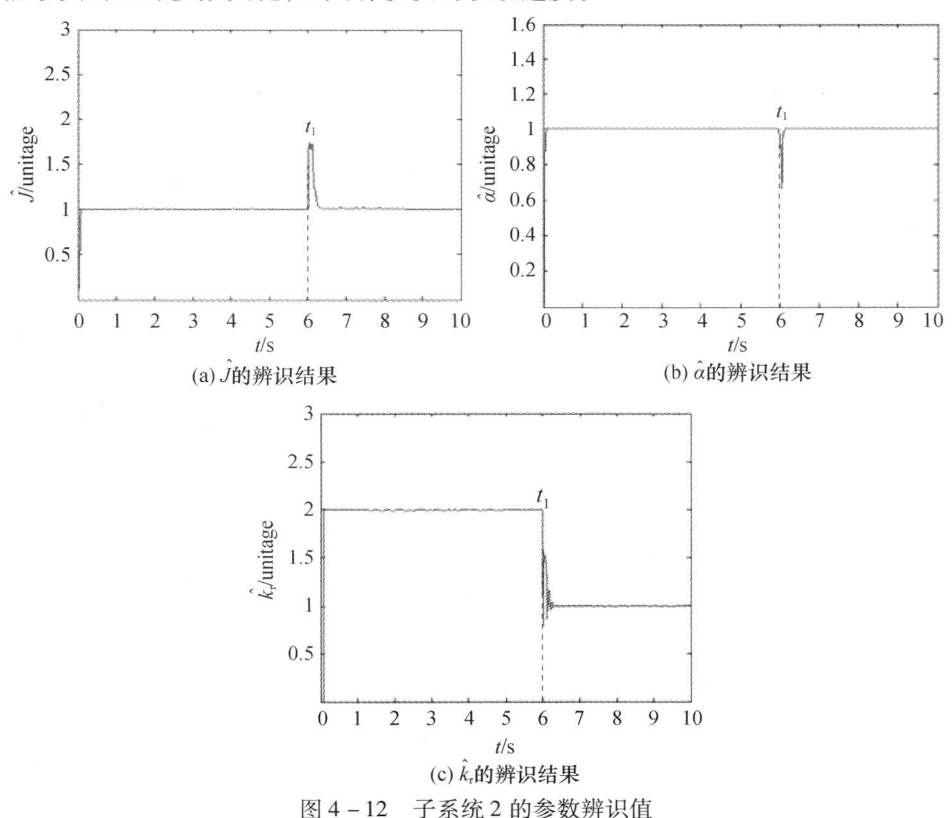

(a) $\hat{J}$的辨识结果　　(b) $\hat{\alpha}$的辨识结果

(c) $\hat{k}_\tau$的辨识结果

图 4-12　子系统 2 的参数辨识值

参考文献

[1] 陈杰,朱琳. 基于混合最小二乘支持向量机网络模型的非线性系统辨识[J]. 控制理论与应用,2010,27(3):303-309.

[2] Ghanem R,Romeo F. A Wavelet-based Approach for Model and Parameter Identification of Non-linear Systems[J]. International Journal of Non-Linear Mechanics,2001(36): 835-859.

[3] Simonovski L,Boltezar M. The Norms and Variances of the Gabon Morlet and General Harmonic Wavelet Functions[J]. Journal of Sound and Vibration,2003(264):545-557.

[4] 王志贤. 最优状态估计与系统辨识[M]. 西安:西北工业大学出版社,2004.

[5] Huang YI,LUO Z W,SVNIN V. Extended State Observer Based Technique for Control of Robot Systems [C]. Proceedings of the 4th World Congress on Intelligent Control and Automation,2002:10-14.

[6] HUANG Yi,XU Ke-kang,HAN Jing-qing,et al. Lam Flight Control Design Using Extended State Observer and Non-smooth Feedback[C]. Proceedings of the 40th IEEE Conference on Decision and Control, 2001:223-228.

[7] HAN Jing-qing. Nonlinear Design Methods for Control Systems[C]. Proceedings of the 14th IFAC World Congress,Beijing. 1999:521-526.

[8] GAO Zhi-qiang,HUANG Yi,HAN Jing-qing. An Alternative Paradigm for Control System Design[C]. Proceedings of IEEE Conference on Control and Decision,Orlando,Florida,USA. 2001:4578-4585.

[9] 武利强. 自抗扰控制技术应用研究[D]. 北京: 中国科学院,2005.

[10] 宋金来,甘作新,韩京清. 自抗扰控制技术滤波特性的研究[J]. 控制与决策,2003,18(1): 110-112.

[11] DING Feng,YANG Jia-ben. Remark on Martingale Hyperconvergence Theorem and the Convergence Analysis of Forgetting Factor Least Squares Algorithm[J]. Control Theory and Applications,1999,16(4): 569-572.

[12] DING Feng,XIE Xin-min,FANG Chong-zhi. Convergence of the Forgetting Factor Algorithm for Identifying Time-varying Systems[J]. Control Theory and Applications,1994,11(5):634-638.

[13] DING Feng,DING Tao. Convergence of Forgetting Factor Least Square Algorithms with Finite Measurement Data[C]. IEEE Pacific Rim Conference on Communications,Computers and Signal Processing(PACRIM 2001) ,Victoria,Canada: University of Victoria. 2001,433-436.

[14] DING Feng,Xiao De-yun,DING Tao. Bounded Convergence of Forgetting Factor Least Square Algorithm for Time-varying Systems[J]. Control Theory and Applications,2002,19(3):423-427.

[15] 丁锋,杨慧中,纪志成. 时变系统辨识方法及其收敛定理[J]. 江南大学学报(自然科学版),2006,5 (1):115-126.

[16] Leung S H,So C F. Variable Forgetting Factor Nonlinear RLS Algorithm in Correlated Mixture Noise[J]. Electronics Letters,2001,37(13):861-862.

[17] Yang H Z,Tian J,Ding F. The Forgetting Gradient Algorithm for Parameter and Intersample Estimation of Dual-rate Systems[C]. Neural Information Processing,PT2,Proceedings Lecture Notes in Computer Science. 2006,4233:721-728.

[18] 郭天一,廉保旺,邹晓军. 一种具有快速跟踪能力的改进 RLS 算法研究[J]. 计算机仿真,2009,26 (8):345-348.

[19] 王治祥,丁锋,李小芹. 一类时变系统参数跟踪估计[C]. 1992 年中国控制与决策学术年会论文集,

哈尔滨:1992,52 - 56.

[20] 邵立伟,廖晓钟,夏元清,等. 三阶扩张状态观测器的稳定性分析及其综合[J]. 信息与控制,2008,37(2):135 - 139.

[21] 韩京清,张荣. 二阶扩张状态观测器的误差分析[J]. 系统科学与数学,1999,19(4):465 - 471.

[22] Huang Y, Han J Q. Analysis and Design for the Second Order Nonlinear Continuous Extended State Observer[J]. Chinese Science,2000,45(21):1938 - 1944.

[23] 张荣,韩京清. 用模型补偿自抗扰控制器进行参数辨识[J]. 控制理论与应用,2000,17(1):79 - 81.

第5章　武器稳定系统非线性补偿与多模态控制

前几章分析了武器稳定系统的建模与辨识问题,本章将在此基础上探讨系统的非线性补偿与多模态控制。从结构特征看,武器稳定系统与其他许多高精度工业运动控制系统具有一定的相似性,如都有齿隙环节,也都会受到摩擦力矩的干扰。目前,齿隙、摩擦等非线性的分析与补偿控制也已成为高精度运动控制系统研究的热点之一,研究的深度和广度不断拓展。同时需要指出,武器稳定系统的控制又不能等同于一般的高精度运动控制系统。如前分析,由于载体平台运动,使系统受到的扰动更复杂,控制难度更大,如果采用“积木式”设计思路,分别为每一种非线性因素设计相应的补偿控制器会大大增加系统的复杂程度,且各种补偿控制器相互耦合,往往难以获得满意的控制效果。因此,本章按照由部分到整体,由具体到一般的分析思路,首先介绍齿隙、摩擦分析与补偿控制研究中的典型方法,然后分析整系统的多非线性补偿与抗扰控制策略,最后针对武器稳定系统的特殊应用工况探讨其多模态一体化控制问题。

从完成控制的目的来看,一般希望被控对象的输出不受外部扰动和内部各种非线性因素影响,始终保持良好的控制性能,即要求系统最好能够对外部扰动和内部各种非线性因素具有不变性。滑模变结构控制通过迫使系统结构在动态过程中做有目的的改变,使其运动达到并保持在预定的滑模线上进行滑动,从而保证系统对不确定扰动和参数变化的不变性。由于滑动模态可以按照性能需要设计,且系统的滑模运动和控制对象的参数变化与外界扰动无关,因此从一定意义上讲,滑模控制比其他控制方法具有更强的鲁棒性。基于此考虑,本章中控制方法分析以滑模控制为主线,穿插结合其他非线性控制方法,但这并不意味着武器稳定系统只适合采用滑模控制。

5.1　齿隙非线性的频域特性分析与补偿控制

5.1.1　问题描述

对图 3 - 6 所示的系统模型做如下简化:

(1) 忽略驱动电机特性影响,认为控制量直接以力矩形式作用于电机旋转轴。

(2) 暂不考虑路面振动等因素引起的扰动力矩影响,并设载体平台速度为 0。

(3) 摩擦力矩模型简化为黏滞摩擦,即认为 $T_{mf}=B_m\omega_m$,$T_f=B\omega$。

(4)暂不考虑系统中各参数的时变特性,即认为其均为定常值。

则可得齿隙动力学模型如图 5-1 所示。

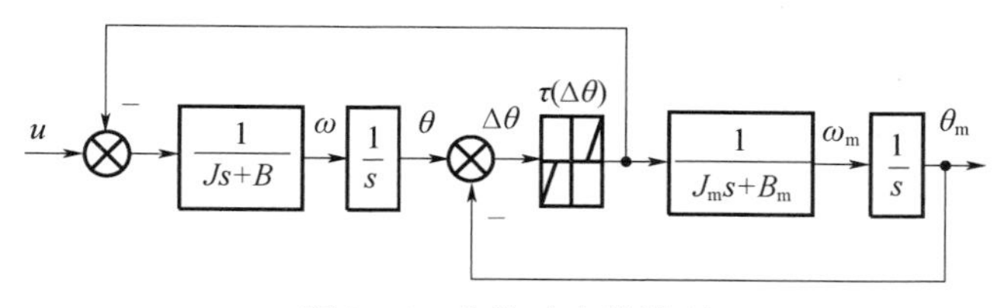

图 5-1　齿隙动力学模型

令 $x_1=\theta_m,x_2=\omega_m,x_3=\theta,x_4=\omega$,则可得其状态方程为

$$\begin{cases}\dot{x}_1=x_2\\ \dot{x}_2=\dfrac{1}{J_m}(\tau(x_3-x_1)-B_mx_2)\\ \dot{x}_3=x_4\\ \dot{x}_4=\dfrac{1}{J}(-\tau(x_3-x_1)-Bx_4)+\dfrac{1}{J}u\\ y=x_1\end{cases} \tag{5-1}$$

分析时,通常将前两项方程构成的系统称为齿隙从动部分子系统,后两项方程构成的系统称为齿隙主动部分子系统。

5.1.2　基于描述函数的齿隙稳定性分析

第 3 章从时域角度分析了齿隙、摩擦等对系统各种运行状态的影响。如只考虑齿隙非线性,或者考虑系统运行在其他非线性是非主导非线性或非线性程度较低时,还可以采用描述函数法对其稳定性和自振荡特性进行分析。该方法的基本思想是:当系统满足假设条件(1)~(4)时,系统中非线性环节在正弦信号作用下的输出可用其一次谐波分量来近似,由此推导出非线性环节的近似等效频率特性,即描述函数。此时非线性系统就可以近似等效为一个线性系统,并可以用线性系统理论中的频率分析法对系统进行研究。

假设:(1) 非线性系统可以简化为如图 5-2 所示的一个非线性环节与一个线性部分闭环连接的典型结构形式。

(2) 非线性环节的输入与输出特性 $y(x)$ 应当是 x 的奇函数,即 $f(x)=-f(-x)$,或者正弦输入下的输出为 t 的奇对称函数,即 $y(t+\pi/\omega)=-y(t)$,以保证非线性环节的正弦响应不含有常值分量。

(3) 系统的线性部分应具有较好的低通滤波性能,以保证非线性环节输出的高次谐波分量能够被削弱。

(4) 非线性环节具有时不变特性。

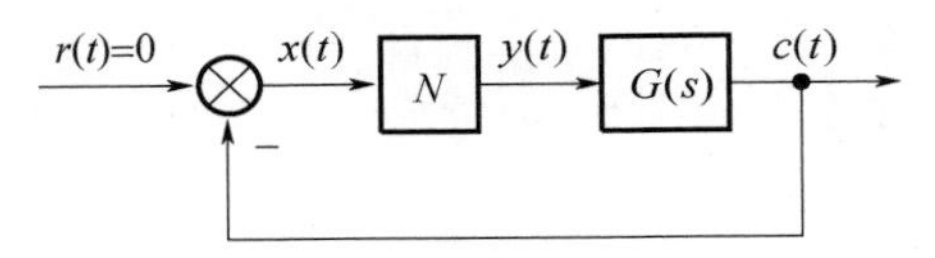

图 5-2　含有非线性环节的系统典型结构

首先分析图 5-1 所示系统能够满足上述假设条件。根据等效变换规则可将系统模型化为图 5-3。图中虚框部分结构满足假设(1)要求的典型结构,且其线性环节满足假设(3)要求的低通滤波特性。此外,根据齿隙表达式(3-18)易知其符合假设(2)的奇函数条件,当暂不考虑齿隙环节的参数时变特性时可用描述函数法进行分析。

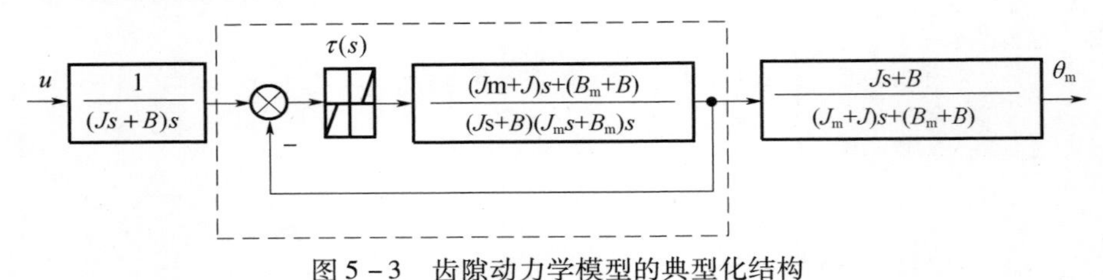

图 5-3　齿隙动力学模型的典型化结构

下面首先求取齿隙环节的描述函数。将齿隙环节的输入与输出描述为

$$y = f(x) \tag{5-2}$$

则根据式(3-18),当其输入信号为正弦信号 $x(t) = A\sin(\omega t)$ 时,其输出信号如图 5-4 所示。

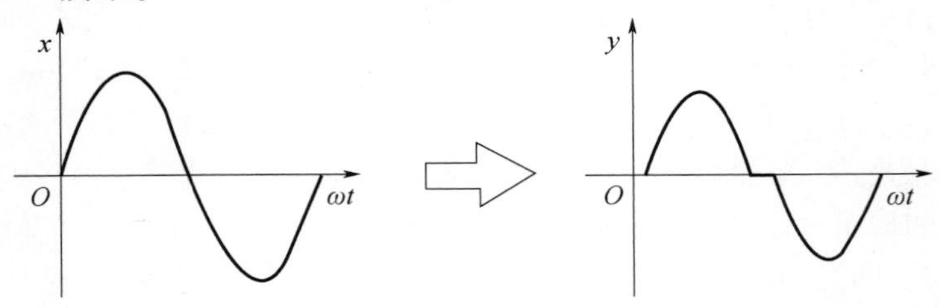

图 5-4　齿隙正弦响应曲线

其数学表达式可记为

$$y(t) = \begin{cases} k_\tau(A\sin(\omega t) - \alpha), & A\sin(\omega t) > \alpha \\ 0, & |A\sin(\omega t)| \leqslant \alpha \\ k_\tau(A\sin(\omega t) + \alpha), & A\sin(\omega t) < -\alpha \end{cases} \tag{5-3}$$

由式(5-3)可知,$y(t)$为非正弦周期信号,可展开为傅里叶级数

$$y(t) = A_0 + \sum_{n=1}^{\infty}(A_n\cos(n\omega t) + B_n\sin(n\omega t)) \tag{5-4}$$

式中

$$A_0 = \frac{1}{2\pi}\int_0^{2\pi} y(t)\mathrm{d}(\omega t)$$

$$A_n = \frac{1}{\pi}\int_0^{2\pi} y(t)\cos(n\omega t)\mathrm{d}(\omega t)$$

$$B_n = \frac{1}{\pi}\int_0^{2\pi} y(t)\sin(n\omega t)\mathrm{d}(\omega t)$$

当高次谐波分量很小时,式(5-4)可近似为

$$y(t) \approx A_0 + A_1\cos(\omega t) + B_1\sin(\omega t) \tag{5-5}$$

由于$y(t)$为奇函数,所以$A_0=0$,$A_1=0$。下面计算B_1:

$$\begin{aligned}
B_1 &= \frac{1}{\pi}\int_0^{2\pi} y(t)\sin(\omega t)\mathrm{d}(\omega t) = \frac{4}{\pi}\int_0^{\pi/2} y(t)\sin(\omega t)\mathrm{d}(\omega t) \\
&= \frac{4}{\pi}\left[\int_{\arcsin(\alpha/A)}^{\pi/2} k_\tau(A\sin(\omega t) - \alpha)\sin(\omega t)\mathrm{d}(\omega t)\right] \\
&= \frac{2k_\tau A}{\pi}\left[\frac{\pi}{2} - \arcsin\frac{\alpha}{A} - \frac{\alpha}{A}\sqrt{1-\left(\frac{\alpha}{A}\right)^2}\right], A \geqslant \alpha
\end{aligned}$$

代入上述参数,则式(5-5)可化为

$$y(t) \approx \frac{2k_\tau A}{\pi}\left[\frac{\pi}{2} - \arcsin\frac{\alpha}{A} - \frac{\alpha}{A}\sqrt{1-\left(\frac{\alpha}{A}\right)^2}\right]\sin(\omega t), A\geqslant\alpha \tag{5-6}$$

式(5-6)表明,齿隙环节在正弦信号输入下,输出信号可近似为一个同频正弦信号。定义稳态输出中一次谐波分量与输入信号的复数比为齿隙环节的描述函数,用$N(A)$表示,则

$$N(A) = \frac{2k_\tau}{\pi}\left[\frac{\pi}{2} - \arcsin\frac{\alpha}{A} - \frac{\alpha}{A}\sqrt{1-\left(\frac{\alpha}{A}\right)^2}\right], A\geqslant\alpha \tag{5-7}$$

由此可见,齿隙环节的描述函数与输入信号的频率无关,但依赖其幅值。取$\zeta=\alpha/A$,对$N(\zeta)$求导,可得

$$\frac{\mathrm{d}N(\zeta)}{\mathrm{d}\zeta} = \frac{2k_\tau}{\pi}\left[-\frac{1}{\sqrt{1-\zeta^2}} - \sqrt{1-\zeta^2} + \frac{\zeta^2}{\sqrt{1-\zeta^2}}\right] = -\frac{4k_\tau}{\pi}\sqrt{1-\zeta^2} \tag{5-8}$$

由于$A\geqslant\alpha$,则$\zeta=\alpha/A\leqslant1$。因此

$$\frac{\mathrm{d}N(\zeta)}{\mathrm{d}\zeta}\leqslant 0 \tag{5-9}$$

即$N(\zeta)$为ζ的非增函数,$-1/N(\zeta)$也为非增函数。由前分析易知,ζ的取值范围为[0,1],因此$-1/N(\zeta)$的最大值在$\zeta=0$处取得,且有$-1/N(0) = -1/k_\tau$,

其最小值在 $\zeta=1$ 处取得，且有 $-1/N(1)=-\infty$。在幅相平面画出其轨迹如图 5-5 中曲线 1 所示，曲线箭头方向表示随 A 增大，$-1/N(A)$ 的变化方向。

下面再考虑图 5-3 中线性环节的开环幅相曲线。令

$$K=\frac{B+B_{\mathrm{m}}}{BB_{\mathrm{m}}},\tau=\frac{J+J_{\mathrm{m}}}{B+B_{\mathrm{m}}},T_1=\frac{J}{B},T_2=\frac{J_{\mathrm{m}}}{B_{\mathrm{m}}}$$

则其传递函数为

$$G(s)=\frac{K(\tau s+1)}{(T_1s+1)(T_2s+1)s} \tag{5-10}$$

令 $s=\mathrm{j}\omega$ 代入式(5-10)，可得

$$G(\mathrm{j}\omega)=\frac{-\mathrm{j}K}{\omega(T_1^2\omega^2+1)(T_2^2\omega^2+1)}\times \\ [1-T_1T_2\omega^2+T_1\tau\omega^2+T_2\tau\omega^2+\mathrm{j}\omega(\tau-T_1-T_2-T_1T_2\tau\omega^2)] \tag{5-11}$$

由 τ、T_1、T_2 的表达式可以求得

$$\tau>\frac{T_1T_2}{T_1+T_2} \tag{5-12}$$

因此幅相曲线与虚轴没有交点，其概略幅相曲线如图 5-5 中曲线 2 所示。曲线 2 不包围曲线 1，因此系统稳定。也就是说，当只考虑齿隙和黏滞摩擦作用时，系统是稳定的，这与 3.3.1 节中分析结论吻合，但较之 3.3.1 节分析方法，描述函数分析法无法给出系统的具体稳定点。

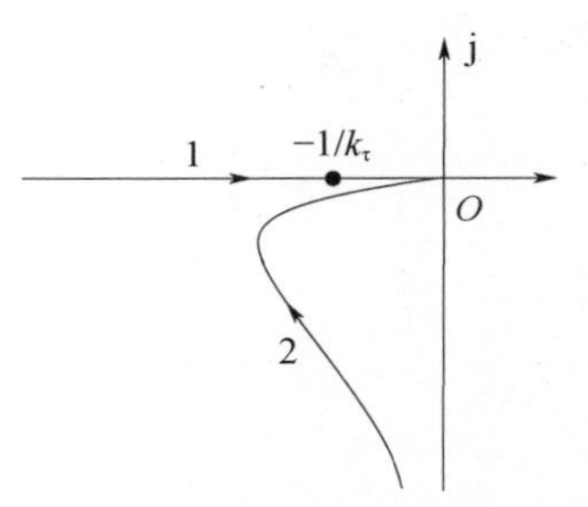

图 5-5　齿隙系统稳定性分析图

5.1.3　齿隙模型的连续化近似

式(3-18)所示的齿隙表达式具有分段不可微特性，不便于控制器设计，因此在齿隙补偿控制器研究时通常引入各种连续函数对其进行近似，常用的近似函数如式(5-13)、式(5-14)等。

$$\begin{aligned}\tau(\Delta\theta)&\approx f(\Delta\theta)\\&=k_\tau[\Delta\theta+0.5(\Delta\theta-\alpha)\tanh[\zeta(\Delta\theta-\alpha)]+\\&\quad 0.5(\Delta\theta+\alpha)\tanh[-\zeta(\Delta\theta+\alpha)]]\end{aligned} \tag{5-13}$$

式中：ζ 为逼近系数。

$$\tau(\Delta\theta)\approx f(\Delta\theta)=k_\tau\left(\Delta\theta-\xi\alpha\frac{1-\mathrm{e}^{-\zeta\Delta\theta}}{1+\mathrm{e}^{-\zeta\Delta\theta}}\right) \tag{5-14}$$

式中：ζ、ξ 为逼近系数。

下面以式(5-14)为例分析逼近系数的选取方法。定义 $\tau(\Delta\theta)$、$f(\Delta\theta)$ 二者之间的差值为 $\tilde{f}(\Delta\theta)$，则根据式(3-18)与式(5-14)可得

$$\tilde{f}(\Delta\theta)=\begin{cases}k_{\tau}\left(-\xi\alpha\dfrac{1-e^{-\zeta\Delta\theta}}{1+e^{-\zeta\Delta\theta}}+\alpha\right),\Delta\theta>\alpha\\k_{\tau}\left(\Delta\theta-\xi\alpha\dfrac{1-e^{-\zeta\Delta\theta}}{1+e^{-\zeta\Delta\theta}}\right),|\Delta\theta|\leqslant\alpha\\k_{\tau}\left(-\xi\alpha\dfrac{1-e^{-\zeta\Delta\theta}}{1+e^{-\zeta\Delta\theta}}-\alpha\right),\Delta\theta<-\alpha\end{cases}\tag{5-15}$$

根据式(5－15)可以证明,$\tilde{f}(\Delta\theta)$是关于原点对称的奇函数,因此以下分析选取$\Delta\theta>0$的部分即可。令

$$\lim_{\Delta\theta\to+\infty}\tilde{f}(\Delta\theta)=0\tag{5-16}$$

则有

$$\lim_{\Delta\theta\to+\infty}k_{\tau}\left(-\xi\alpha\frac{1-e^{-\zeta\Delta\theta}}{1+e^{-\zeta\Delta\theta}}+\alpha\right)=k_{\tau}\alpha(-\xi+1)=0\tag{5-17}$$

因此,选取$\xi=1$。接下来分析ζ的选取。为了提高逼近效果,一般希望$\tau(\Delta\theta)$、$f(\Delta\theta)$两条曲线围成的面积$S(\Delta\theta)$最小,即

$$\begin{aligned}S(\Delta\theta)&=\int_{0}^{+\infty}\tilde{f}(\Delta\theta)\mathrm{d}\Delta\theta\\&=\int_{0}^{\alpha}k_{\tau}\left(\Delta\theta-\alpha\frac{1-e^{-\zeta\Delta\theta}}{1+e^{-\zeta\Delta\theta}}\right)\mathrm{d}\Delta\theta+\int_{\alpha}^{+\infty}k_{\tau}\left(-\alpha\frac{1-e^{-\zeta\Delta\theta}}{1+e^{-\zeta\Delta\theta}}+\alpha\right)\mathrm{d}\Delta\theta\\&=k_{\tau}\left[\left(\frac{\Delta\theta^{2}}{2}-\alpha\Delta\theta-\frac{2\alpha}{\zeta}\ln(1+e^{-\zeta\Delta\theta})\right)\Bigg|_{0}^{\alpha}-\frac{2\alpha}{\zeta}\ln(1+e^{-\zeta\Delta\theta})\Bigg|_{\alpha}^{+\infty}\right]\\&=k_{\tau}\left(\frac{2\alpha}{\zeta}\ln2-\frac{\alpha^{2}}{2}\right)\end{aligned}\tag{5-18}$$

上式表明,$S(\Delta\theta)$是ζ的减函数,为了减小$S(\Delta\theta)$,ζ应该尽可能大。同时,为分析方便,通常希望逼近函数$f(\Delta\theta)$具备单调递增性,即

$$\frac{\mathrm{d}f(\Delta\theta)}{\mathrm{d}(\Delta\theta)}=\frac{k_{\tau}[e^{-2\zeta\Delta\theta}+2(1-\zeta\alpha)e^{-\zeta\Delta\theta}+1]}{(1+e^{-\zeta\Delta\theta})^{2}}\geqslant0\tag{5-19}$$

可得$0<\zeta\leqslant2/\alpha$。因此,选取$\zeta=2/\alpha$时,$S(\Delta\theta)$最小值$S_{\min}=k_{\tau}\alpha^{2}(\ln2-1/2)$。代入参数,近似函数式(5－14)可描述为

$$f(\Delta\theta)=k_{\tau}\left(\Delta\theta-\alpha\frac{1-e^{-2\Delta\theta/\alpha}}{1+e^{-2\Delta\theta/\alpha}}\right)\tag{5-20}$$

联立式(3－18)与式(5－20),求得

$$\max(\tilde{f}(\Delta\theta))=\tilde{f}(\alpha)=\frac{2k_{\tau}\alpha e^{-2}}{1+e^{-2}}\tag{5-21}$$

5.1.4 齿隙非线性终端滑模补偿控制

将式(5－20)代入式(5－1),可得

$$
\begin{cases}
\dot{x}_1 = x_2 \\
\dot{x}_2 = \dfrac{1}{J_{\mathrm{m}}}\left(k_\tau\left(x_3 - x_1 - \alpha\dfrac{1 - \mathrm{e}^{-2(x_3 - x_1)/\alpha}}{1 + \mathrm{e}^{-2(x_3 - x_1)/\alpha}}\right) - \tilde{f}(x_3 - x_1) - B_{\mathrm{m}}x_2\right) \\
\dot{x}_3 = x_4 \\
\dot{x}_4 = \dfrac{1}{J}\left(-k_\tau\left(x_3 - x_1 - \alpha\dfrac{1 - \mathrm{e}^{-2(x_3 - x_1)/\alpha}}{1 + \mathrm{e}^{-2(x_3 - x_1)/\alpha}}\right) + \tilde{f}(x_3 - x_1) - Bx_4\right) + \dfrac{1}{J}u \\
y = x_1
\end{cases}
\tag{5-22}
$$

系统控制目标：设计控制输入 u，使得系统输出 $y = x_1 = \theta_{\mathrm{m}}$ 能够高精度地跟踪期望值 $y_{\mathrm{d}} = \theta_{\mathrm{d}}$。为方便控制器设计，假设：

（1）期望输出 $y_{\mathrm{d}} = \theta_{\mathrm{d}}$ 的前两阶导数一致连续且有界，系统状态变量 x_1, x_2, x_3, x_4 均可测。

（2）模型中的扰动量 $\tilde{f}(x_3 - x_1)$ 及其导数有界。

在实际系统中，假设(1)一般可以满足，同时由式(5-21)可知，假设(2)也满足。

首先考虑齿隙从动部分控制，即式(5-22)中前两项方程构成系统的控制。设其虚拟控制量为 $x_{3\mathrm{d}}$，定义跟踪误差 $z_1 = x_1 - y_{\mathrm{d}}$，则 $\dot{z}_1 = x_2 - \dot{y}_{\mathrm{d}}$。为实现有限时间收敛，可采用终端滑模控制，并设计其滑模面为

$$
s_1 = \ddot{z}_1 + c_{11}\operatorname{sgn}(\dot{z}_1)|\dot{z}_1|^{a_{11}} + c_{12}\operatorname{sgn}(z_1)|z_1|^{\frac{a_{11}}{2-a_{11}}} \tag{5-23}
$$

式中：a_{11}、c_{11}、c_{12} 为正实数，且 $a_{11} \in (1-\varepsilon, 1)$，$\varepsilon \in (0,1)$。

为避免滑模控制中符号函数项不可微导致后续主动子系统控制器奇异，可将虚拟控制量 $x_{3\mathrm{d}}$ 设计为

$$
x_{3\mathrm{d}} = \frac{J_{\mathrm{m}}}{k_\tau}(x_{3\mathrm{deq}} + x_{3\mathrm{dsw}}) \tag{5-24}
$$

式中

$$
\begin{aligned}
x_{3\mathrm{deq}} = {} & \frac{1}{J_{\mathrm{m}}}\left[k_\tau x_1 + B_{\mathrm{m}}x_2 + k_\tau\alpha\frac{1 - \mathrm{e}^{-2(x_3 - x_1)/\alpha}}{1 + \mathrm{e}^{-2(x_3 - x_1)/\alpha}}\right] + \\
& \ddot{y}_{\mathrm{d}} - c_{11}\operatorname{sgn}(\dot{z}_1)|\dot{z}_1|^{a_{11}} - c_{12}\operatorname{sgn}(z_1)|z_1|^{\frac{a_{11}}{2-a_{11}}}
\end{aligned}
\tag{5-25a}
$$

$$
\begin{cases}
\dot{x}_{3\mathrm{dsw}} + \upsilon_1 x_{3\mathrm{dsw}} = p_1 \\
p_1 = -(k_{\tilde{f}_1} + k_{\upsilon_1} + \eta_1)\operatorname{sgn}(s_1) - \gamma_1 s_1
\end{cases}
\tag{5-25b}
$$

式中：$x_{3\mathrm{dsw}}(0) = 0$；υ_1、η_1 为正实数。

对 $x_{3\mathrm{dsw}}$ 取拉普拉斯变换，可得

$$
x_{3\mathrm{dsw}}(s) = \frac{1}{s + \upsilon_1}p_1(s) \tag{5-26}
$$

由式可知，$x_{3\mathrm{dsw}}$ 相当于对 p_1 进行低通滤波，从而抑制 p_1 中符号函数项引起的抖振，同时避免由其引起的控制器奇异。根据式(5-22)～式(5-24)可求得

$$s_1 = x_{3\mathrm{dsw}} + \tilde{f}_1 \tag{5-27}$$

式中：$\tilde{f}_1$ 为齿隙近似函数误差 $\tilde{f}(\Delta\theta)/J_{\mathrm{m}}$ 与式(5-25a)实际计算过程中用 $x_{3\mathrm{d}}$ 替换 x_3 产生的计算误差的总和。由于二者均为有界函数，其总和也有上界，因此可设 $|\tilde{f}_1| < \delta_1$。

选取李雅普诺夫函数

$$V_1 = s_1^2/2 \tag{5-28}$$

求导可得

$$\begin{aligned}(\dot{V}_1) &= s_1(\dot{x}_{3\mathrm{dsw}} + \dot{\tilde{f}}_1) = s_1(p_1 - \upsilon_1 x_{3\mathrm{dsw}} + \dot{\tilde{f}}_1) \\ &= (s_1\dot{\tilde{f}}_1 - k_{\tilde{f}_1}|s_1|) + (-\upsilon_1 x_{3\mathrm{dsw}} s_1 - k_{\upsilon_1}|s_1|) - \eta_1|s_1| - \gamma_1 s_1^2\end{aligned} \tag{5-29}$$

设计时，保证 $k_{\tilde{f}_1} > \delta_1$，$k_{\upsilon_1} \geqslant \upsilon_1|x_{3\mathrm{dsw}}|$，$\gamma_1 > 0$，则有

$$\dot{V}_1 \leqslant -\eta_1|s_1| - \gamma_1 s_1^2 \leqslant 0 \tag{5-30}$$

因此从动部分子系统稳定。

接下来考虑齿隙主动部分控制，即式(5-22)中后两项方程构成系统的控制。其控制量为 u，控制目标为求取合适的 u，使得主动部分子系统的输出 x_3 能够很好地跟踪从动部分子系统的虚拟控制量 $x_{3\mathrm{d}}$，从而满足从动部分控制要求。与从动部分控制器设计方法类似，定义误差变量 $z_2 = x_3 - x_{3\mathrm{d}}$，则 $\dot{z}_2 = x_4 - \dot{x}_{3\mathrm{d}}$。同样，设计滑模面

$$s_2 = \ddot{z}_2 + c_{21}\mathrm{sgn}(\dot{z}_2)|\dot{z}_2|^{a_{21}} + c_{22}\mathrm{sgn}(z_2)|z_2|^{\frac{a_{21}}{2-a_{21}}} \tag{5-31}$$

式中：a_{21}、c_{21}、c_{22} 为正实数，且 $a_{21} \in (1-\varepsilon, 1)$，$\varepsilon \in (0,1)$。

设计控制量为

$$u = J(u_{\mathrm{eq}} + u_{\mathrm{sw}}) \tag{5-32}$$

式中

$$u_{\mathrm{eq}} = -\frac{1}{J}\left[k_\tau x_1 - k_\tau x_3 - Bx_4 + k_\tau \alpha \frac{1-\mathrm{e}^{-2(x_3-x_1)/\alpha}}{1+\mathrm{e}^{-2(x_3-x_1)/\alpha}}\right] + \ddot{x}_{3\mathrm{d}} - c_{21}\mathrm{sgn}(\dot{z}_2)|\dot{z}_2|^{a_{21}} - c_{22}\mathrm{sgn}(z_2)|z_2|^{\frac{a_{21}}{2-a_{21}}} \tag{5-33a}$$

$$\begin{cases}\dot{u}_{\mathrm{sw}} + \upsilon_2 u_{\mathrm{sw}} = p_2 \\ p_2 = -(k_{\tilde{f}_2} + k_{\upsilon_2} + \eta_2)\mathrm{sgn}(s_2) - \gamma_2 s_2\end{cases} \tag{5-33b}$$

同理，有

$$s_2 = u_{\mathrm{sw}} + \tilde{f}_2 \tag{5-34}$$

式中：$\tilde{f}_2$ 为有界函数，且 $|\tilde{f}_2| < \delta_2$。

取

$$V_2 = V_1 + s_2^2/2 \tag{5-35}$$

并在设计时保证 $k_{\tilde{f}_2} > \delta_2$，$k_{\upsilon_2} \geqslant \upsilon_2|u_{\mathrm{sw}}|$，$\gamma_2 > 0$，则有

$$\dot{V}_2 \leqslant -\eta_1 |s_1| - \gamma_1 s_1^2 - \eta_2 |s_2| - \gamma_2 s_2^2 \leqslant 0 \tag{5-36}$$

因此,主动部分子系统渐进稳定。

综上,式(5-24)、式(5-25)、式(5-32)、式(5-33)构成系统终端滑模控制器,实现齿隙非线性补偿控制。

5.2 摩擦非线性系统的分析与滑模控制

5.2.1 问题描述

与5.1节类似的方法,对图3-6所示的系统模型进行如下简化:

(1) 忽略驱动电机的动态特性以及齿隙环节的非线性作用,将其简化为比例环节。

(2) 暂不考虑路面振动等因素引起的扰动力矩影响,并设载体平台速度为0。

(3) 暂不考虑系统中各参数的时变特性,即认为其均为定常值。

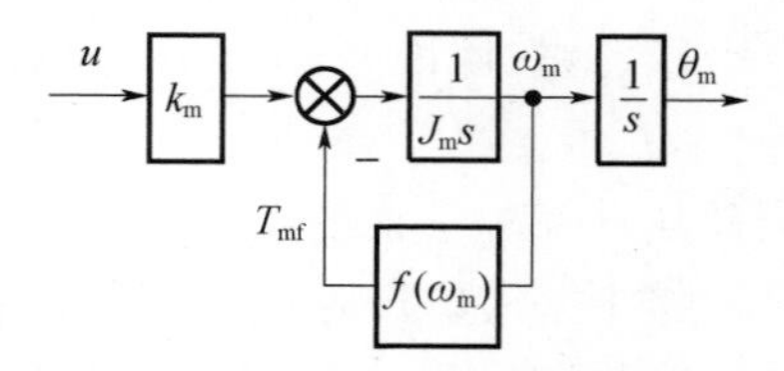

图5-6 摩擦非线性系统模型

则可得摩擦非线性系统模型如图5-6所示。

令 $x_1=\theta_m, x_2=\omega_m$,则可得其状态方程为

$$\begin{cases} \dot{x}_1 = x_2 \\ \dot{x}_2 = \dfrac{1}{J_m}(k_m u - f(x_2)) \\ y = x_1 \end{cases} \tag{5-37}$$

代入摩擦力矩模型,可得

$$\begin{cases} \dot{x}_1 = x_2 \\ \dot{x}_2 = -\dfrac{B_m}{J_m}x_2 + \dfrac{k_m}{J_m}u - d(t) \\ y = x_1 \end{cases} \tag{5-38}$$

式中

$$d(t) = \frac{1}{J_m}\left[T_{mc} + (T_{ms} - T_{mc})e^{-(x_2/\omega_{ms})^2}\right]\operatorname{sgn}(x_2)$$

5.2.2 摩擦非线性系统的稳定性分析方法

研究表明,对于含摩擦非线性的系统分析,其结果不仅依赖于所使用的分析方法,而且与采用的摩擦模型紧密相关。常用的分析方法有描述函数法、相平面法、摄动理论法、非线性传递函数理论等。

如前所述,描述函数法的优点是可以用线性系统成熟的理论方法对非线性环节进行分析;但是它要求分析对象满足相关的假设条件,早期许多学者应用该方法开展摩擦非线性系统的稳定性及其“爬行”现象的分析,有研究表明该方法存在缺陷,其分析结果不仅精度不够,有时甚至与实际系统相悖。相平面分析法常用于低阶系统的分析,难以推广到高阶系统,且要求采用较为简单的摩擦力矩模型,因此其分析存在局限性。摄动法将非线性微分方程表示为幂级数进行分析,该方法可以定量地分析系统“爬行”现象,而且可以得出系统参数与“爬行”现象关系的解析表达式;但其研究主要集中在二阶单向运行系统,如何将其推广到更为一般的情形有待进一步深入。非线性传递函数理论分析法将系统模型分解为线性和非线性两个部分,在推导出非线性部分的非线性传递函数后可根据泛函级数理论得出系统的幅频确定方程,求解系统可以判断稳定性并预测“爬行”现象的产生。

相关方法的具体分析过程,有兴趣的读者可参考本章所列相关参考文献,此处不再进行详述。

5.2.3　摩擦非线性模糊滑模补偿控制

首先分析 $d(t)$ 的有界性。在摩擦力矩模型中,一般有 $T_{ms} \geqslant T_{mc}$,则

$$|d(t)| = \frac{1}{J_m}\left[T_{mc} + (T_{ms} - T_{mc})e^{-(x_2/\omega_{ms})^2}\right] \leqslant \frac{T_{ms}}{J_m} \tag{5-39}$$

因此,可设

$$K(t) = \max|d(t)| + \eta \tag{5-40}$$

式中:η 为大于 0 的常数。

系统控制目标:设计控制输入 u,使得式(5-38)所示的系统输出 $y = x_1 = \theta_m$ 能够高精度的跟踪期望值 $y_d = \theta_d$,据此可定义误差 $e = y_d - x_1$。

取全局滑模面

$$s = \dot{e} + ce - s(0)e^{-\lambda t} \tag{5-41}$$

式中:$\lambda > 0$;$s(0)$ 为初始时刻的 $s(t)$。

设计滑模控制律为

$$u = \frac{J_m}{k_m}\left[\frac{B_m}{J_m}x_2 + \ddot{y}_d + c\dot{e} + K(t)\operatorname{sgn}(s) + \lambda s(0)e^{-\lambda t}\right] \tag{5-42}$$

选取李雅普诺夫函数为

$$V = s^2/2 \tag{5-43}$$

则

$$\begin{aligned}\dot{V} &= s\dot{s} = s[\ddot{e} + c\dot{e} + \lambda s(0)e^{-\lambda t}] = s\left[\ddot{y}_d + \frac{B_m}{J_m}x_2 - \frac{k_m}{J_m}u + d(t) + c\dot{e} + \lambda s(0)e^{-\lambda t}\right] \\ &= s[-K(t)\operatorname{sgn}(s) + d(t)] \leqslant -\eta|s|\end{aligned}$$

因此，系统稳定，控制器设计完毕。

但是，滑模控制器式(5－42)中，为了充分补偿模型误差和扰动量 $d(t)$，一般需要保守地选择比较大的滑模切换增益 $K(t)$，从而引起较大的控制输入“抖振”。根据滑模控制基本原理，相轨迹通过滑模线时的速度直接影响抖振的幅值，速度过大将导致较大的幅值的抖振。因此，在相点接近滑模线时应尽量减小切换控制的幅值，以减小相点穿越滑模线时的速度；而在离滑模线较远的地方则应保持较大的切换控制的幅值，以保证系统的快速性。由此，可把滑模控制与模糊系统结合起来，将反映相点位置和运动速度的切换函数 $s(t)$ 及其导数 $\dot{s}(t)$ 作为模糊控制器的输入，通过模糊推理和反模糊化得到模糊控制器的输出，即切换增益变化量 $\Delta K(t)$。

模糊控制器设计包括模糊化、模糊规则和模糊推理、反模糊化，如图 5－7 所示。

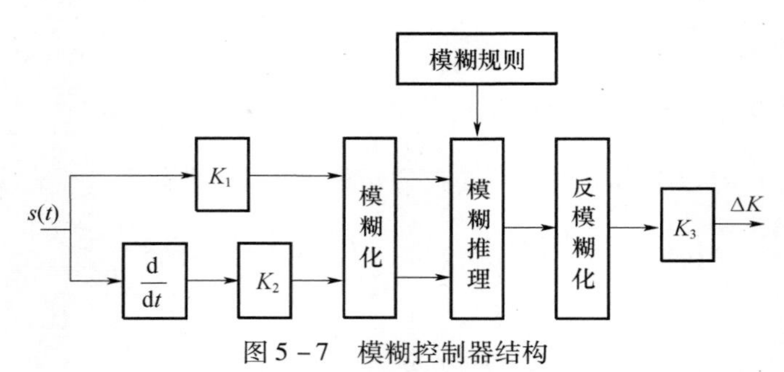

图 5－7　模糊控制器结构

注：K_1、K_2、K_3 分别为输入变量的量化因子和输出变量的比例因子。

(1) 模糊化。根据前述分析，模糊控制器输入变量为 $s(t)$ 和 $\dot{s}(t)$，输出变量为 ΔK，其语言变量值为{NB，NM，NS，ZO，PS，PM，PB}，论域为{－3，－2，－1，0，1，2，3}，模糊化变量均选择正态分布的隶属函数。

(2) 模糊规则与模糊推理。模糊推理采用双输入、单输出的二维模糊控制器结构。模糊控制器设计遵循两个原则，一是保证滑模存在性和能达性条件，即在满足不等式 $s\dot{s}<0$ 的条件下设计 ΔK；二是在相点离滑模线较远处，取较大的切换控制幅值；而在相点接近滑模线时，取较小的切换控制幅值，以尽量减小相轨迹穿越滑模 $s=0$ 的速度。模糊规则如表 5－1 所列。

表 5－1　模糊规则

s \ ΔK \ $\dot{s}$	NB	NM	NS	ZO	PS	PM	PB
PB	NB	NM	NS	PS	PS	PM	PB
PM	NM	NS	NS	PS	PS	PS	PM

续表

s \ ΔK \ $\dot{s}$	NB	NM	NS	ZO	PS	PM	PB
PS	NS	NS	NS	PS	PS	PS	PS
ZO	NS	NS	NS	ZO	PS	PS	PS
NS	PS	PS	PS	PS	NS	NS	NS
NM	PM	PS	PS	PS	NS	NS	NM
NB	PB	PM	PS	PS	NS	NM	NB

模糊规则的笛卡儿乘积为

$$R_i = s_i \times \dot{s}_j \times \Delta K_{ij} \tag{5-44}$$

式中：$i,j=1,2,\cdots,7$。

整个规则库可以表示为

$$R = R_1 \cup R_2 \cup \cdots R_{49} = \bigcup_{i=1}^{49} R_i \tag{5-45}$$

采用 MAX－MIN 补偿法进行模糊推理，得到输出控制量模糊集的隶属函数表达式为

$$\mu_{\Delta K} = \vee (\mu_s \wedge \mu_{\dot{s}} \wedge \mu_R) \tag{5-46}$$

（3）反模糊化。采用重心法将模糊输出精确化，即

$$\Delta K = \frac{\sum_{i=1}^{49} \Delta K_i \mu_{\Delta K}(\Delta K_i)}{\sum_{i=1}^{49} \mu_{\Delta K}(\Delta K_i)} \tag{5-47}$$

由此，式(5－42)转化为

$$u = \frac{J_{\mathrm{m}}}{k_{\mathrm{m}}}\left[\frac{B_{\mathrm{m}}}{J_{\mathrm{m}}}x_2 + \ddot{y}_{\mathrm{d}} + c\dot{e} + \hat{K}(t)\operatorname{sgn}(s) + \lambda s(0)\mathrm{e}^{-\lambda t}\right] \tag{5-48}$$

式中：$\hat{K}(t)$采用积分方法获得，且有 $\hat{K}(t) = G\int_0^t \Delta K \mathrm{d}t$，其中，$G>0$。

在式(5－48)中，模糊控制器根据滑模原理实时调整 $\hat{K}(t)$，使其与控制对象的建模误差和扰动量 $d(t)$的实时值相匹配，这样就避免了式(5－42)中为了充分补偿模型误差和 $d(t)$而选择过大的 $K(t)$，可有效地抑制系统控制量抖振。

根据前述分析，有

$$\dot{V} = s\dot{s} = s[-K(t)\operatorname{sgn}(s) + d(t)] \tag{5-49}$$

由此可知，保证 $\dot{V}<0$ 的关键是有一个足够大的 $K(t)$。根据表 5－1 所示的模糊规则，当 s 和 $\dot{s}$ 都为"正大"或"负大"，使得 $\dot{V}>0$ 时，控制器输出"正大"，即 $K(t)$增大一个大的幅值，使得 $\dot{V}$ 快速降低，直到 $\dot{V}<0$；当 s 和 $\dot{s}$ 符号相反时，$\dot{V}<$

0,控制器输出负值,即 $K(t)$ 减小,使得 $\dot{V}$ 增大,趋近于 0;$s\dot{s}$ 为“零”时,模糊控制器输出为“零”,因此所设计的模糊控制器稳定。

5.3 基于串联结构的系统多非线性补偿与抗扰控制

前两节分别分析了一种齿隙和摩擦非线性的典型补偿控制方法,在实际系统中,齿隙、摩擦、偏心力矩、路面扰动力矩等多种非线性因素同时存在。如果仅单独针对某一种(或某一些)非线性因素进行补偿控制,对提升系统整体性能的效果不明显。而采用“积木式”设计思路,分别给每一种非线性因素设计相应的补偿控制器会大大增加系统的复杂程度,且各种补偿控制器相互耦合,往往难以获得满意的控制效果。因此,还需要在此基础上开展整系统的非线性控制策略研究(而不是各种针对单一非线性因素补偿控制方法的简单叠加)。

5.3.1 基于等效扰动的 Backstepping 滑模控制

1. 等效扰动的基本思想

第 3 章已经建立了武器稳定系统的状态方程,即

$$\begin{cases} \begin{bmatrix} \dot{x}_1 \\ \dot{x}_2 \\ \dot{x}_3 \end{bmatrix} = \begin{bmatrix} -\dfrac{1}{J}(f(x_1) + K_{\mathrm{uf}}x_1 + \tau(x_2)) \\ x_1 - x_3 + \omega_{\mathrm{p}} \\ \dfrac{1}{J_{\mathrm{m}}}(\tau(x_2) - T_{\mathrm{dlm}} - f(x_3 - \omega_{\mathrm{p}})) \end{bmatrix} + \begin{bmatrix} \dfrac{K_{\mathrm{u}}}{J} \\ 0 \\ 0 \end{bmatrix} u_{\mathrm{c}} \\ y = \begin{bmatrix} 0 & 0 & 1 \end{bmatrix} \begin{bmatrix} x_1 \\ x_2 \\ x_3 \end{bmatrix} \end{cases} \tag{5-50}$$

式中:$x_1 = \omega$;$x_2 = \Delta\theta$;$x_3 = \omega_{\mathrm{m}}$;$f(x_1)$、$f(x_3 - \omega_{\mathrm{p}})$、$\tau(x_2)$ 为摩擦和齿隙模型的数学表达式。由 5.1 节和 5.2 节分析可知,由于模型中 $f(x_1)$、$f(x_3 - \omega_{\mathrm{p}})$、$\tau(x_2)$ 等均为非光滑函数,使整系统呈现出高阶非线性特性,基于该模型设计的非线性补偿控制器往往较为复杂,且受到许多数学条件的限制,在工程实践中应用困难。因此,怎样简化系统模型,从而设计工程上较为适用的控制器,改善系统性能,成为系统控制策略研究中一个具有很强实践意义的问题。

针对上述问题,本节借鉴自抗扰控制技术中的“等效扰动”思想,探讨一种基于等效扰动的系统补偿控制器设计方法,其基本思路是将各种非线性环节等效为系统的扰动作用,从而将复杂的非线性系统化为带可测扰动的线性系统。这样一来,系统的非线性补偿控制问题就可转化为线性系统的扰动抑制问题。

具体来说，在式(5-50)中，令

$$\begin{cases}f(x_3-\omega_p)+T_{\mathrm{dlm}}=T_d(t)\\ \tau(x_2)=k_\tau x_2-T_\tau(t)\end{cases} \tag{5-51}$$

式中：$T_\tau(t)=K_\tau \mathrm{sgn}(x_2)\cdot\min(\alpha,|x_2|)$。

与前类似，考虑到作用在电机上的摩擦力矩 $f(x_1)$ 较小，故将其忽略。式(5-50)可化为

$$\begin{cases}\begin{bmatrix}\dot{x}_1\\ \dot{x}_2\\ \dot{x}_3\end{bmatrix}=\begin{bmatrix}-\dfrac{K_{\mathrm{uf}}}{J} & -\dfrac{k_\tau}{J} & 0\\ 1 & 0 & -1\\ 0 & \dfrac{k_\tau}{J_m} & 0\end{bmatrix}\begin{bmatrix}x_1\\ x_2\\ x_3\end{bmatrix}+\begin{bmatrix}\dfrac{K_u}{J}\\ 0\\ 0\end{bmatrix}u_c-\begin{bmatrix}-\dfrac{T_\tau}{J}\\ -\omega_p\\ \dfrac{T_\tau+T_d}{J_m}\end{bmatrix}\\ y=\begin{bmatrix}0 & 0 & 1\end{bmatrix}\begin{bmatrix}x_1\\ x_2\\ x_3\end{bmatrix}\end{cases} \tag{5-52}$$

式(5-22)可以看作带可测扰动的线性系统。

2. Backstepping 滑模控制器设计

考虑如下形式的非线性系统：

$$\begin{cases}\dot{x}_1=g_1(x_1)x_2+f_1(x_1)\\ \dot{x}_2=g_2(x_1,x_2)x_3+f_2(x_1,x_2)\\ \quad\vdots\\ \dot{x}_{n-1}=g_{n-1}(x_1,\cdots,x_{n-1})x_n+f_{n-1}(x_1,\cdots,x_{n-1})\\ \dot{x}_n=g_n(x_1,\cdots,x_n)u(t)+f_n(x_1,\cdots,x_n)+d(t)\end{cases} \tag{5-53}$$

式中：$\boldsymbol{x}=[x_1,x_2,\cdots,x_n]^{\mathrm{T}}\in R^n$ 为系统状态量；$u(t)$为控制输入；$f_i(x)$、$g_i(x)$为光滑的非线性函数，且 $g_i(x)\neq 0$；$d(t)$为有界扰动。

由于$f_i(x)$和 $g_i(x)$仅与反馈状态 $x_1,x_2,\cdots,x_i$ 有关，而与 x_{i+1}无关，因此式(5-53)所表示的系统称为严格反馈系统。

Backstepping 滑模变结构控制的基本方法：针对满足严格反馈控制结构的系统，将 $x_i(i=2,3,\cdots,m)$分别作为 $x_j(i=1,2,3,\cdots,m-1)$的各级动态子系统的虚拟控制信号，x_{id}为相应虚拟控制信号的期望值，构造控制李雅普诺夫函数，每级动态子系统的李雅普诺夫函数由前一级的动态子系统的李雅普诺夫函数加上增广项构成，增广项由 x_i 与 x_{id}的误差构成，每个 x_{id}的控制目标是减小前一级子系统的误差 $x_{i-1}-x_{(i-1)d}$，使系统满足李雅普诺夫稳定性要求。依此逐步递推，最后设计出系统的滑模控制器，使得 x_1 能够渐进稳定的跟踪期望轨迹 x_{1d}。

取状态变换

$$\begin{cases}\xi_1 = x_3 \\ \xi_2 = \dot{\xi}_1 = \dfrac{k_\tau}{J_m}x_2 - \dfrac{T_\tau + T_d}{J_m} \\ \xi_3 = \dot{\xi}_2 = \dfrac{k_\tau}{J_m}(x_1 - x_3 + \omega_p) - \dfrac{\dot{T}_\tau + \dot{T}_d}{J_m}\end{cases} \tag{5-54}$$

可将状态方程式(5-52)可转化为严格反馈系统,即

$$\begin{cases}\dot{\xi}_1 = \xi_2 \\ \dot{\xi}_2 = \xi_3 \\ \dot{\xi}_3 = -\dfrac{K_{uf}}{J}\xi_3 - \dfrac{k_\tau(J_m + J)}{JJ_m}\xi_2 - \dfrac{k_\tau K_{uf}}{JJ_m}\xi_1 + \dfrac{k_\tau K_u}{JJ_m}u_c - d(t) \\ y = \xi_1\end{cases} \tag{5-55}$$

式中

$$d(t) = (J\ddot{T}_\tau + K_{uf}\dot{T}_\tau + J\ddot{T}_d + K_{uf}\dot{T}_d + k_\tau T_d - k_\tau J\dot{\omega}_p - k_\tau K_{uf}\omega_p)/JJ_m。$$

假设:(1) 模型中的扰动 $d(t)$ 有界,且满足

$$|d(t)| \leqslant D \tag{5-56}$$

式中:D 为正常数。

(2) 对于给定的有界期望输出 $y_d(t) = \omega_d(t)$,其导数 $\dot{y}_d(t)$、$\ddot{y}_d(t)$、$\dddot{y}_d(t)$ 均有界可测。

定义跟踪误差

$$e(t) = y_d(t) - y(t) \tag{5-57}$$

本节首先考虑式(5-55)中参数已知的情况下,采用 Backstepping 递推方法,设计滑模控制器,抑制有界扰动 $d(t)$ 影响,使系统输出跟踪参考信号,并保证跟踪误差全局渐进稳定。

定义跟踪误差:

$$e_1 = \xi_{1d} - \xi_1, e_2 = \xi_{2d} - \xi_2, e_3 = \xi_{3d} - \xi_3$$

式中

$\xi_{1d} = y_d, \xi_{2d} = \dot{y}_d, \xi_{3d} = \ddot{y}_d$

并引入辅助变量

$$\begin{cases}z_1 = e_1 \\ z_2 = \dot{z}_1 + a_1 \\ z_3 = \dot{z}_2 + a_2\end{cases} \tag{5-58}$$

定义李雅普诺夫函数:

$$V_1 = \frac{1}{2}z_1^{\ 2} \tag{5-59}$$

令 $a_1 = c_1 z_1$，则

$$\dot{V}_1 = z_1 \dot{z}_1 = z_1 (z_2 - a_1) = z_1 z_2 - c_1 {z_1}^2$$

进一步，定义李雅普诺夫函数：

$$V_2 = V_1 + \frac{1}{2} {z_2}^2 \tag{5-60}$$

则有

$$\dot{V}_2 = z_1 z_2 - c_1 {z_1}^2 + z_2 \dot{z}_2 = z_1 z_2 - c_1 {z_1}^2 + z_2 (z_3 - a_2)$$

令 $a_2 = c_2 z_2 + z_1$，可得

$$\dot{V}_2 = z_1 z_2 - c_1 {z_1}^2 + z_2 (z_3 - c_2 z_2 - z_1) = -c_1 {z_1}^2 - c_2 {z_2}^2 + z_2 z_3$$

再定义李雅普诺夫函数：

$$V_3 = V_2 + \frac{1}{2} \sigma^2 \tag{5-61}$$

式中：σ 为滑模切换函数。

将滑模面设计为

$$\sigma = k_1 z_1 + k_2 z_2 + z_3 \tag{5-62}$$

则由式（5-61）和式（5-62）可得

$$\dot{V}_3 = \dot{V}_2 + \sigma \dot{\sigma} = -c_1 {z_1}^2 - c_2 {z_2}^2 + z_2 z_3 + \sigma (k_1 \dot{z}_1 + k_2 \dot{z}_2 + \dot{z}_3)$$

又因为

$$\dot{z}_1 = \xi_{2d} - \xi_2$$

$$\dot{z}_2 = \ddot{z}_1 + \dot{a}_1 = \ddot{z}_1 + c_1 \dot{z}_1 = \xi_{3d} - \xi_3 + c_1 (\xi_{2d} - \xi_2)$$

$$\begin{aligned}
\dot{z}_3 &= \ddot{z}_2 + \dot{a}_2 = \dddot{z}_1 + \ddot{a}_1 + \dot{a}_2 \\
&= (\dot{\xi}_{3d} - \dot{\xi}_3) + (c_1 + c_2)(\xi_{3d} - \xi_3) + (c_1 c_2 + 1)(\xi_{2d} - \xi_2) \\
&= -\left(c_1 + c_2 - \frac{K_{uf}}{J}\right)\xi_3 - \left(c_1 c_2 + 1 - \frac{k_\tau}{J} - \frac{k_\tau}{J_m}\right)\xi_2 + \frac{k_\tau K_{uf}}{J J_m}\xi_1 - \frac{k_\tau K_u}{J J_m} u_c + \\
&\quad d(t) + \dot{\xi}_{3d} + (c_1 + c_2)\xi_{3d} + (c_1 c_2 + 1)\xi_{2d}
\end{aligned}$$

则有

$$\begin{aligned}
\dot{V}_3 &= -c_1 {z_1}^2 - c_2 {z_2}^2 + z_2 z_3 + \sigma (k_1 \dot{z}_1 + k_2 \dot{z}_2 + \dot{z}_3) \\
&= -c_1 {z_1}^2 - c_2 {z_2}^2 + z_2 z_3 + \sigma \Bigg[-\left(c_1 + c_2 + k_2 - \frac{K_{uf}}{J}\right)\xi_3 - \\
&\quad \left(c_1 c_2 + k_1 + k_2 c_1 + 1 - \frac{k_\tau}{J} - \frac{k_\tau}{J_m}\right)\xi_2 + \frac{k_\tau K_{uf}}{J J_m}\xi_1 - \\
&\quad \frac{k_\tau K_u}{J J_m} u_c + d(t) + \dot{\xi}_{3d} + (c_1 + c_2 + k_2)\xi_{3d} + (c_1 c_2 + k_1 + k_2 c_1 + 1)\xi_{2d} \Bigg]
\end{aligned} \tag{5-63}$$

设计滑模控制器：

$$u_c = \frac{JJ_m}{k_\tau K_u}\Big[-\left(c_1 + c_2 + k_2 - \frac{K_{uf}}{J}\right)\xi_3 - \left(c_1c_2 + k_1 + k_2c_1 + 1 - \frac{k_\tau}{J} - \frac{k_\tau}{J_m}\right)\xi_2 + \frac{k_\tau K_{uf}}{JJ_m}\xi_1 + \dot{\xi}_{3d} + (c_1 + c_2 + k_2)\xi_{3d} + (c_1c_2 + k_1 + k_2c_1 + 1)\xi_{2d} + D\mathrm{sgn}(\sigma) + h(\sigma + \beta\mathrm{sgn}(\sigma))\Big] \tag{5-64}$$

式中：h、β 为正常数。

将其代入式(5-63)，可得

$$\begin{aligned}\dot{V}_3 &= -c_1{z_1}^2 - c_2{z_2}^2 + z_2z_3 - h\sigma^2 - h\beta|\sigma| + (d(t)\sigma - D|\sigma|)\\ &\leqslant -c_1{z_1}^2 - c_2{z_2}^2 + z_2z_3 - h\sigma^2 - h\beta|\sigma| + |\sigma|(|d(t)| - D)\\ &\leqslant -c_1{z_1}^2 - c_2{z_2}^2 + z_2z_3 - h\sigma^2 - h\beta|\sigma|\\ &= -\boldsymbol{z}^{\mathrm{T}}\boldsymbol{Q}\mathrm{z} - h\beta|\sigma|\end{aligned} \tag{5-65}$$

式中

$$\boldsymbol{z} = [z_1.\ z_2.\ z_3]^{\mathrm{T}},\boldsymbol{Q} = \begin{bmatrix} h{k_1}^2 + c_1 & hk_1k_2 & hk_1\\ hk_1k_2 & c_2 + h{k_2}^2 & hk_2 - \frac{1}{2}\\ hk_1 & hk_2 - \frac{1}{2} & h\end{bmatrix}$$

当 $\boldsymbol{Q}$ 为正定矩阵时，有

$$\dot{V}_3 \leqslant 0 \tag{5-66}$$

至此，滑模控制器设计完毕。

可以证明，当 h、c_1、c_2、k_1、k_2 为正常数时，$\boldsymbol{Q}$ 为正定矩阵的一个充分条件是 $c_1 > k_1^2/(4k_2)$，$c_2 > 1/(4h)$。

为分析方便，将式(5-64)记为

$$u_c = b^{-1}[\boldsymbol{k}_{\xi d}{}^{\mathrm{T}} \cdot \dot{\boldsymbol{\xi}}_d - \boldsymbol{k}_\xi{}^{\mathrm{T}} \cdot \boldsymbol{\xi} + D\mathrm{sgn}(\sigma) + h(\sigma + \beta\mathrm{sgn}(\sigma))] \tag{5-67}$$

式中

$$\boldsymbol{\xi} = [\xi_1 \quad \xi_2 \quad \xi_3]^{\mathrm{T}},\boldsymbol{\xi}_d = [\xi_{1d} \quad \xi_{2d} \quad \xi_{3d}]^{\mathrm{T}}$$

$$\boldsymbol{k}_{\xi d} = [c_1c_2 + k_1 + k_2c_1 + 1 \quad c_1 + c_2 + k_2 \quad 1]^{\mathrm{T}}$$

$$\boldsymbol{k}_\xi = [-k_\tau K_{uf}/(JJ_m) \quad c_1c_2 + k_1 + k_2c_1 + 1 - k_\tau/J - k_\tau/J_m \quad c_1 + c_2 + k_2 - K_{uf}/J]^{\mathrm{T}}$$

$$b = k_\tau K_u/(JJ_m)$$

3. Backstepping 滑模控制器分析

式(5-67)由三部分组成：第一部分为 $\boldsymbol{k}_{\xi d}{}^{\mathrm{T}} \cdot \dot{\boldsymbol{\xi}}_d$，用于产生新的滑模动态；第二部分为 $-\boldsymbol{k}_\xi{}^{\mathrm{T}} \cdot \boldsymbol{\xi}$，消除原系统的动力学特性；第三部分为 $D\mathrm{sgn}(\sigma) + h(\sigma +$

$\beta\text{sgn}(\sigma)$)，用于抑制扰动和产生趋近律。滑模动态可以按系统性能要求设计，且滑模运动与控制对象的参数变化及未知扰动无关，因此比其他连续控制方法具有更强的鲁棒性。然而其鲁棒性是通过非连续开关切换实现的，这种本质上的不连续开关特性会引起系统的抖振，且系统未知扰动 $d(t)$ 越大，需要的切换增益 D 就越大，从而导致系统的抖振也越严重。

此外，式(5－67)所示的控制器是在系统参数已知的前提下设计的，实际控制对象参数变化也会增加系统的不确定性，恶化控制性能，甚至导致系统失稳。同样的，对于其他控制方法而言，参数不确定性和未知扰动也会影响控制性能，如鲁棒控制往往会因扰动上界估计的过大而增加控制器设计的保守性；自抗扰控制的扰动补偿性能与 ESO 的估计精度有关，而 ESO 估计精度也会受到系统不确定因素及其变化率大小的影响(如4.4节分析)。因此，采用适当的方式估计系统不确定部分和未知扰动，从而降低系统的不确定性，是提高控制性能的有效途径，也是控制器设计时的重要任务。除了外部扰动 $d(t)$ 和系统未知参数需要估计外，由于实际系统中可测状态变量很少，且受到噪声污染，式(5－67)中的状态变量 $\boldsymbol{\xi}$ 难以直接获取，也是需要估计的重要对象。

因此可考虑引入第 4 章设计的参数辨识器，但是，由于控制器设计过程中存在多次状态变换(首先需要将系统转化为严格反馈系统，其次对其进行滑模变结构控制，然后把得到的控制量进行反变换，得到系统的实际控制量)，导致控制量计算过程繁琐。此外，工程实现时多次状态变换还会造成较大的运算累积误差，特别是引入系统辨识算法后，辨识本身的误差也会在状态变换过程中多次放大，致使控制性能降低。

同时，在实际工程中，式(5－62)所示的滑模面也是采用状态估计值构建的，计算过程累积误差会降低滑模动态特性，影响系统动态性能。因此，如何有机结合系统辨识器和滑模控制器，并采用适当的方法克服上述设计方法计算过程繁琐等问题，从而减小运算累积误差，提高控制精度具有很强的实践意义和应用价值。

5.3.2　串联滑模控制器设计与稳定性分析

由前面分析可知，造成计算过程繁琐的重要原因是控制器设计过程中存在多次状态变换，而状态变换复杂又是由被控对象阶次较高且不满足严格反馈引起的。因此，为简化控制器设计，需考虑采用合适的方式降低被控对象的阶次(最好是能够降低为一阶系统)。

前述章节分析可知，炮控系统的非线性数学模型中的 ω_m 和 ω 为可测信息，且采用积分 ESO 容易获得状态变量 $\Delta\theta$。由此可将炮控系统分解由三个一阶子系统组成的串联系统，如图 5－8 所示。

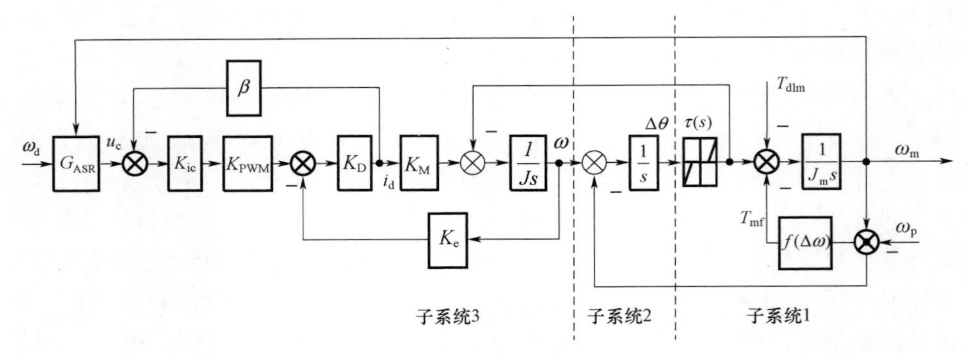

图 5-8　系统非线性串联数学模型

注:考虑到作用在电机上的摩擦力矩 T_f 较小,图中将其忽略。

引入 $\Delta\theta$ 和 ω 作为子系统 1 和子系统 2 的虚拟控制量,并设 $x_1=\omega_m$, $x_2=\Delta\theta$, $x_3=\omega$,则可得各子系统的状态方程为

$$\dot{x}_1=\varphi_{12}x_2+T_1(t) \tag{5-68a}$$

$$\dot{x}_2=-x_1+x_3+T_2(t) \tag{5-68b}$$

$$\dot{x}_3=-\varphi_{32}x_2-\varphi_{33}x_3+\varphi_u u_c+T_3(t) \tag{5-68c}$$

式中

$$\varphi_u=K_{ic}K_{PWM}K_DK_M/(J+\beta JK_{ic}K_{PWM}K_D)=K_u/J$$

$$\varphi_{12}=k_\tau/J_m$$

$$\varphi_{32}=k_\tau/J$$

$$\varphi_{33}=(K_eK_u)/(JK_{ic}K_{PWM})=K_{uf}/J$$

同 5.3.1 节“等效扰动”思想类似,$T_1(t)$、$T_2(t)$、$T_3(t)$ 为系统内部非线性环节的等效扰动,且有

$$T_1(t)=-(T_\tau+T_d)/J_m,\ T_2(t)=\omega_p,\ T_3(t)=T_\tau/J$$

采用上述方法可将炮控系统化为三个串联的一阶子系统。接下来考虑串联系统控制器的设计问题。

与 Backstepping 递推方法类似的,首先分析子系统 1,控制目标是希望系统输出 x_1 能够很好地跟踪期望给定 ω_d,为此可根据式(5-68a)求得一个理想的虚拟控制量 x_{2d},使其达到上述目标。这样一来,对于子系统 2 而言,其控制目标则是要求输出 x_2 很好地跟踪理想值 x_{2d},从而保证 x_1 能够很好地跟踪 ω_d,据此可进一步根据式(5-68b)求得该子系统理想的虚拟控制量 x_{3d}。这样逐步向后递推,使后面的子系统的输出跟踪前面子系统的期望控制量,最终得到整个系统的实际控制量。这就是串联滑模控制器设计的基本思路。

在此基础上,针对各个子系统中存在参数不确定和未知扰动的问题,分别引入基于 CVMLS 的参数辨识器,得到各子系统的参数和未知扰动的估计值,并

针对辨识误差设计鲁棒控制项,得到系统鲁棒串联滑模控制器。

较之传统的 Backstepping 滑模控制器设计,该方法将系统分解为多个一阶串联子系统后,可直接设计各子系统的滑模控制器,不再需要进行状态变换,因此可使控制量的计算过程大为简化;且由于各子系统均为一阶系统,设计出的参数辨识器和滑模控制器也较为简单,易于工程实现。此外,采用该方法还容易实现系统的多模态控制,该问题将在后续章节详细阐述。

本节首先考虑参数和扰动为已知且状态变量可测情况下,系统串联滑模控制器的设计方法。

考虑子系统 1:

设系统期望输出为 y_d,则可选取子系统 1 的滑模面 $s_1 = x_1 - y_d$。若采用比例趋近律 $\dot{s}_1 = -k_1 s_1 (k_1 > 0)$,根据式(5-68a)可得

$$\dot{s}_1 = \dot{x}_1 - \dot{y}_d = \varphi_{12} x_2 + T_1(t) - \dot{y}_d = -k_1 s_1 \tag{5-69}$$

因此,该子系统的理想虚拟控制量为

$$x_{2d} = \frac{1}{\varphi_{12}}(-T_1(t) + \dot{y}_d - k_1 s_1) \tag{5-70}$$

进一步设计子系统 2 的虚拟控制量:

上述分析可知,要使 x_1 跟踪 y_d,则需要 x_2 能按照式(5-70)的规律变化。为此,将 x_{2d} 作为子系统 2 的期望输出,并设滑模面 $s_2 = x_2 - x_{2d}$。同样的,采用比例趋近律 $\dot{s}_2 = -k_2 s_2 (k_2 > 0)$,根据式(5-68b)可得

$$\dot{s}_2 = -x_1 + x_3 + T_2(t) - \dot{x}_{2d} = -k_2 s_2 \tag{5-71}$$

类似的,可得理想虚拟控制量为

$$x_{3d} = x_1 - T_2(t) + \dot{x}_{2d} - k_2 s_2 \tag{5-72}$$

考虑子系统 3,设计系统的控制量 u_c:

与前类似的,设滑模面 $s_3 = x_3 - x_{3d}$。根据式(5-68c)可得

$$\dot{s}_3 = -\varphi_{32} x_2 - \varphi_{33} x_3 + \varphi_u u_c + T_3(t) - \dot{x}_{3d} = -k_3 s_3 \tag{5-73}$$

由此可得子系统控制量为

$$u_c = \frac{1}{\varphi_u}(\varphi_{32} x_2 + \varphi_{33} x_3 - T_3(t) + \dot{x}_{3d} - k_3 s_3) \tag{5-74}$$

式(5-70)、式(5-72)、式(5-74)组成炮控系统串联滑模控制器。

下面利用李雅普诺夫稳定性理论分析系统控制器设计的稳定性。首先求取误差系统方程。对于子系统 1,由式(5-68a)可知

$$\dot{s}_1 = \varphi_{12} x_2 + T_1(t) - \dot{y}_d = \varphi_{12} x_{2d} + \varphi_{12} s_2 + T_1(t) - \dot{y}_d \tag{5-75}$$

代入式(5-70),可得

$$\dot{s}_1 = -k_1 s_1 + \varphi_{12} s_2 \tag{5-76}$$

需要说明的是:式(5-70)所示的控制器设计时假定子系统 1 的理想趋近律为 $\dot{s}_1 = -k_1 s_1$。但是由于状态变量 x_2 和理想虚拟控制量 x_{2d} 之间存在误

差，因此较之理想趋近律，式(5－76)所示的实际误差系统中还含有附加项$\varphi_{12}s_2$。

同理可以推得，子系统2的滑模面满足

$$\dot{s}_2=-k_2s_2+s_3 \tag{5-77}$$

则联合子系统3的滑模面，可得滑模面矩阵方程，即误差系统方程

$$\begin{bmatrix}\dot{s}_1\\ \dot{s}_2\\ \dot{s}_3\end{bmatrix}=\begin{bmatrix}-k_1 & \varphi_{12} & 0\\ 0 & -k_2 & 1\\ 0 & 0 & -k_3\end{bmatrix}\begin{bmatrix}s_1\\ s_2\\ s_3\end{bmatrix} \tag{5-78}$$

取李雅普诺夫函数

$$V(\boldsymbol{S})=\frac{1}{2}(s_1^2+s_2^2+s_3^2) \tag{5-79}$$

式中

$$\boldsymbol{S}=[s_1\quad s_2\quad s_3]^{\mathrm{T}}$$

式(5－79)沿式(5－78)求导，可得

$$\begin{aligned}\dot{V}(\boldsymbol{S})&=s_1(-k_1s_1+\varphi_{12}s_2)+s_2(-k_2s_2+s_3)-k_3s_3^2\\ &=-k_1s_1^2-k_2s_2^2-k_3s_3^2+\varphi_{12}s_1s_2+s_2s_3\\ &=-\boldsymbol{S}^{\mathrm{T}}\boldsymbol{Q}\boldsymbol{S}\end{aligned}$$

式中

$$\boldsymbol{Q}=\begin{bmatrix}k_1 & -\varphi_{12}/2 & 0\\ -\varphi_{12}/2 & k_2 & -1/2\\ 0 & -1/2 & k_3\end{bmatrix}$$

当$\boldsymbol{Q}$为正定矩阵时，有$\dot{V}(\boldsymbol{S})\leqslant 0$，且当$\boldsymbol{S}=[0\quad 0\quad 0]^{\mathrm{T}}$时$\dot{V}(\boldsymbol{S})=0$。因此有$s_1\to 0, s_2\to 0, s_3\to 0$，故系统全局渐进稳定，且$x_1-y_{\mathrm{d}}\to 0$。

可以求得，$\boldsymbol{Q}$为正定矩阵的充分条件是k_1、k_2、k_3均为正常数，且

$$4k_1k_2k_3>k_1+\varphi_{12}^2k_3 \tag{5-80}$$

综上分析，可得如下结论：

定理5－1 对于参数和扰动已知的系统(式(5－68))，设计由式(5－70)、式(5－72)、式(5－74)组成的串联滑模控制器，且选择参数满足式(5－80)时，系统全局渐进稳定，且当$t\to\infty$时，$x_1-y_{\mathrm{d}}\to 0$，即跟踪误差趋近于0。

特殊的，如果φ_{12}为定常值，式(5－78)所示的系统还可简化为线性定常系统，可直接利用状态矩阵的特征值判断系统稳定性。容易得到其特征值：$\lambda_1=-k_1, \lambda_2=-k_2, \lambda_3=-k_3$。因此，$\varphi_{12}$为定常值时系统渐进稳定的充分条件式(5－80)放宽为k_1、k_2、k_3均是正常数。

根据线性系统理论求得系统时域响应方程为

$$\begin{bmatrix} s_1(t) \\ s_2(t) \\ s_3(t) \end{bmatrix} = \begin{bmatrix} e^{-k_1 t} & \dfrac{\varphi_{12}(e^{-k_2 t} - e^{-k_1 t})}{k_1 - k_2} & \dfrac{\varphi_{12}(e^{-k_1 t}(k_2 - k_3) + e^{-k_2 t}(k_1 - k_3) + e^{-k_3 t}(k_1 - k_2))}{(k_1 - k_2)(k_1 - k_3)(k_3 - k_2)} \\ 0 & e^{-k_2 t} & \dfrac{e^{-k_2 t} - e^{-k_3 t}}{k_2 - k_3} \\ 0 & 0 & e^{-k_3 t} \end{bmatrix} \begin{bmatrix} s_1(0) \\ s_2(0) \\ s_3(0) \end{bmatrix} \tag{5-81}$$

式(5－81)表明，s_1、s_2、s_3 的收敛速度与参数 k_1、k_2、k_3 的选择紧密相关。

5.3.3　基于系统辨识的炮控系统串联滑模控制

上述串联滑模控制器是基于状态变量、系统参数和扰动已知情况设计的，实际炮控系统中可测状态变量很少，且受到噪声污染。此外，系统中 k_τ、J_m、T_τ、T_{mf}等参数未知时变，致使式(5－68)中的参数 $\varphi_{ij}(i,j=1,2,3)$ 及扰动 $T_i(t)(i=1,2,3)$ 均呈现出未知不确定特性。为此可引入系统辨识器实现对状态变量和参数的实时估计，在此基础上设计基于系统辨识的串联滑模控制器。

从研究的完备性考虑，第4章给出了炮控系统中各具体参数的辨识结果。但是在5.3.2节中控制器设计时只需参数 $\varphi_{ij}(i,j=1,2,3)$ 及扰动 $T_i(t)(i=1,2,3)$ 估计值即可，无需得到 k_τ、J_m、T_τ、T_{mf}等参数的具体估计值。此外，如直接采用第4章设计的基于ESO/CVMLS的系统辨识器先获得出各参数的估计值，再运算得到 $\varphi_{ij}(i,j=1,2,3)$ 及 $T_i(t)(i=1,2,3)$ 的估计值还会因变换次数过多而增加运算累积误差。为此需对其进行改进，设计面向串联滑模控制的系统状态估计与参数辨识器。

由式(5－68)以及式(5－70)、式(5－72)、式(5－74)可知：系统控制所需要的状态变量有 x_1、$\dot{x}_1$、x_2、$\dot{x}_2$、x_3、$\dot{x}_3$，其中 $x_2=\int_0^t(-x_1+x_3+z_1)\mathrm{d}\tau$，$z_1=\omega_p$。则可将所需状态变量组描述为 $\int_0^t x_1\mathrm{d}\tau$、$x_1$、$\dot{x}_1$、$\int_0^t x_3\mathrm{d}\tau$、$x_3$、$\dot{x}_3$、$\int_0^t z_1\mathrm{d}\tau$，因此根据第4章状态估计器设计方法，可建立子系统1的积分型ESO：

$$\begin{cases} e_1(t) = \hat{x}_{10}(t) - \int_0^t x_1(\tau)\mathrm{d}\tau \\ \dot{\hat{x}}_{10}(t) = \hat{x}_{11}(t) - \beta_{10}\cdot e_1(t) \\ \dot{\hat{x}}_{11}(t) = \hat{x}_{12}(t) - \beta_{11}\mathrm{fal}(e_1(t),a_{11},\delta) \\ \dot{\hat{x}}_{12}(t) = -\beta_{12}\mathrm{fal}(e_1(t),a_{12},\delta) \end{cases} \tag{5-82}$$

可得到 $\int_0^t x_1 \mathrm{d}\tau$、$x_1$、$\dot{x}_1$ 的估计值 $\hat{x}_{10}$、$\hat{x}_{11}$、$\hat{x}_{12}$。

同理,针对子系统 3 建立积分型 ESO:

$$\begin{cases} e_3(t) = \hat{x}_{30}(t) - \int_0^t x_3(\tau)\mathrm{d}\tau \\ \dot{\hat{x}}_{30}(t) = \hat{x}_{31}(t) - \beta_{30} \cdot e_3(t) \\ \dot{\hat{x}}_{31}(t) = \hat{x}_{32}(t) - \beta_{31}\mathrm{fal}(e_3(t), a_{31}, \delta) \\ \dot{\hat{x}}_{32}(t) = -\beta_{32}\mathrm{fal}(e_3(t), a_{32}, \delta) \end{cases} \tag{5-83}$$

可得到 $\int_0^t x_3 \mathrm{d}\tau$、$x_3$、$\dot{x}_3$ 的估计值 $\hat{x}_{30}$、$\hat{x}_{31}$、$\hat{x}_{32}$。

进一步,针对辅助变量(载体平台速度)建立积分型 ESO:

$$\begin{cases} e_z(t) = \hat{z}_0(t) - \int_0^t z(\tau)\mathrm{d}\tau \\ \dot{\hat{z}}_0(t) = \hat{z}_1(t) - \beta_{z0} \cdot e_z(t) \\ \dot{\hat{z}}_1(t) = -\beta_{z1}\mathrm{fal}(e_z(t), a_{z1}, \delta) \end{cases} \tag{5-84}$$

可得到变量 x_2 的估计值 $\hat{x}_2 = -\hat{x}_{10} + \hat{x}_{30} + \hat{z}_0$。

接下来考虑串联子系统的参数辨识器设计。

由式(5-68)可知,子系统 2 的不确定扰动即为 $\hat{T}_2(t) = \hat{z}_1$,不需再单独进行辨识,此处主要分析子系统 1 和子系统 3 参数辨识。根据式(5-68a),可将子系统 1 的辨识问题描述为

$$\psi_1(t) = \boldsymbol{\phi}_1^{\mathrm{T}}(t)\boldsymbol{\varphi}_1(t-1) + v_1(t) \tag{5-85}$$

式中

$$\psi_1(t) = \hat{x}_{12}(t), \boldsymbol{\phi}_1(t) = [\hat{x}_2 \quad 1]^{\mathrm{T}}, \boldsymbol{\varphi}_1(t) = [\varphi_{12} \quad T_1(t)]^{\mathrm{T}}$$

根据第 4 章方法,可建立该子系统的 CVMLS 递推式:

$$\begin{cases} \hat{\boldsymbol{\varphi}}_1(t) = \hat{\boldsymbol{\varphi}}_1(t-1) + \dfrac{\boldsymbol{P}_1(t-1)\boldsymbol{\phi}_1(t)}{1 + \boldsymbol{\phi}_1^{\mathrm{T}}(t)\boldsymbol{P}_1(t-1)\boldsymbol{\phi}_1(t)}(\psi_1(t) - \boldsymbol{\phi}_1^{\mathrm{T}}(t)\hat{\boldsymbol{\varphi}}_1(t-1)) \\ \boldsymbol{P}_1(t) = \boldsymbol{P}_1(t-1) - \dfrac{\boldsymbol{P}_1(t-1)\boldsymbol{\phi}_1(t)\boldsymbol{\phi}_1^{\mathrm{T}}(t)\boldsymbol{P}_1(t-1)}{1 + \boldsymbol{\phi}_1^{\mathrm{T}}(t)\boldsymbol{P}_1(t-1)\boldsymbol{\phi}_1(t)} + \boldsymbol{Q}_1(t) \end{cases} \tag{5-86}$$

其中,$\hat{\boldsymbol{\varphi}}_1(t) = [\hat{\varphi}_{12} \quad \hat{T}_1(t)]^{\mathrm{T}}$。由此可得子系统 1 的参数 φ_{12} 和扰动 $T_1(t)$ 的估计值 $\hat{\varphi}_{12}$ 和 $\hat{T}_1(t)$。

同理,将子系统 3 的辨识问题描述为

$$\psi_3(t) = \boldsymbol{\phi}_3^{\mathrm{T}}(t)\boldsymbol{\varphi}_3(t-1) + v_3(t) \tag{5-87}$$

式中

$\psi_3(t)=\hat{x}_{32}(t),\boldsymbol{\phi}_3(t)=[\hat{x}_2 \quad \hat{x}_{31} \quad u_c \quad 1]^{\mathrm{T}},\boldsymbol{\varphi}_3(t)=[-\varphi_{32} \quad -\varphi_{33} \quad \varphi_u \quad T_3(t)]^{\mathrm{T}}$

则建立该子系统的 CVMLS 递推式为

$$\begin{cases}\hat{\boldsymbol{\varphi}}_3(t)=\hat{\boldsymbol{\varphi}}_3(t-1)+\dfrac{\boldsymbol{P}_3(t-1)\boldsymbol{\phi}_3(t)}{1+\boldsymbol{\phi}_3^{\mathrm{T}}(t)\boldsymbol{P}_3(t-1)\boldsymbol{\phi}_3(t)}(\psi_3(t)-\boldsymbol{\phi}_3^{\mathrm{T}}(t)\hat{\boldsymbol{\varphi}}_3(t-1))\\ \boldsymbol{P}_3(t)=\boldsymbol{P}_3(t-1)-\dfrac{\boldsymbol{P}_3(t-1)\boldsymbol{\phi}_3(t)\boldsymbol{\phi}_3^{\mathrm{T}}(t)\boldsymbol{P}_3(t-1)}{1+\boldsymbol{\phi}_3^{\mathrm{T}}(t)\boldsymbol{P}_3(t-1)\boldsymbol{\phi}_3(t)}+\boldsymbol{Q}_3(t)\end{cases} \tag{5-88}$$

式中

$$\hat{\boldsymbol{\varphi}}_3(t)=[-\hat{\varphi}_{32} \quad -\hat{\varphi}_{33} \quad \hat{\varphi}_u \quad \hat{T}_3(t)]^{\mathrm{T}}$$

由此可得子系统 3 中的参数和扰动的估计值。

进一步,可采用 4.4.3 节设计的门限动态补偿方法改进式(5-82)、式(5-83)、式(5-86)、式(5-88),提高系统的辨识精度,此处不再赘述。

采用上述辨识器后,式(5-70)、式(5-72)、式(5-74)可化为

$$\begin{cases}x_{2d}=(-\hat{T}_1(t)+\dot{y}_d-k_1s_1)/\hat{\varphi}_{12} & (5-89a)\\ x_{3d}=\hat{x}_{11}-\hat{T}_2(t)+\dot{x}_{2d}-k_2s_2 & (5-89b)\\ u_c=(\hat{\varphi}_{32}\hat{x}_2+\hat{\varphi}_{33}\hat{x}_{31}-\hat{T}_3(t)+\dot{x}_{3d}-k_3s_3)/\hat{\varphi}_u & (5-89c)\end{cases}$$

较之传统的 Backstepping 滑模控制方法,串联滑模控制器具有以下特点:

(1)控制器所需的状态变量、参数和扰动值均由状态估计器和参数辨识器直接求取,没有转换运算过程,因此其运算简单,累积误差小。

(2)由于各子系统均为一阶系统,较之传统的 Backstepping 方法得到的式(5-67)所示的控制器,本节方法设计的参数辨识器和滑模控制器也较为简单,易于工程实现。

基于系统辨识的串联滑模控制器如图 5-9 所示。

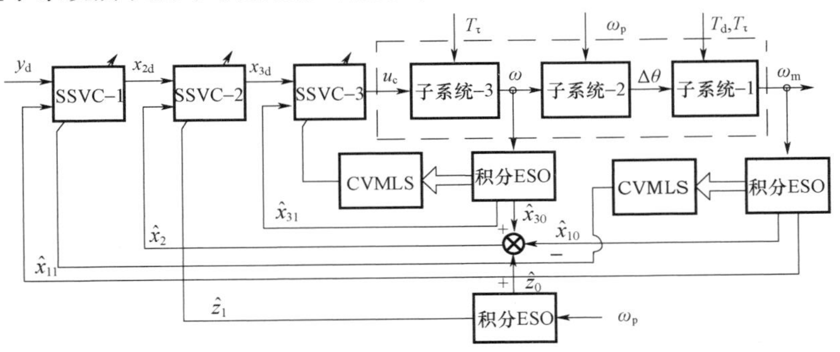

图 5-9 基于系统辨识的串联滑模控制器

下面分析控制器的稳定性。

定义5-1 考虑系统$\dot{x}=f(x,t)$，其中$f:[0,\infty)\times D\to R^n$在$[0,\infty)\times D$上是$t$的分段连续函数，是$x$的利普希茨(Lipschitz)函数，且$D\subset R^n$是包含原点的定义域。

(1) 如果存在与t_0无关的正常数b和c，$t_0\geqslant 0$，对于每个$a\in(0,c)$，存在与t_0无关的有限时间$T\geqslant 0$，满足

$$\|x(t_0)\|\leqslant a\Rightarrow\|x(t)\|\leqslant b,\ \forall t\geqslant t_0+T$$

则系统的解是一致毕竟有界的，且最终边界为b。

(2) 如果对于任意大的a都成立，则系统的解是全局一致毕竟有界的。

引理5-1 存在系统$\dot{x}=f(x,t)$，且$\forall t\geqslant 0$和$\forall x\in R^n$，$V:[0,\infty)\times R^n\to R$是连续可微函数，且满足

$$\alpha_1(\|x\|)\leqslant V(t,x)\leqslant\alpha_2(\|x\|)$$

$$\frac{\partial V}{\partial t}+\frac{\partial V}{\partial x}f(x,t)\leqslant -W(x),\ \forall\ \|x\|\geqslant u>0$$

式中：α_1、α_2为κ类函数；$W(x)$是连续正定函数。

则对于任意初始状态$x(t_0)\in R^n$，存在有限时间$T\geqslant 0$，使得系统全局一致毕竟有界稳定，且其上界满足

$$\|x(t)\|\leqslant\alpha_1^{-1}(\alpha_2(u)),\ \forall t\geqslant t_0+T$$

下面利用引理5-1分析系统的稳定性。

与前类似，首先求误差系统方程。设采用系统辨识后各子系统产生的累积误差分别为Δ_1、Δ_2、Δ_3，对于子系统1，根据式(5-68a)，有

$$\dot{s}_1=\varphi_{12}x_2+T_1(t)-\dot{y}_d=\hat{\varphi}_{12}x_2+\hat{T}_1(t)-\dot{y}_d+\Delta_1 \tag{5-90}$$

代入式(5-89a)，可得

$$\dot{s}_1=-k_1s_1+\hat{\varphi}_{12}s_2+\Delta_1 \tag{5-91}$$

依此类推，可得滑模面矩阵方程（误差系统方程）为

$$\begin{bmatrix}\dot{s}_1\\ \dot{s}_2\\ \dot{s}_3\end{bmatrix}=\begin{bmatrix}-k_1 & \hat{\varphi}_{12} & 0\\ 0 & -k_2 & 1\\ 0 & 0 & -k_3\end{bmatrix}\begin{bmatrix}s_1\\ s_2\\ s_3\end{bmatrix}+\begin{bmatrix}\Delta_1\\ \Delta_2\\ \Delta_3\end{bmatrix} \tag{5-92}$$

根据4.4.2节误差分析方法，可设$\|\Delta\|_2\leqslant D$。

仍取式(5-79)作为式(5-92)的备选李雅普诺夫函数，可得到

$$\frac{1}{2}\|\boldsymbol{S}\|_2^2\leqslant V(\boldsymbol{S})\leqslant\frac{1}{2}\|\boldsymbol{S}\|_2^2$$

$$\begin{aligned}\frac{\partial V}{\partial t}+\frac{\partial V}{\partial \boldsymbol{S}}f(\boldsymbol{S},t)&=0+s_1(-k_1s_1+\hat{\varphi}_{12}s_2+\Delta_1)+s_2(-k_2s_2+s_3+\Delta_2)+s_3(-k_3s_3+\Delta_3)\\&=-\boldsymbol{S}^{\mathrm{T}}Q\boldsymbol{S}+\Delta_1 s_1+\Delta_2 s_2+\Delta_3 s_3\\&\leqslant-\lambda_{min}(\boldsymbol{Q})\|\boldsymbol{S}\|_2^2+D\cdot\|\boldsymbol{S}\|_2\end{aligned}$$

式中

$$Q=\begin{bmatrix} k_1 & -\hat{\varphi}_{12}/2 & 0 \\ -\hat{\varphi}_{12}/2 & k_2 & -1/2 \\ 0 & -1/2 & k_3 \end{bmatrix}$$

与前类似，可以证明 $\boldsymbol{Q}$ 为正定矩阵的一个充分条件是 k_1、k_2、k_3 为正常数，且

$$4k_1k_2k_3 > k_1+\hat{\varphi}_{12}^2k_3 \tag{5-93}$$

当 Q 正定，且

$$\|\boldsymbol{S}\|_2 \geqslant u=\frac{D}{\theta\cdot\lambda_{\min}(\boldsymbol{Q})}$$

时，有

$$\frac{\partial V}{\partial t}+\frac{\partial V}{\partial \boldsymbol{S}}f(\boldsymbol{S},t)\leqslant-(1-\theta)\lambda_{\min}(\boldsymbol{Q})\|\boldsymbol{S}\|_2^2, 0<\theta<1 \tag{5-94}$$

则根据引理5-1可得：存在有限时间 $T\geqslant 0$，使

$$\|\boldsymbol{S}(t)\|_2\leqslant\frac{D}{\theta\cdot\lambda_{\min}(\boldsymbol{Q})}, \forall t\geqslant t_0+T \tag{5-95}$$

由此可得系统的稳定性结论：

定理5-2　对于含未知扰动和参数系统（式（5-68）），当系统辨识误差有上界，且满足 $\|\Delta\|_2\leqslant D$ 时，设计基于系统辨识的串联滑模控制器（式（5-89）），且选择参数满足式（5-93）时，系统全局一致毕竟有界稳定，且其误差上界满足式（5-95）。

由式（5-95）可知，系统的误差上界与辨识误差 D 以及 $\lambda_{\min}(\boldsymbol{Q})$ 有关。进一步，可以求得矩阵 $\boldsymbol{Q}$ 的特征多项式为

$$\lambda^3-(k_1+k_2+k_3)\lambda^2+(k_1k_2+k_1k_3+k_2k_3-1/4-\hat{\varphi}_{12}^2/4)\lambda-k_1k_2k_3+k_1/4-k_3\hat{\varphi}_{12}^2/4=0$$

由此可知：

（1）$\|S(t)\|_2$ 最终上界的大小与参数 k_1、k_2、k_3 有关，即参数 k_1、k_2、k_3 的选取会影响系统的抗扰性能。因此，在控制器设计时需要综合滑模动态特性、收敛速度和抗扰性能等因素对参数 k_1、k_2、k_3 进行优化调整，其具体优化方法在第7章论述。

（2）系统辨识误差 $\Delta_i(i=1,2,3)$ 影响系统的跟踪性能。当其上界 D 较小时，可通过调整各滑模面增益 k_1、k_2、k_3 抑制其影响。但是从理论上，当 D 不太小时仅靠调整增益效果有限，需要进一步研究抑制辨识误差影响的方法。

5.3.4　针对辨识误差的鲁棒串联滑模控制

为提高控制器的鲁棒性，抑制系统辨识误差 $\Delta_i(i=1,2,3)$ 的影响，在串联

滑模控制律(式(5-89))中加入非线性项 $D_i h(s_i)$ $(i=1,2,3)$,得到鲁棒串联滑模控制器:

$$\begin{cases} x_{2d}=(-\hat{T}_1(t)+\dot{y}_d-k_1s_1-D_1h(s_1))/\hat{\varphi}_{12} & (5-96a)\\ x_{3d}=\hat{x}_{11}-\hat{T}_2(t)+\dot{x}_{2d}-k_2s_2-D_2h(s_2) & (5-96b)\\ u_c=(\hat{\varphi}_{32}\hat{x}_2+\hat{\varphi}_{33}\hat{x}_{31}-\hat{T}_3(t)+\dot{x}_{3d}-k_3s_3-D_3h(s_3))/\hat{\varphi}_u & (5-96c)\end{cases}$$

式中:D_1、D_2、D_3 分别为误差 Δ_1、Δ_2、Δ_3 的上界,为正常数。

需要说明的是,在串联滑模控制方法中,各虚拟控制量必须是连续可导的,因此要求 $h(s_i)$ $(i=1,2,3)$ 必须连续可导。下面通过系统的稳定性分析求解 $h(s_i)$ $(i=1,2,3)$。

与前节分析类似,首先求误差系统方程。

将式(5-96)代入式(5-68),可得

$$\begin{bmatrix}\dot{s}_1\\ \dot{s}_2\\ \dot{s}_3\end{bmatrix}=\begin{bmatrix}-k_1 & \hat{\varphi}_{12} & 0\\ 0 & -k_2 & 1\\ 0 & 0 & -k_3\end{bmatrix}\begin{bmatrix}s_1\\ s_2\\ s_3\end{bmatrix}+\begin{bmatrix}\Delta_1-D_1h(s_1)\\ \Delta_2-D_2h(s_2)\\ \Delta_3-D_3h(s_3)\end{bmatrix} \tag{5-97}$$

仍取式(5-79)作为备选李雅普诺夫函数,沿式(5-97)求导,可得

$$\begin{aligned}\dot{V}(S)&=s_1(-k_1s_1+\hat{\varphi}_{12}s_2+\Delta_1-D_1h(s_1))+\\&\quad s_2(-k_2s_2+s_3+\Delta_2-D_2h(s_2))+s_3(-k_3s_3+\Delta_3-D_3h(s_3))\\&=-\boldsymbol{S}^{\mathrm{T}}\boldsymbol{QS}+(\Delta_1-D_1h(s_1))s_1+(\Delta_2-D_2h(s_2))s_2+(\Delta_3-D_3h(s_3))s_3\\&\leqslant-\lambda_{\min}(\boldsymbol{Q})\|\boldsymbol{S}\|_2^2+(\Delta_1-D_1h(s_1))s_1+(\Delta_2-D_2h(s_2))s_2+\\&\quad(\Delta_3-D_3h(s_3))s_3\end{aligned} \tag{5-98}$$

由此可知,$\dot{V}(\boldsymbol{S})\leqslant 0$ 的充分条件是

$$\begin{cases}(\Delta_1-D_1h(s_1))s_1\leqslant\lambda_{\min}(\boldsymbol{Q})\cdot s_1^2\\ (\Delta_2-D_2h(s_2))s_2\leqslant\lambda_{\min}(\boldsymbol{Q})\cdot s_2^2\\ (\Delta_3-D_3h(s_3))s_3\leqslant\lambda_{\min}(\boldsymbol{Q})\cdot s_3^2\end{cases} \tag{5-99}$$

成立。

求解式(5-99),可得

$$\begin{cases}s_1h(s_1)\geqslant\dfrac{\Delta_1}{D_1}s_1-\dfrac{\lambda_{\min}(\boldsymbol{Q})}{D_1}s_1^2\\ s_2h(s_2)\geqslant\dfrac{\Delta_2}{D_2}s_2-\dfrac{\lambda_{\min}(\boldsymbol{Q})}{D_2}s_2^2\\ s_3h(s_3)\geqslant\dfrac{\Delta_3}{D_3}s_3-\dfrac{\lambda_{\min}(\boldsymbol{Q})}{D_3}s_3^2\end{cases} \tag{5-100}$$

考虑 D_1、D_2、D_3 分别为误差 Δ_1、Δ_2、Δ_3 的上界,因此,当选取 $h(s_i)$ $(i=1,2,$

3）满足

$$s_i h(s_i) \geqslant |s_i| - \frac{\lambda_{\min}(\boldsymbol{Q})}{D_i} s_i^2, i = 1,2,3 \tag{5-101}$$

时，$\dot{V}(S) \leqslant 0$。

综上分析，可得：

定理 5-3　对于含未知扰动和参数的系统（式（5-68）），当系统辨识误差有上界时，设计基于系统辨识的鲁棒串联滑模控制器（式（5-96）），控制参数满足式（5-93），且非线性项满足式（5-101）时，系统全局一致渐进稳定，且跟踪误差趋近于 0。

容易证明：选取

$$h(s_i) = \mathrm{sgn}(s_i), i = 1,2,3 \tag{5-102}$$

能够使得非线性项满足式（5-101），保证系统全局一致渐进稳定。但是，串联滑模控制器要求 $h(s_i)(i=1,2,3)$ 必须连续可导，为此，借鉴准滑模面控制思想，将其选取为

$$h(s_i) = \frac{s_i}{\sqrt{s_i^2 + \delta}}, i = 1,2,3 \tag{5-103}$$

式中：δ 为任意小的正常数。

至此，鲁棒串联滑模控制器设计完毕。

从上述分析过程可知，增加非线性项使系统由一致毕竟有界稳定增强为全局渐近稳定，保证了控制器设计在理论上的完备性。但是，非线性项的设计会增加控制器的复杂程度，且其中的参数（如 D_i 等）选取往往较为困难。因此，在工程实践中，当系统辨识器具有良好的跟踪能力，辨识精度较高时，可不加入非线性项，而直接利用滑模控制项本身的鲁棒性，并通过调整优化控制参数来抑制辨识误差影响。

5.4　武器稳定系统多模态一体化控制技术

5.4.1　多模态控制问题的引出

前面分析炮控系统是将其作为一个独立的系统进行的，1.1 节已经指出，在实际装备中，炮控系统是坦克火力控制主线的重要组成部分，除了系统独立控制武器稳定工作的情况（称为稳定工况）外，多数情况下是与火控系统协调工作的（称为稳像工况），此外还有降级作为电力传动系统使用的情况（称为电传工况），因此存在多种工作模式，这就引出了炮控系统的多模态控制问题。

1. 稳定工况

稳定工况是前述章节研究的主要工作模式，其结构如图 1-10 所示。为了

说明系统的整个瞄准过程，此处加入了炮长和瞄准镜等环节（图 5－10）。在稳定工况下，炮长通过瞄准镜观测目标，控制操纵台驱动火炮运动，瞄准镜和火炮铰链在一起也会随之运动，与火炮一起瞄准目标。此时炮控系统可看作是速度控制系统，系统给定为操纵台（其转动角度代表火炮的期望速度），并采用速度陀螺仪构成闭环控制结构。

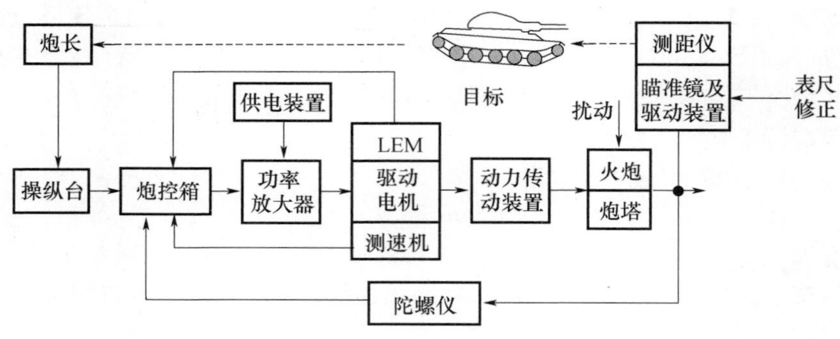

图 5－10　稳定工况系统结构

由于火炮/炮塔具有较大的转动惯量，其响应速度不会太快，且存在各种非线性因素的影响，在坦克行进过程中，瞄准镜中的图像往往会出现高频颤抖现象，制约了炮长搜索和跟踪目标的能力，因此多数情况下炮控系统都工作在稳像工况。

2. 稳像工况

稳像工况在炮控系统的前端增加了瞄准线稳定系统，即在瞄准镜中另外增加陀螺仪实现其独立稳定，而不再随动于火炮。由于瞄准镜的转动惯量小，非线性干扰少，因此可使瞄准线获得较高的稳定精度。炮长通过操纵台控制瞄准镜运动，使瞄准线始终对准目标，此时炮控系统不再直接受操纵台的控制，而是随动于瞄准线，其给定也不再是火炮期望速度，而是火控计算机通过射击诸元解算出的火炮射角（位置信号）。考虑位置陀螺仪的生产工艺和温漂等问题，系统位置反馈仍可采用速度陀螺仪辅以相应的硬件积分电路实现，此时炮控系统可认为是一个位置控制系统，其结构如图 5－11 所示。

3. 电传工况

为了提高系统可靠性，炮控系统还存在电传工况，降级作为电力传动系统使用，其结构如图 5－12 所示。此时，炮控系统仍受操纵台控制，但给定为电机转速信号（不再是火炮速度），且只采用测速装置构成电机调速系统的闭环控制，陀螺仪反馈电路被切断，因此系统不再具有稳定功能。但是由于该结构将齿隙、摩擦等非线性因素排除在控制闭环以外，可使低速运动情况下调速系统闭环控制具有较好的稳定性，因此这种结构还应用于某些炮控系统的低速跟踪段的控制中。

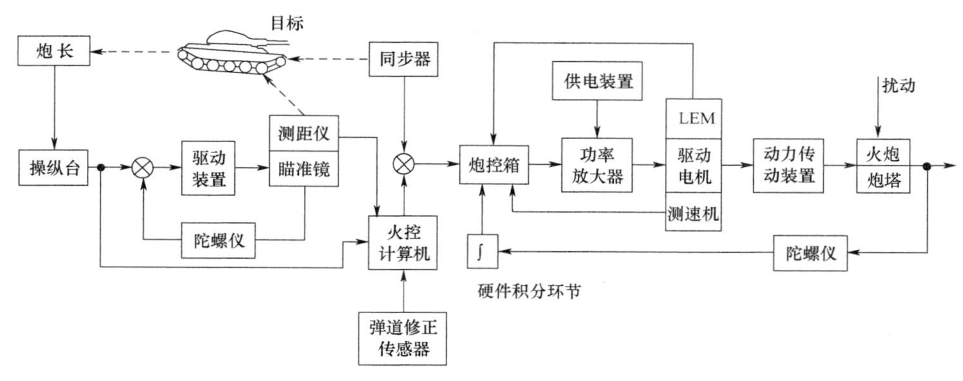

图5-11 稳像工况系统结构

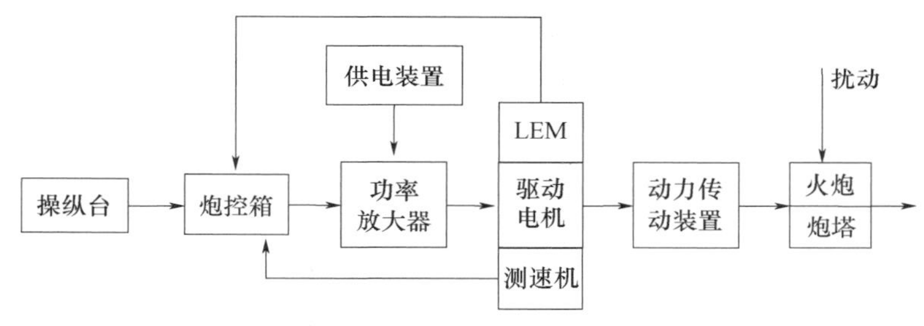

图5-12 电传工况系统结构

此外,炮控系统还有车长超越调炮、应急射击等其他工作模式,但其控制结构变化不大,本节不单独讨论。

5.4.2 基于切换给定的系统多模态串联滑模控制

由于上述三种工作模式期望给定、控制对象和系统结构等均不相同,因此,传统的炮控系统一般采用各模态控制器单独设计方式,即针对每种工况设计相应的控制器构成单独的控制板,如图5-13(a)所示。各控制器在工况开关控制下进行切换,实现系统的多模态控制。这样设计出的控制系统较为复杂,且每一种工况都需单独进行设计调试,工作量大、调试繁琐。

此外,由于各工况控制器的控制增益不同,导致工况转换时还存在切换抖动问题。如图5-13(b)为系统匀速跟踪过程的多模态切换控制试验,系统在t_1时刻由电传工况切换到稳定工况,t_2时刻再次转换到电传工况。图中曲线1为操纵台输出电压,曲线2为火炮的速度响应,由图可知,工况切换时系统出现较大的速度波动,且速度变化过程中还存在抖振问题。

针对传统设计方法存在的问题,与前述分析思路相似,也可将炮控系统分解为多级串联系统,参照图5-8,电传工况下控制对象可看作子系统3独立工作，陀螺仪反馈回路被切断，只采用测速装置构成电机调速系统的闭环控制；稳定工况在电传工况的基础上增加了子系统 2 和子系统 1，构成基于速度陀螺仪反馈的速度控制系统；稳像工况则在稳定工况基础上进一步增加了一个积分子系统，构成位置控制系统。

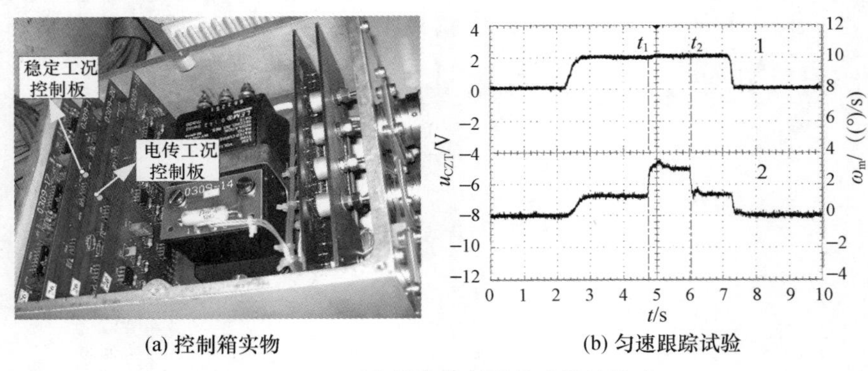

(a) 控制箱实物　　(b) 匀速跟踪试验

图 5－13　系统模态控制器单独设计模式

下面以鲁棒串联滑模控制器（式(5－96)）为基础，分析各种工作模式的控制器的设计方法。

1. 电传工况

此时闭环系统的控制对象为子系统 3，系统（式(5－68)）退化为

$$\begin{cases} \dot{x}_3 = -\varphi_{32}x_2 - \varphi_{33}x_3 + \varphi_u u_c + T_3(t) \\ y = x_3 \end{cases} \tag{5-104}$$

根据前面控制器设计方法，可设计出其鲁棒串联滑模控制律为

$$u_c = (\hat{\varphi}_{32}\hat{x}_2 + \hat{\varphi}_{33}\hat{x}_{31} - \hat{T}_3(t) + \dot{y}_d - k_3 s_3 - D_3 h(s_3))/\hat{\varphi}_u \tag{5-105}$$

式中：$s_3 = x_3 - y_d$。

对比式(5－96)可知，此时控制器（式(5－96a)和式(5－96b)）被旁路，系统给定直接作用于式(5－96c)。类似在控制器 3 前端增加了一个切换开关，当系统处于稳定工况时，控制器 3 的给定为串联滑模控制器 2 的输出 x_{3d}，电传工况时切换到操纵台给定 y_d。

2. 稳定工况

该工况下系统控制器为式(5－96)。

3. 稳像工况

该工况在稳定工况的基础上增加了积分子系统

$$\dot{x}_0 = x_1 \tag{5-106}$$

式中：$x_0 = \theta_m$。

则式(5－68)扩展为

$$\begin{cases}\dot{x}_0 = x_1 \\ \dot{x}_1 = \varphi_{12}x_2 + T_1(t) \\ \dot{x}_2 = -x_1 + x_3 + T_2(t) \\ \dot{x}_3 = -\varphi_{32}x_2 - \varphi_{33}x_3 + \varphi_u u_c + T_3(t) \\ y = x_0\end{cases} \tag{5-107}$$

与前类似,可设计出其鲁棒串联滑模控制器:

$$\begin{cases}x_{1d} = \dot{y}_d - k_0 s_0 - D_0 h(s_0) & (5-108a) \\ x_{2d} = (-\hat{T}_1(t) + \dot{x}_{1d} - k_1 s_1 - D_1 h(s_1))/\hat{\varphi}_{12} & (5-108b) \\ x_{3d} = \hat{x}_{11} - \hat{T}_2(t) + \dot{x}_{2d} - k_2 s_2 - D_2 h(s_2) & (5-108c) \\ u_c = (\hat{\varphi}_{32}\hat{x}_2 + \hat{\varphi}_{33}\hat{x}_{31} - \hat{T}_3(t) + \dot{x}_{3d} - k_3 s_3 - D_3 h(s_3))/\hat{\varphi}_u & (5-108d)\end{cases}$$

式中:$s_0 = x_0 - y_d$;$s_1 = x_1 - x_{1d}$;$s_2 = x_2 - x_{2d}$;$s_3 = x_3 - x_{3d}$。

对比(5-96)可知,此时控制器(式(5-108b))的输入不再是操纵台给定 y_d,而是积分子系统控制器的输出 x_{1d},类似于在控制器 1 前端增加了一个切换开关,当系统处于稳定工况时,控制器 1 的给定操纵台给定 y_d,稳像工况时为积分子系统控制器的输出 x_{1d}。

上述分析表明,可以通过改变各串联滑模控制器的期望给定实现各串联控制器的增减,从而实现系统工作模式的自动切换。

综合式(5-96)、式(5-105)、式(5-108),可得系统多模态串联滑模控制器:

$$\begin{cases}x_{1d} = \dot{y}_d - k_0 s_0 - D_0 h(s_0) & (5-109a) \\ x_{2d} = (-\hat{T}_1(t) + \dot{v}_1 - k_1 s_1 - D_1 h(s_1))/\hat{\varphi}_{12} & (5-109b) \\ x_{3d} = \hat{x}_{11} - \hat{T}_2(t) + \dot{x}_{2d} - k_2 s_2 - D_2 h(s_2) & (5-109c) \\ u_c = (\hat{\varphi}_{32}\hat{x}_2 + \hat{\varphi}_{33}\hat{x}_{31} - \hat{T}_3(t) + \dot{v}_3 - k_3 s_3 - D_3 h(s_3))/\hat{\varphi}_u & (5-109d)\end{cases}$$

式中

$$v_1 = \begin{cases}x_{1d}, \text{稳像工况} \\ y_d, \text{其他}\end{cases}, v_3 = \begin{cases}y_d, \text{电传工况} \\ x_{3d}, \text{其他}\end{cases}$$

$$s_0 = x_0 - y_d, s_1 = x_1 - v_1, s_2 = x_2 - x_{2d}, s_3 = x_3 - v_3$$

工程设计时,可令 $D_i = 0\ (i = 0, 1, \cdots, 3)$,去掉鲁棒控制项,简化控制器设计。

根据式(5-109),可得炮控系统多模态串联滑模控制结构如图 5-14 所示。

图 5-14 中,控制器存在两个切换开关,根据工作模式的变化,通过切换开关改变各串联滑模控制器的期望给定实现各串联控制器的增减,从而实现

系统工作模式的自动切换。这种方法实现了采用一个控制器对系统多种模态的控制,有效地克服了传统炮控系统结构复杂和工程调试繁琐等问题。此外,采用前述系统稳定性分析方法可以证明,当选取合适的参数使系统稳定时,增减串联控制器不会影响稳定性,因此该方法还具有可扩展性强、移植性好等特点。

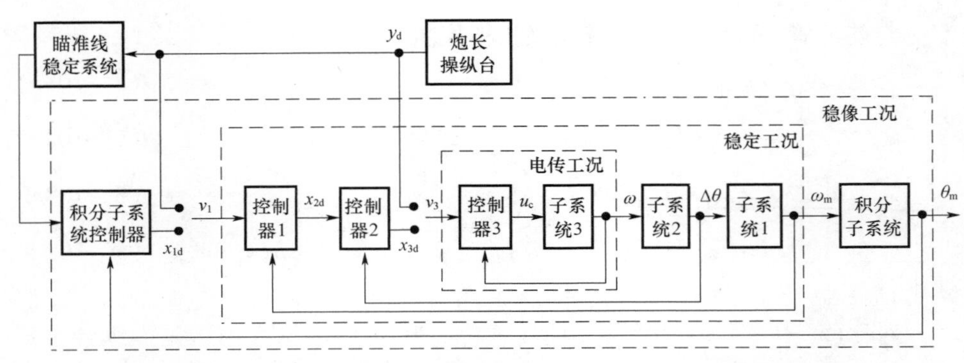

图5-14　基于切换给定的炮控系统多模态串联滑模控制结构

注:为了表述简洁,图中未画出系统辨识器结构。

5.4.3　应用实例分析

1. 正弦跟踪试验

取输入信号 $\omega_d = 10\sin(2t)$((°)/s),齿隙宽度 $2\alpha = 0.1°$,摩擦力矩为 Stribeck 模型,最大静摩擦力矩为1800N·m,转动惯量 J_m 摄动量为10%,观测噪声为幅值小于0.2(°)/s 的白噪声,分别采用 PID 控制和串联滑模控制进行对比仿真。图5-15为采用 PID 控制时系统正弦跟踪过程中的内部变量曲线,对比第3章中开环控制试验结果可知,PID 控制能够在一定程度上抑制齿隙、摩擦非线性的影响,但是仍存在 t_3 时刻的过零驱动死区和 t_1 到 t_2 时刻的换向驱动延时。此外,还存在较大的跟踪误差,且随着参数 J_m 的变化,跟踪误差不断变大。

仿真试验时曾采用增大 PID 控制增益的方法提高系统的动态跟踪能力,减小跟踪误差,但由于齿隙等非线性的影响,控制增益提高时,系统换向冲击会变得更为严重,因此在工程实践中往往需要降低开环放大倍数,牺牲响应频带,来换取系统稳定性,从而造成了系统动态响应慢,跟踪性能差等问题。

图5-16为采用基于本章控制方法时系统内部变量曲线,其中图5-16(c)、(d)为根据系统辨识器辨识结果 $\hat{T}_1$、$\hat{T}_3$ 折算得到的摩擦力矩和齿隙等效力矩估计值,对比图5-15(c)、(d)可知,辨识器具有良好的跟踪能力,能够实现对扰动的实时跟踪估计。图5-16(a)、(b)为采用本章控制方法时电机和火炮

速度正弦跟踪曲线。在齿隙运动阶段,电机速度和火炮速度曲线基本没有出现畸变现象,且齿隙结束时冲击较小(图 5-16(d))。此外,换向过程中速度较平稳,驱动死区小,且整个过程跟踪精度高。

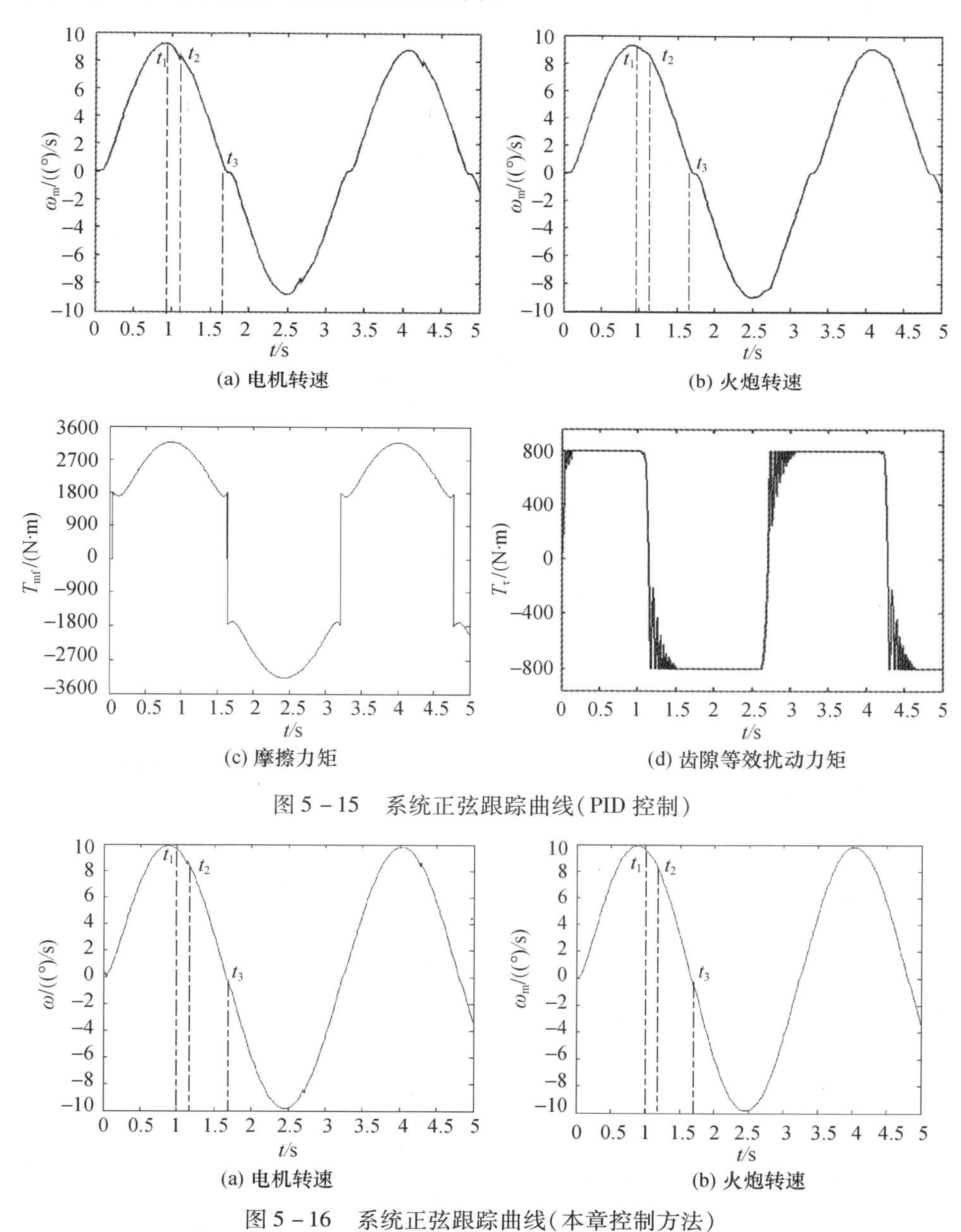

(a) 电机转速　(b) 火炮转速

(c) 摩擦力矩　(d) 齿隙等效扰动力矩

图 5-15　系统正弦跟踪曲线(PID 控制)

(a) 电机转速　(b) 火炮转速

图 5-16　系统正弦跟踪曲线(本章控制方法)

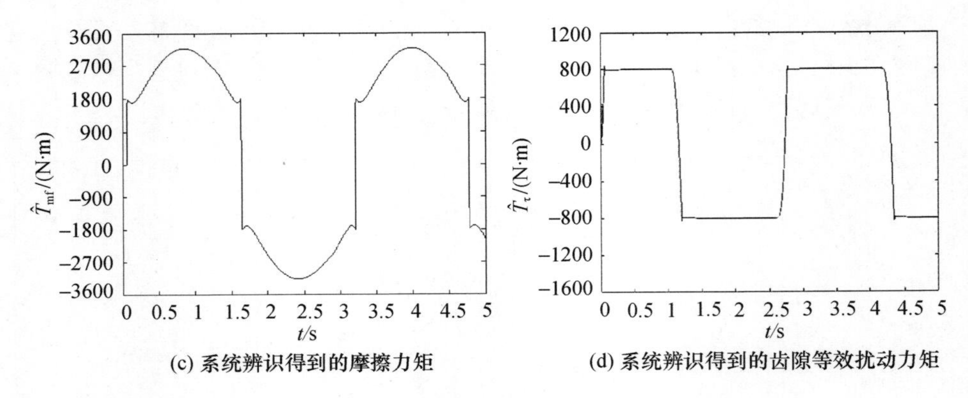

(c) 系统辨识得到的摩擦力矩　　(d) 系统辨识得到的齿隙等效扰动力矩

图 5－16　系统正弦跟踪曲线(本章控制方法)(续)

为进一步验证控制性能,分别施加正弦给定 $\omega_d=4\sin(2\pi t)$ ((°)/s) 和 $\omega_d=3\sin(\pi t/4)$ ((°)/s) 进行实车实验,其系统响应曲线分别如图 5－17(a)、(b)所示,其中曲线 1 为电机转速,曲线 2 为炮塔速度。试验表明,本章控制器能够很好地抑制齿圈间隙和摩擦力矩等非线性因素的影响,有效改善系统跟踪性能。

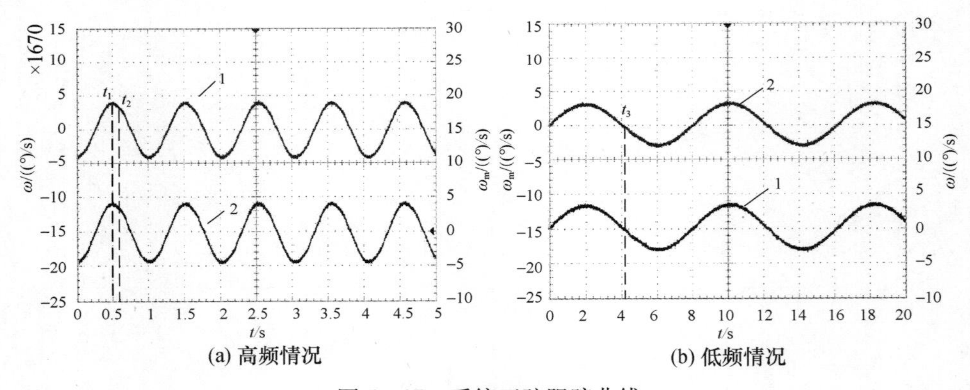

(a) 高频情况　　(b) 低频情况

图 5－17　系统正弦跟踪曲线

2. 低速跟踪与高速调炮试验

取给定信号 $\omega_d=0.02$ (°)/s,系统其他参数与前相同,采用本章控制方法进行仿真。图 5－18(a)为控制变量曲线,本章所设计的串联滑模控制器有效地克服的 PID 控制积分项产生的控制量“波动”现象,图 5－18(b)为低速跟踪过程中火炮的速度曲线,仿真表明,系统低速跟踪过程速度平稳,未出现速度曲线“爬行”现象。

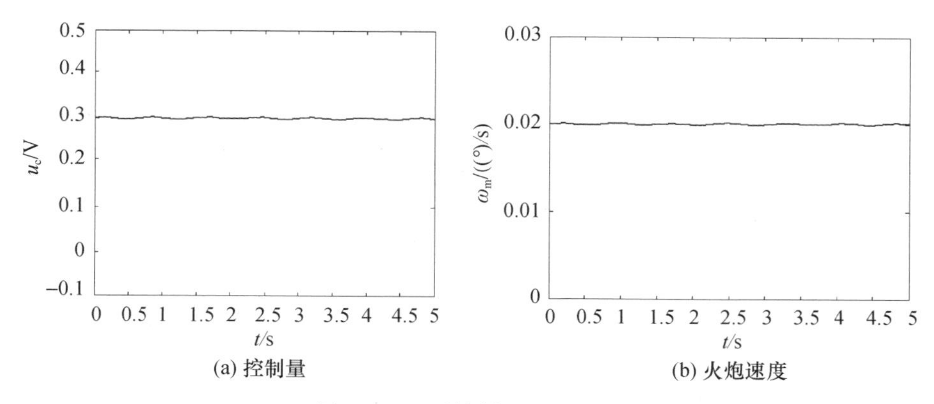

(a) 控制量 (b) 火炮速度

图 5－18 系统低速运动曲线

图 5－19(a)为系统低速运动的实车试验曲线,其中曲线 1 为系统速度给定,曲线 2 为炮塔速度响应。试验表明,系统低速运行平稳,可为提高系统对远程目标的精确打击能力提供技术支撑。图 5－19(b)为系统高速调炮试验曲线,其中曲线 1 为系统速度给定,曲线 2 为炮塔速度响应。由图可知,系统 30(°)/s 调炮时上升时间约为 1.2s,且响应过程基本没有出现超调,调炮过程中速度曲线平稳。

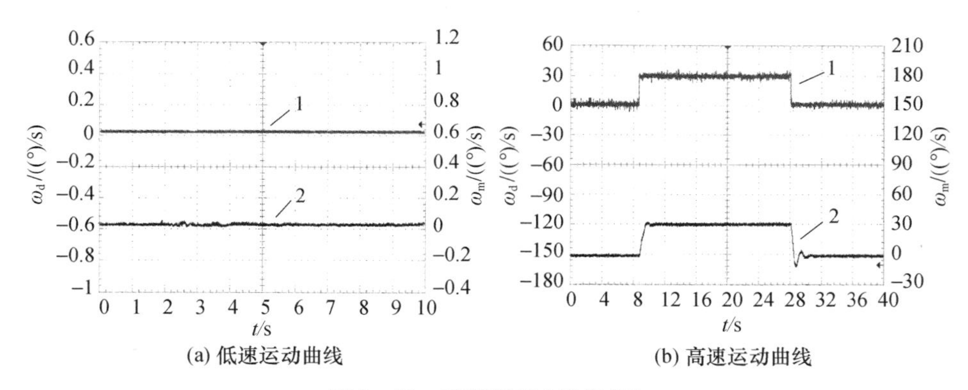

(a) 低速运动曲线 (b) 高速运动曲线

图 5－19 系统低速/高速试验

3. 稳态抗扰试验

图 5－20 为炮控系统在受到车体振动时的稳定状态曲线。由图 5－20(b)可知,稳定状态下,系统能够及时产生反向力矩,抑制车体扰动的影响。图 5－20(a)中的火炮速度受到的扰动较小,且恢复时间短,表明系统具有良好的扰动抑制能力,能够克服“牵移”现象的发生。

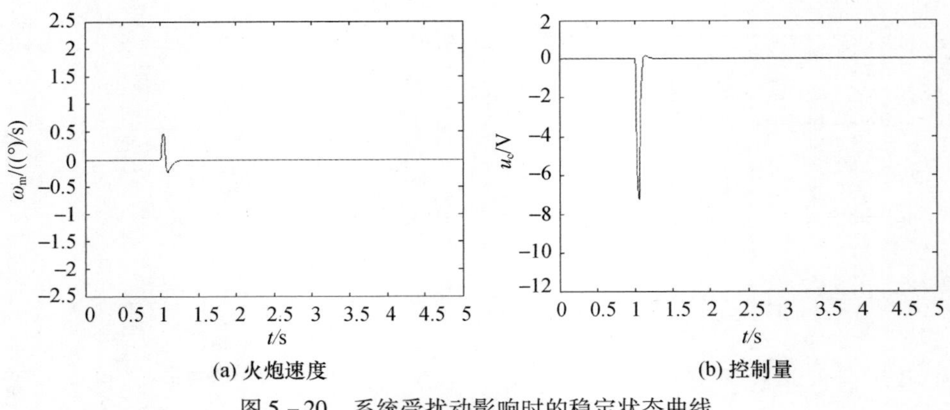

(a) 火炮速度　　(b) 控制量

图 5-20　系统受扰动影响时的稳定状态曲线

4. 多模态控制试验

对控制器的多模态切换控制性能进行分析,图 5-21 为系统由电传工况向稳定工况切换时电机和火炮速度的仿真曲线。在 0 ~ 3s 阶段内系统采用电传工况,此时由于控制器((式 5-96a)和(式 5-96b))被旁路,因此难以完全补偿齿隙、摩擦等非线性因素的影响,速度曲线还存在一定的换向冲击和过零死区,系统在 $t_1 = 3s$ 时切换到稳定工况,切换后由于控制器((式 5-96a)和(式 5-96b))工作,很好地抑制了非线性因素影响,速度曲线没有出现畸变现象。

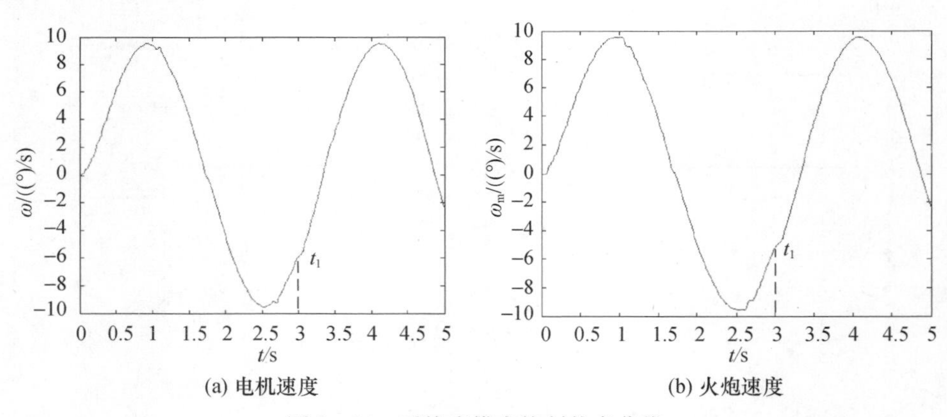

(a) 电机速度　　(b) 火炮速度

图 5-21　系统多模态控制状态曲线

图 5-22(a)为系统匀速跟踪过程中模态切换控制的实车试验曲线,初始时刻系统处于电传工况,t_1 时刻切换到稳定工况,t_2 时刻再转换到电传工况,系统工况切换过程平稳,速度波动小。图 5-22(b)为系统正弦跟踪过程中模态切换的实车试验曲线,其中曲线 1 为电机转速,曲线 2 为炮塔速度响应,t_1 时刻系统由电

传工况切换到稳定工况,串联滑模控制器开始工作,系统有效克服电传工况时的速度过零死区,且工况切换过程速度变化平稳。试验表明,采用串联滑模控制方法能够实现系统的多模态控制,有效地简化了炮控系统控制器设计的复杂程度。

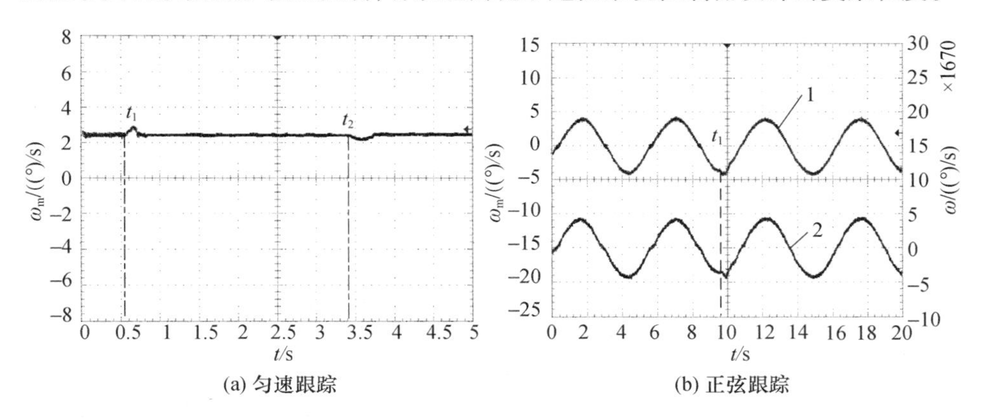

(a) 匀速跟踪　　(b) 正弦跟踪

图 5-22　多模态切换控制试验

参考文献

[1] 杜仁慧,吴益飞,陈威,等. 考虑齿隙伺服系统的反步自适应模糊控制[J]. 控制理论与应用,2013,30(2):254-260.

[2] Mezouki R, Davila J A, Fridman L. Backlash phenomenon observation and identification in electromechanical systems [J]. Control Engineering Practice, 2007, 15(4): 447-457.

[3] 李兵强,陈晓雷,林辉,等. 机电伺服系统齿隙补偿及终端滑模控制[J]. 电工技术学报,2016,31(9):162-168.

[4] Feng Y, Han F L, Yu X H. Chattering free full-order sliding-mode control[J]. Automatica, 2014, 50(4): 1310-1314.

[5] 黄进. 含摩擦环节伺服系统的分析及控制补偿研究[D]. 西安:西安电子科技大学,1998.

[6] Canudas C, et al. A New Model for Control of Systems with Friction[J]. IEEE Trans. on AC, 1995, 40(3): 419-425.

[7] 冯亮,马晓军,王冬,等. 坦克炮控伺服系统的模糊滑模变结构控制[J]. 电气传动,2007. 37(11): 46-49.

[8] 胡云安,晋玉强,李海燕. 非线性系统鲁棒自适应反演控制[M]. 北京:电子工业出版社,2010.

[9] Liu J K, Sun F C. Nominal Model-based Sliding Mode Control with Back-stepping for 3-Axis Flight Table[J]. Chinese Journal of Aeronautics, 2006, 19(1): 65-71.

[10] Drid S, Tadjine M, Nayt-Said M S. Robust Backstepping Vector Control for the Doubly Fed Induction Motor [J]. Control Theory Applications, 2007, 1(4): 861-868.

[11] Ge S S, Wang C, Lee T H. Adaptive Backstepping Control of a Class of Chaotic systems [J]. Int. J. Bifurcation and Chaos, 2000, 10(5): 1149-1156.

[12] Benaskeur A R, Desbiens A. Backstepping-based Adaptive PID[J]. IEEE Proc-Control Theory Appl,

2002,149(1):54 - 59.

[13] Xu S Y, Chen T W. Robust H_∞ Control for Uncertain Discrete - time Stochastic Bilinear Systems with Markovian Switching[J]. Int J of Robust control, 2005, l5(5):201 - 217.

[14] 梅生伟,申铁龙,刘康志. 现代鲁棒控制理论与应用[M]. 北京:清华大学出版社,2007.

[15] Jason J G, Kathryn W J, et a1. A Simplified Adaptive Robust Backstepping Approach Using Sliding Modes and a Z - swapping Identifier[C]. Proceedings of the American Control Conference, Denver, 2003.

[16] Lin F J, Chiu S L, Shyu K K. Novel Sliding Mode Controller for Synchronous Motor Drive[J]. IEEE Trans on Aerospace and Electronic Systems, 1998, 34(2):532 - 542.

[17] 刘金琨,孙富春. 滑模变结构控制理论及算法研究进展[J]. 控制理论与应用,2007,24(6): 407 - 418.

[18] 刘金琨. 滑模变结构控制 MATLAB 仿真[M]. 北京:清华大学出版社,2012.

[19] [法]Landau I D. 自适应控制——模型参考方法[M]. 吴百凡,译. 北京:国防工业出版社,1985.

[20] 周东华. 非线性系统的自适应导论[M]. 北京:清华大学出版社(联合:施普林格出版社),2004.

[21] Rohrs C, Valavani L, Athans M. Convergence Study of Adaptive Control Algorithms, Part Ⅰ: Analysis[C]. Proc. Of IEEE Conference on Decision and Control. Albuquerque, New Mexico. 1980: 1138 - 1141.

[22] 赵永胜. 模糊滑模控制及其在机电系统中的应用[D]. 武汉,华中科技大学,2007.

[23] Yang Jong - Min, Kim Jong - Hwan. Sliding Mode Control for Trajectory Tracking of Nonholonomic Wheeled Mobile Robots[J]. IEEE Transactions on Robotics and Automation, 1999, 15(3):578 - 587.

[24] 侯俊钦,杨一军,陈得宝,等. 基于蚁群方法的机器人滑模跟踪控制器设计[J]. 计算机仿真,2009, 26(11):161 - 165.

[25] Liang H, To C K, Soo N T, et al. Vehicle Longitudinal Brake Control Using Variable Parameter Sliding Control[J]. Control Engineering Practice, 2003, 11(4):4003 - 411.

[26] 管成,朱善安. 电液伺服系统的多滑模鲁棒自适应控制[J]. 控制理论与应用,2005,22(6): 931 - 938.

[27] 管成. 非线性系统的滑模自适应控制及其在电液控制系统的应用[D]. 杭州:浙江大学,2005.

[28] 段广仁. 线性系统理论[M]. 哈尔滨:哈尔滨工业大学出版社,2004.

[29] Patel R V, Toda M. Qualitative Measures of Robustness for Multivariable Systems[C]. Joint Automatic Control Conference, number TP8 - A, 1980.

[30] [美]Khalil H K. 非线性系统[M]. 朱义胜,董辉,李作洲,等译. 北京:电子工业出版社,2005.

[31] [意]Isidori A. 非线性控制系统[M]. 王奔,庄圣贤,译. 北京:电子工业出版社,2005.

[32] [意]Marino R, Tomei P. 非线性系统设计——微分几何、自适应及鲁棒控制[M]. 姚郁,贺凤华,译. 北京:电子工业出版社,2006.

第6章　无间隙传动武器稳定系统及其高精度控制

由前分析可知，传动间隙是影响武器稳定系统性能的重要因素，且其存在使得系统模型呈现出高阶强非线性特性，很大程度上增加了控制难度。为此本章探讨一种无间隙传动武器稳定系统的结构及其抗扰控制策略，同时对其他应用中的高精度传动技术进行简要介绍。

6.1　无间隙传动武器稳定系统结构与设计

6.1.1　系统总体结构

通过前述分析可以发现，传动间隙是由于传统武器稳定系统中驱动电机转速比较高，需要采用由多级齿轮组成的机械减速传动装置将其速度降到驱动武器所需要的速度而导致的。因此，如果直接用低速大扭矩电机驱动武器运动，就可以取消减速装置，从而避免齿隙的影响。基于这种想法可构建一种基于直接传动的新型无间隙传动武器稳定系统结构。以坦克炮控系统为例，在水平向分系统采用与炮塔座圈结构相似的大直径、多极对数空心电机，电机定子与车体固定，空心转子与炮塔固定，直接驱动炮塔运动，从而取消以往系统中的动力传动机构。这种大直径多极对数电机通常又称为座圈电机，其结构如图6-1所示。座圈电机替代了原结构中驱动电机、动力传动装置和座圈的功能（如图中虚线框所示）。

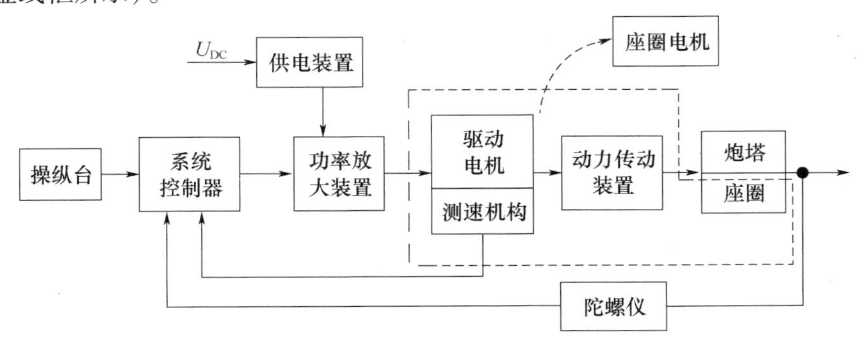

图6-1　无间隙传动武器稳定系统结构

与之类似的，高低向分系统可采用直线电机直接驱动火炮运动，座圈电机和直线电机一般选用永磁同步电机，采用“永磁同步电机+逆变器+SVPWM控制”驱动结构。

这种无间隙传动武器稳定系统由于取消了动力传动装置，可有效地避免齿隙等非线性因素的影响，使得传动精度有效提高。从系统控制的角度来看，这种结构还可使得系统数学模型阶次和非线性特性降低，从而简化控制器设计的难度。但与此同时，由于失去了动力传动装置的减速作用，座圈电机和直线电机的低速运行的平稳性，较之传统系统的驱动电机要求苛刻程度大大增加，这也是该类特种电机设计及其驱动控制中需要重点解决的关键问题。为此，本节首先对这两个问题进行分析，在此基础上再开展系统的高精度控制策略研究。

6.1.2 特种电机的设计

限于篇幅，本节以座圈电机设计为例进行分析，直线电机的设计可参考相关文献，此处不再赘述。座圈电机装配如图6-2所示，为了支撑炮塔质量，定子与转子之间装有同轴推力轴承，定子和转子通过固定栓连接在车体和炮塔上。

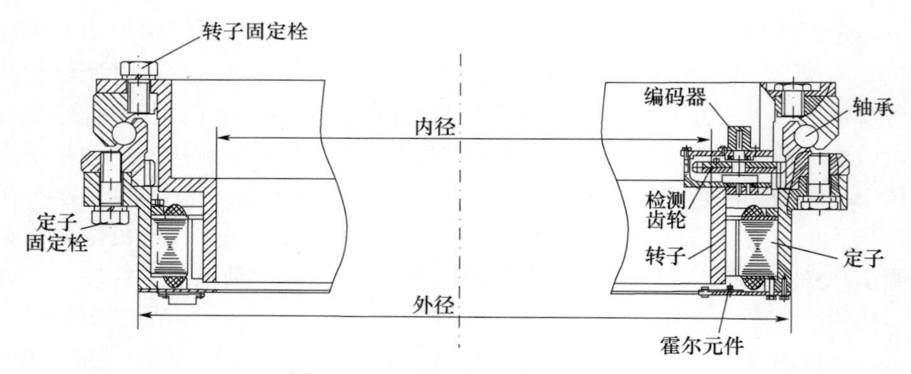

图6-2 座圈电机与轴承装配图

如前所述，如何减小电机的低速转矩脉动是座圈电机电磁设计的重点。此外，座圈电机直径大，且采用空心结构，电机运行过程中受应力作用，定子和转子连接部件都会产生变形，同时由于加工和安装的误差，定子和转子可能不同心，使气隙磁场中的磁密不相等产生单边磁拉力，单边磁拉力作用在定子和转子铁芯上，也会使其发生变形，因此在结构设计时，电机定子、转子及其连接部件的刚度和强度也是需要重点考虑的问题，下面对其进行重点分析。

1. 电磁设计

极槽配合不同对电机转矩波动的影响也各不相同，所以极槽配合是电机电磁设计时的一项重要工作。针对座圈电机尺寸要求，选取单元电机为8极9槽和22极24槽的两种典型极槽配合模式进行对比分析，采用ANSOFT软件建模可得其一个单元电机的空载气隙磁场波形和齿槽转矩波形如图6－3所示。图6－3(a)、(b)为二者的空载气隙磁场波形，对其进行傅里叶分析可以求得，208极234槽永磁电机的谐波正弦性畸变率为0.1505，198极216槽永磁电机谐波正弦性畸变率0.1555。因此，在槽口宽度、永磁体厚度、气隙长度、计算极弧因数等条件相同的情况下，前者气隙磁密波形正弦性要优于后者。图6－3(c)、(d)为齿槽转矩波形，由图可知，208极234槽永磁同步电机齿槽转矩的波动范围为－150～125N·m，而198极216槽永磁同步电机齿槽转矩的波动范围为－210～280N·m，前者齿槽转矩波动也明显低于后者，故设计时采用208极234槽(即8极9槽)配合模式。

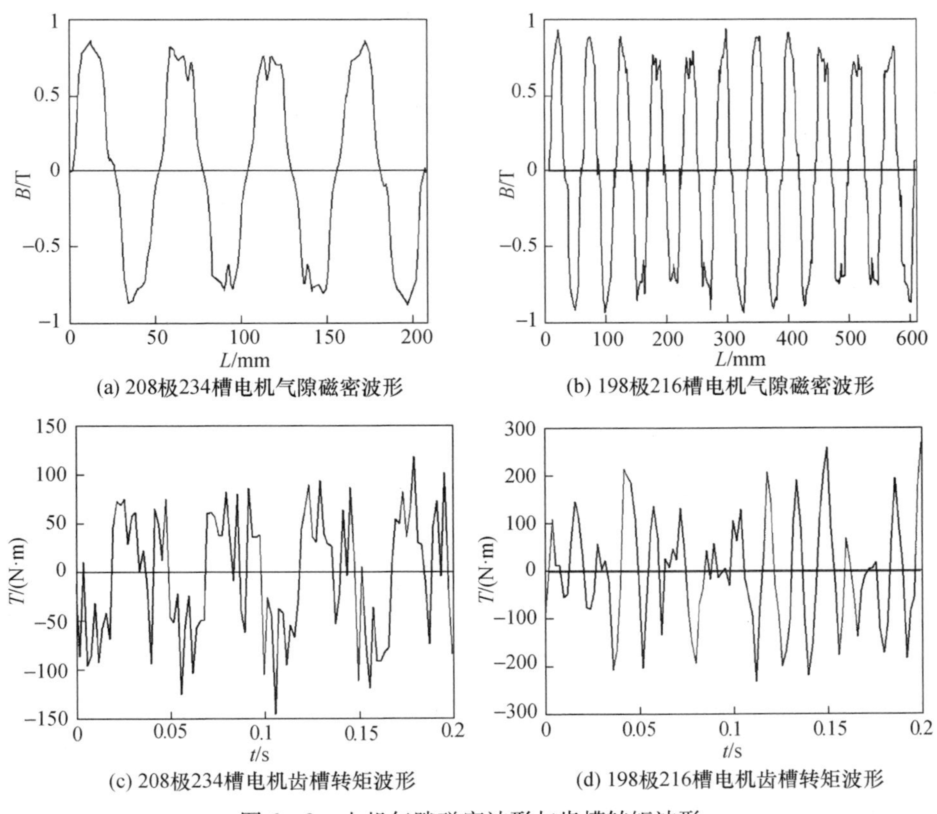

(a) 208极234槽电机气隙磁密波形　(b) 198极216槽电机气隙磁密波形

(c) 208极234槽电机齿槽转矩波形　(d) 198极216槽电机齿槽转矩波形

图6－3　电机气隙磁密波形与齿槽转矩波形

2. 结构设计

与上类似，仍以多方案对比方法对电机结构设计进行分析，即选取定子连接件的不同厚度采用ANSYS进行对比仿真。限于篇幅，此处仅给出了5900N·m转矩作用下连接板厚为15mm时的电机定子、转子变形量与应力仿真结果如图 6－4 所示。

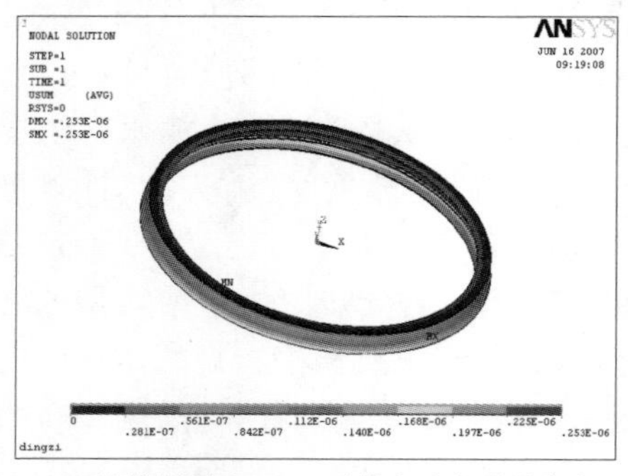

(a) 连接板厚为15mm时的定子变形量大小

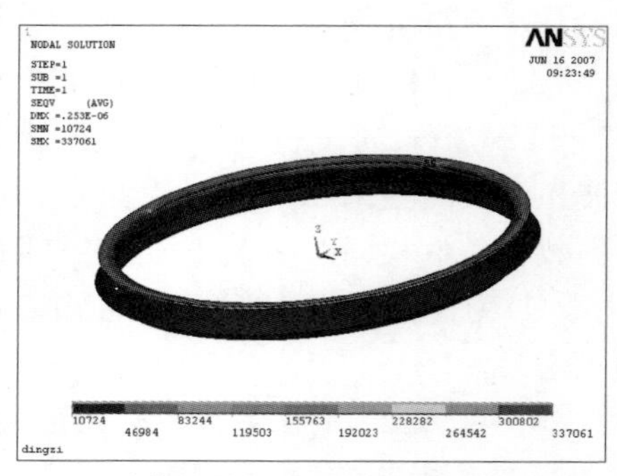

(b) 连接板厚为15mm时的定子应力大小

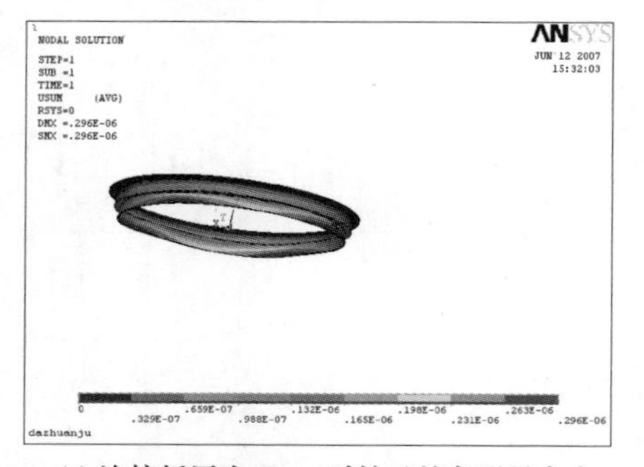

(c) 连接板厚为15mm时转子的变形量大小

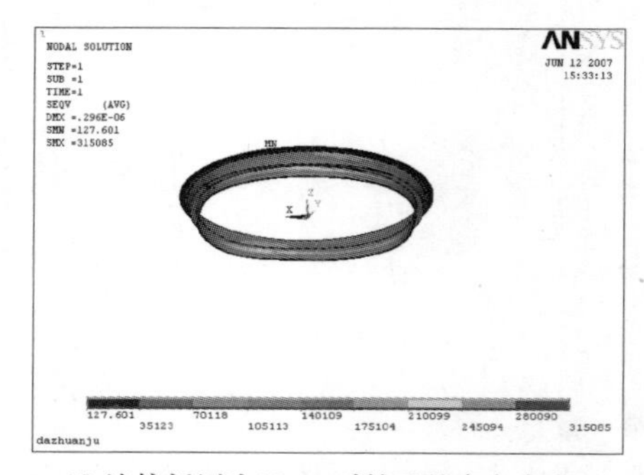

(d) 连接板厚为15mm时转子的应力大小

图 6－4　电机变形量与应力分析

下面对电机在受到单边磁拉力的情况下，定子转子铁芯发生的变形和受到的应力大小进行分析。径向电机单边磁拉力为

$$F = \frac{\beta \pi D l_{ef}}{\delta} \cdot \frac{B_{\delta}^{2}}{2\mu_{0}} e_{0} \tag{6-1}$$

式中：β 为经验系数，同步电机和直流电机可取 0.5；δ 为气隙长度；l_{ef} 为铁芯长度；B_{δ} 为气隙磁密幅值；e_0 为初始偏心。

由式(6－1)可计算得电机所受的单边磁拉力，假设单边磁拉力集中作用在定子和转子相距最近的一条线上，则可分析得到转子受单边磁拉力的变形和受应力情况如图 6－5 所示。

采用上述仿真分析方法，可校核电机定子、转子及其连接部件的刚度和强度。最终设计的座圈电机实物如图 6－6 所示。考虑到电机的直径大，并且转子为空心式结构，电机速度和位置传感器安装较为困难，设计时在连接板上安装一个与座圈齿圈啮合的弹性齿轮，编码器与齿轮轴相连，随弹性齿轮在座圈带动下旋转，从而检测电机旋转速度，其安装位置如图 6－6 所示。

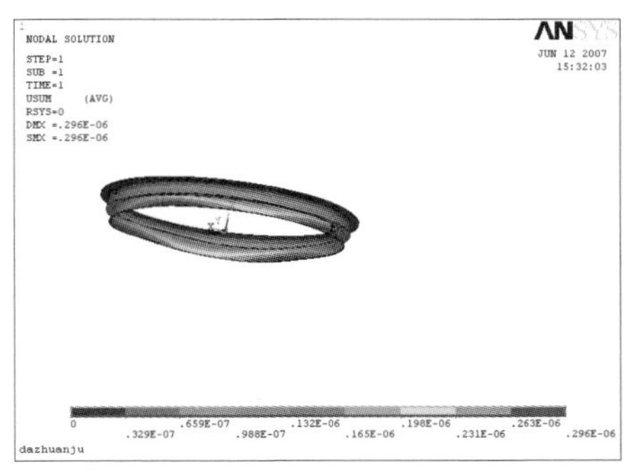

(a) 转子15mm厚时的变形量大小

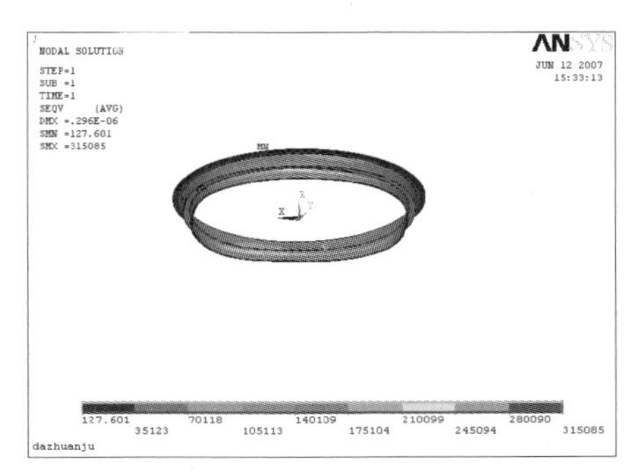

(b) 转子15mm厚时的应力大小

图6－5　单边磁拉力作用下电机变形量与应力分析

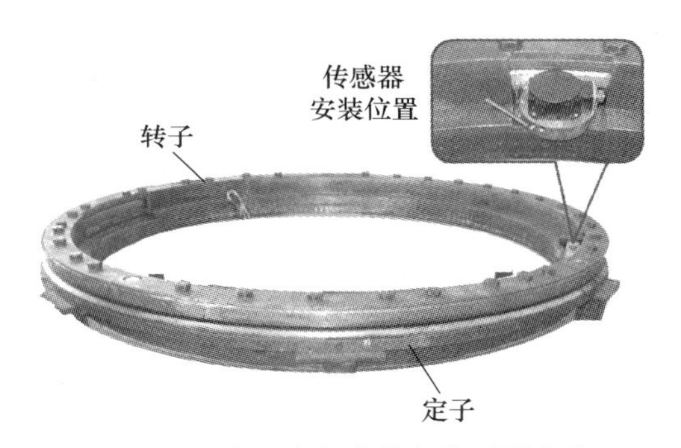

图6－6　座圈电机实物与传感器安装

6.1.3　逆变器死区效应及其补偿控制

除了电机本身电磁设计外，低速转矩脉动与功率放大器（此处为逆变器）SVPWM 死区效应也紧密相关。在低速运行时，系统驱动控制信号小，逆变器 SVPWM 调制深度变低，此时 SVPWM 控制脉冲宽度的调节范围与调制死区宽度接近甚至相当，死区作用会导致逆变器输出电压发生严重畸变，从而引起电流和转矩波动，严重影响系统的低速平稳性。因此，本节从分析逆变器死区作用过程及其影响入手，构建死区效应引起的等效电压扰动形式。在此基础上，根据“影响输出的扰动必能从输出信号中观测出来”的基本思想，采用扩张状态观测器直接从系统输出信号中提取扰动量，进而设计自抗扰控制器，实现驱动死区的实时补偿。

1. 炮控系统逆变器 SVPWM 死区效应及其影响分析

逆变器采用 SVPWM 调制，与座圈电机主电路连接关系如图 6－7 所示。图中，U_{DC}为直流电源，o 为直流电源零电位点，C_1、C_2 为直流支撑电容，VT_1 ~ VT_6 为 6 个 IGBT，D_1 ~ D_6 为 6 个续流二极管，A、B、C 为电机三相绕组，n 为电机绕组中点。

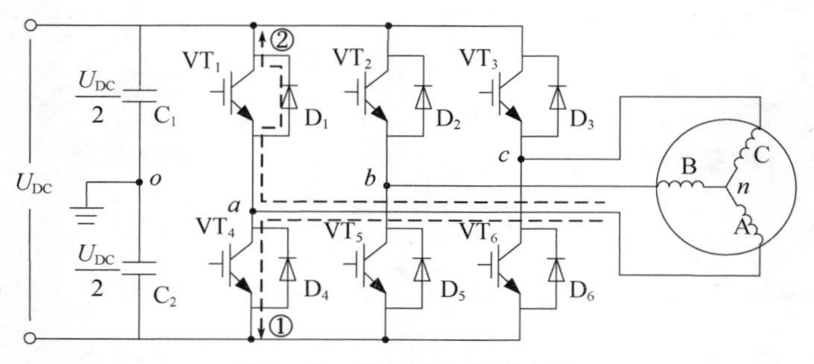

图 6-7　逆变器-座圈电机

在 SVPWM 控制时，每组桥臂上下开关管 IGBT 根据控制信号交替导通，理想状态下两管的开通/关断控制信号保持同步。但实际工作时开关管的开关过程具有延时，为了防止同一桥臂两个开关管发生直通，导通控制信号一般需要进行延时，即设置死区时间。下面首先以 A 相为例分析单相桥臂死区作用过程，进而讨论逆变器 SVPWM 死区效应。为了分析方便，规定电流流入电机方向为正方向，流出电机的方向为负方向。

图 6-8 为 A 相桥臂死区作用过程图，图中 VT_1^* 和 VT_4^* 为理想开关过程，VT_1 和 VT_4 为实际开关过程，在 t_1 时刻前，VT_1 关闭，VT_4 导通，假定此时电流方向为负，电流流向为图 6-7 中①方向。t_1 时刻，VT_4 受关断控制信号作用在延时 T_{off} 后关闭，t_1+T_d 时刻 VT_1 在开通控制信号作用在延时 T_{on} 后开通。

在此过程中，存在 $\Delta T=T_d+T_{on}-T_{off}$ 的死区时间。在 VT_1、VT_4 同时关断的死区时间内，电流通过二极管 D_1 续流，电流方向为图 6-7 中②方向。如不考虑二极管的管压降，则有

$$U_{ao}=\frac{1}{2}U_{DC} \tag{6-2}$$

根据电压平均值原理，可求得在调制周期内由死区导致的驱动器输出误差电压平均值为

$$\Delta U_{ao}=\frac{2\Delta T}{T}U_{ao}=\frac{\Delta T}{T}U_{DC} \tag{6-3}$$

如果当前电流方向为正，可与之类似的，求得误差电压的平均值为

$$\Delta U_{ao}=-\frac{\Delta T}{T}U_{DC} \tag{6-4}$$

综合式(6-3)和式(6-4)，可得

$$\Delta U_{ao}=-\alpha U_{DC}\operatorname{sgn}(i_a) \tag{6-5}$$

式中：$\alpha=\Delta T/T$。

由此可见,死区存在相当于使得逆变器的输出电压增加了扰动量 ΔU_{ao}。

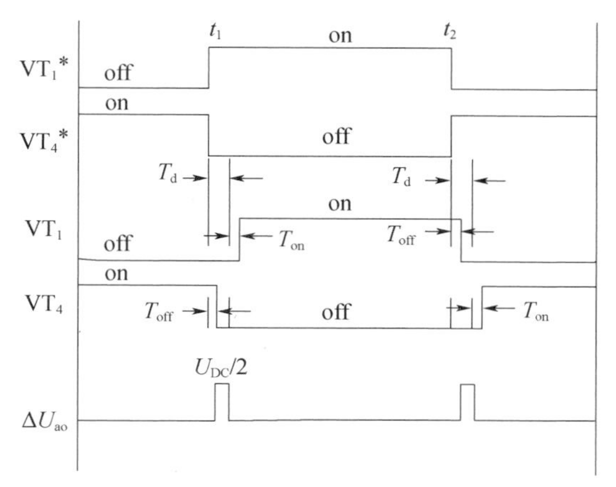

图 6-8　A 相桥臂死区效应

与上分析类似的分析 B 相和 C 相桥臂,可得其误差电压平均值分别为

$$\Delta U_{bo} = -\alpha U_{DC}\mathrm{sgn}(i_b) \tag{6-6}$$

$$\Delta U_{co} = -\alpha U_{DC}\mathrm{sgn}(i_c) \tag{6-7}$$

对于星型连接的电机三相对称绕组,可求得电机各相绕组误差电压为

$$\begin{cases} \Delta U_{an} = (2\Delta U_{ao} - \Delta U_{bo} - \Delta U_{co})/3 \\ \Delta U_{bn} = (2\Delta U_{bo} - \Delta U_{ao} - \Delta U_{co})/3 \\ \Delta U_{cn} = (2\Delta U_{co} - \Delta U_{ao} - \Delta U_{bo})/3 \end{cases} \tag{6-8}$$

代入式(6-4)~式(6-6),可得

$$\begin{cases} \Delta U_{an} = -\alpha U_{DC}(2\mathrm{sgn}(i_a) - \mathrm{sgn}(i_b) - \mathrm{sgn}(i_c))/3 \\ \Delta U_{bn} = -\alpha U_{DC}(2\mathrm{sgn}(i_b) - \mathrm{sgn}(i_a) - \mathrm{sgn}(i_c))/3 \\ \Delta U_{cn} = -\alpha U_{DC}(2\mathrm{sgn}(i_c) - \mathrm{sgn}(i_a) - \mathrm{sgn}(i_b))/3 \end{cases} \tag{6-9}$$

进一步,可得到误差电压的空间矢量表达式

$$\Delta \boldsymbol{U} = \frac{2}{3}(\Delta U_{an} + \Delta U_{bn}e^{j2\pi/3} + \Delta U_{cn}e^{j4\pi/3}) \tag{6-10}$$

由式(6-9)和式(6-10)可知,误差电压矢量的方向和大小与三相电流的方向紧密相关。为此,接下来分析电压空间矢量图中各相电流的方向。

图 6-9 为采用 SVPWM 调制的电压空间矢量图,与电压矢量类似的,电机星型三相对称绕组的电流矢量可表示为

$$\boldsymbol{I} = \frac{2}{3}(i_a + i_b e^{j2\pi/3} + i_c e^{j4\pi/3}) \tag{6-11}$$

且有

$$i_a + i_b + i_c = 0 \tag{6-12}$$

因此,当 A 相电流 $i_a=0$ 时,有

$$i_b=-i_c \tag{6-13}$$

代入式(6-11),可得

$$\boldsymbol{I}=\frac{2}{3}i_b(e^{j2\pi/3}-e^{j4\pi/3})=j\frac{2i_b}{\sqrt{3}} \tag{6-14}$$

即 A 相电流为 0 时,电流矢量位于虚轴,其位置如图 6-9 中虚线所示。且当 $i_b>0$ 时相位角为 90°,$i_b<0$ 时相位角为 270°。同理,可求出 $i_b=0$ 和 $i_c=0$ 时电流矢量,并得到各分区中三相电流的方向如图 6-10 所示。图中符号从左到右依次代表 A、B、C 相电流流向,“+”表示正方向,“-”表示负方向,虚线表示各相电流过零点,根据各相电流方向的不同,可将矢量空间平面分为 6 个区域。

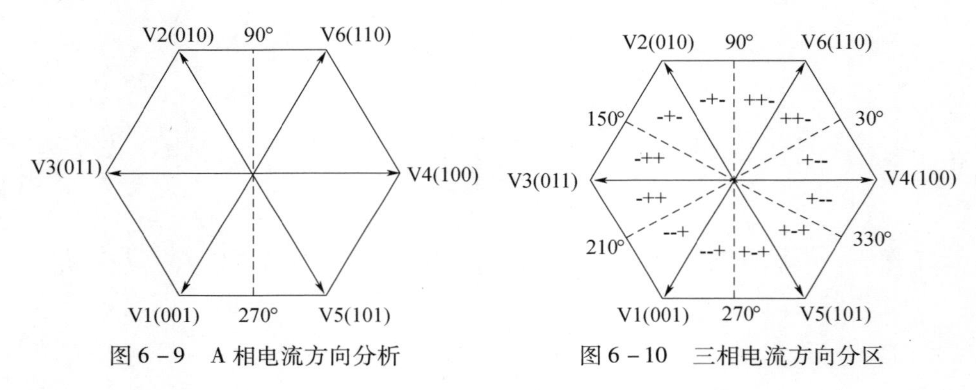

图 6-9　A 相电流方向分析

图 6-10　三相电流方向分区

为描述方便,将图 6-10 中的 6 个分区分别定义为Ⅰ-Ⅵ分区,根据各分区电流方向,并结合式(6-10),可得到各分区误差电压矢量如图 6-11 所示。在逆变器工作过程中,死区引起的误差电压会与理想电压矢量合成,引起电压矢量发生畸变,其合成原理如图 6-12 所示。

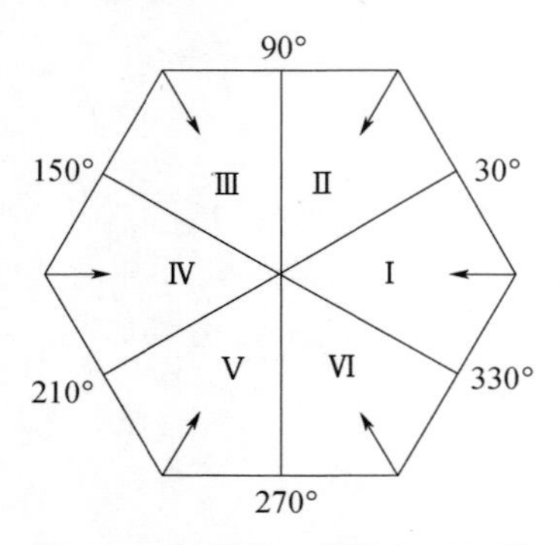

图 6-11　各分区误差电压矢量

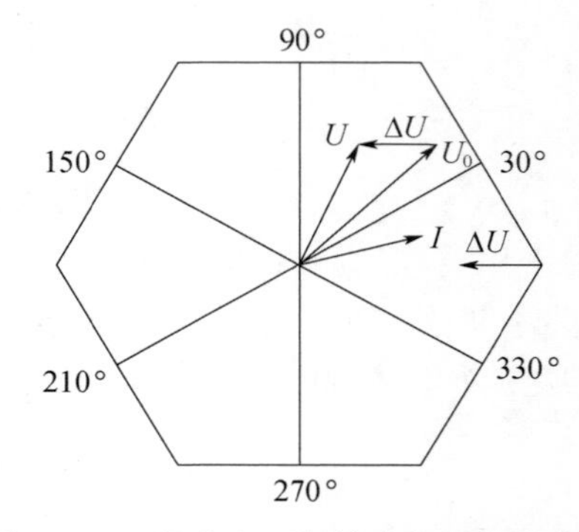

图 6-12　误差电压与输出电压矢量合成

图 6 - 12 中，$\boldsymbol{U}_0$ 为理想电压矢量，电流矢量 $\boldsymbol{I}$ 相位滞后 $\boldsymbol{U}_0$ 相位以功率因数角 φ，如此时电流矢量在分区 Ⅰ，则其死区造成的误差电压为 $\Delta\boldsymbol{U}$，与 $\boldsymbol{U}_0$ 合成后形成电压矢量为 $\boldsymbol{U}$。当 $\boldsymbol{U}_0$ 较大时，死区影响不大。但是当电机运行在低速状态时，$\boldsymbol{U}_0$ 很小，甚至与 $\Delta\boldsymbol{U}$ 大小相当或小于 $\Delta\boldsymbol{U}$，此时死区作用会导致电压发生严重畸变，这种畸变会引起电流波动，从而导致转矩波动。

2. 基于自抗扰技术的死区抑制策略研究

根据永磁同步电机分析建模方法，可将座圈电机的定子电压矢量方程描述为

$$\boldsymbol{U}_s = R_s\boldsymbol{I}_s + L_s p\boldsymbol{I}_s + p(\psi_f e^{j\theta}) \tag{6-15}$$

式中：$\boldsymbol{U}_s$、$\boldsymbol{I}_s$ 分别为定子绕组的电压、电流矢量；R_s、L_s 分别为绕组的电阻、电感值；ψ_f 为永磁体磁链；θ 为转子位置角；p 为微分算子。

将其变换到 dq 坐标系，有

$$\begin{cases} \dot{i}_d = -\dfrac{R_s}{L_d}i_d + \dfrac{\omega L_q}{L_d}i_q + \dfrac{1}{L_d}u_d \\ \dot{i}_q = -\dfrac{R_s}{L_q}i_q - \dfrac{\omega L_d}{L_q}i_d - \dfrac{\omega\psi_f}{L_q} + \dfrac{1}{L_q}u_q \end{cases} \tag{6-16}$$

式中：i_d、i_q、u_d、u_q、L_d、L_q 分别电流、电压、电感矢量在 dq 轴上的分量；ω 为电机角速度。

如上分析，逆变器 SVPWM 死区效应可等效为在其理想输出电压 $\boldsymbol{U}_0$ 上增加了扰动量 $\Delta\boldsymbol{U}$，因此座圈电机状态方程式(6 - 16)可化为

$$\begin{cases} \dot{i}_d = -\dfrac{R_s}{L_d}i_d + \dfrac{\omega L_q}{L_d}i_q + \dfrac{1}{L_d}u_d + \dfrac{1}{L_d}\Delta u_d \\ \dot{i}_q = -\dfrac{R_s}{L_q}i_q - \dfrac{\omega L_d}{L_q}i_d - \dfrac{\omega\psi_f}{L_q} + \dfrac{1}{L_q}u_q + \dfrac{1}{L_q}\Delta u_q \end{cases} \tag{6-17}$$

式中：Δu_d、Δu_q 为扰动量 $\Delta\boldsymbol{U}$ 在 dq 轴上的分量。

根据图 6 - 11 以及式(6 - 9)、式(6 - 10)，利用 Park 变换可计算得 Δu_d、Δu_q 为

$$\Delta u_d = \begin{cases} -\cos\theta \cdot \Delta u, & \theta \in (-30° + \varphi, 30° + \varphi) \\ -(\cos\theta + \sqrt{3}\sin\theta)\Delta u/2, & \theta \in (30° + \varphi, 90° + \varphi) \\ (\cos\theta - \sqrt{3}\sin\theta)\Delta u/2, & \theta \in (90° + \varphi, 150° + \varphi) \\ \cos\theta \cdot \Delta u, & \theta \in (150° + \varphi, 210° + \varphi) \\ (\cos\theta + \sqrt{3}\sin\theta)\Delta u/2, & \theta \in (210° + \varphi, 270° + \varphi) \\ (-\cos\theta + \sqrt{3}\sin\theta)\Delta u/2, & \theta \in (270° + \varphi, 330° + \varphi) \end{cases}$$

$$\Delta u_{\mathrm{q}}=\begin{cases}\sin\theta\cdot\Delta u, & \theta\in(-30^\circ+\varphi,30^\circ+\varphi)\\ (\sin\theta-\sqrt{3}\cos\theta)\Delta u/2, & \theta\in(30^\circ+\varphi,90^\circ+\varphi)\\ -(\sin\theta+\sqrt{3}\cos\theta)\Delta u/2, & \theta\in(90^\circ+\varphi,150^\circ+\varphi)\\ -\sin\theta\cdot\Delta u, & \theta\in(150^\circ+\varphi,210^\circ+\varphi)\\ (-\sin\theta+\sqrt{3}\cos\theta)\Delta u/2, & \theta\in(210^\circ+\varphi,270^\circ+\varphi)\\ (\sin\theta+\sqrt{3}\cos\theta)\Delta u/2, & \theta\in(270^\circ+\varphi,330^\circ+\varphi)\end{cases}$$

其中：Δu 为电压误差等效扰动量 $\Delta\boldsymbol{U}$ 的幅值，且有 $\Delta u=4\alpha U_{\mathrm{DC}}/3$。

由式(6-17)可知，状态方程中除 Δu_{d}、Δu_{q}，dq 轴之间还存在动态耦合量等。为分析方便，此处将其统一作为系统广义扰动量，即令

$f_{\mathrm{d}}=(-R_{\mathrm{s}}i_{\mathrm{d}}+\omega L_{\mathrm{q}}i_{\mathrm{q}}+\Delta u_{\mathrm{d}})/L_{\mathrm{d}}$，$f_{\mathrm{q}}=(-R_{\mathrm{s}}i_{\mathrm{q}}-\omega L_{\mathrm{d}}i_{\mathrm{d}}-\omega\psi_{\mathrm{f}}+\Delta u_{\mathrm{q}})/L_{\mathrm{q}}$

则座圈电机 dq 轴方程可解耦成两个带扰动的一阶系统，即

$$\begin{cases}\dot{i}_{\mathrm{d}}=\dfrac{1}{L_{\mathrm{d}}}u_{\mathrm{d}}+f_{\mathrm{d}}\\ \dot{i}_{\mathrm{q}}=\dfrac{1}{L_{\mathrm{q}}}u_{\mathrm{q}}+f_{\mathrm{q}}\end{cases}\tag{6-18}$$

根据自抗扰控制技术对扰动的基本理论，可将扰动分为两类，即不影响系统输出的扰动和影响系统输出的扰动。对于前者，既然其不影响输出，因此无需消除其影响；后者既然能影响被控输出，其作用就应该反映在输出信息中，因此也就可以采用合适的方法将扰动从输出信息中提取出来。根据第 4 章所述方法，对于式(6-18)中的两个一阶系统，可建立两个二阶 ESO：

$$\begin{cases}e_{\mathrm{d}}=z_{\mathrm{d1}}-i_{\mathrm{d}}\\ \dot{z}_{\mathrm{d1}}=z_{\mathrm{d2}}-\beta_{\mathrm{d1}}e_{\mathrm{d}}+\dfrac{1}{L_{\mathrm{d}}}u_{\mathrm{d}}\\ \dot{z}_{\mathrm{d2}}=-\beta_{\mathrm{d2}}\mathrm{fal}(e_{\mathrm{d}},a_{\mathrm{d}},\delta)\\ e_{\mathrm{q}}=z_{\mathrm{q1}}-i_{\mathrm{q}}\\ \dot{z}_{\mathrm{q1}}=z_{\mathrm{q2}}-\beta_{\mathrm{q1}}e_{\mathrm{q}}+\dfrac{1}{L_{\mathrm{q}}}u_{\mathrm{q}}\\ \dot{z}_{\mathrm{q2}}=-\beta_{\mathrm{q2}}\mathrm{fal}(e_{\mathrm{q}},a_{\mathrm{q}},\delta)\end{cases}\tag{6-19}$$

式中

$$\mathrm{fal}(e,a,\delta)=\begin{cases}|e|^{a}\mathrm{sgn}(e), & |e|>\delta\\ e/\delta^{1-a}, & |e|\leqslant\delta\end{cases}$$

选择合适的参数 β_{d1}、β_{d2}、β_{q1}、β_{q2}，则式(6-19)可实现对系统(式(6-18))中各变量的跟踪，即 $z_{\mathrm{d1}}\to i_{\mathrm{d}}$，$z_{\mathrm{d2}}\to f_{\mathrm{d}}$，$z_{\mathrm{q1}}\to i_{\mathrm{q}}$，$z_{\mathrm{q2}}\to f_{\mathrm{q}}$。

取

$$\begin{cases} u_d = L_d(u_{d0} - z_{d2}) \\ u_q = L_q(u_{q0} - z_{q2}) \end{cases} \tag{6-20}$$

并忽略 z_{d2}、z_{q2} 对 f_d、f_q 的估计误差，式(6-18)可化为两个简单的积分子系统

$$\begin{cases} \dot{i}_d = u_{d0} \\ \dot{i}_q = u_{q0} \end{cases} \tag{6-21}$$

设计比例控制器：

$$\begin{cases} u_{d0} = p_d(i_d^* - z_{d1}) \\ u_{q0} = p_q(i_q^* - z_{q1}) \end{cases} \tag{6-22}$$

式中：p_d、p_q 为比例系数。

将式(6-22)代入式(6-21)，可得

$$\begin{cases} i_d = \dfrac{1}{1+s/p_d} i_d^* \\ i_q = \dfrac{1}{1+s/p_q} i_q^* \end{cases} \tag{6-23}$$

系统（式(6-18)）转化为两个惯性环节，调节 p_d、p_q 可改变其响应速度。当采用直轴零电流矢量控制时，式中 $i_d^* = 0$。

综上，式(6-19)、式(6-20)、式(6-22)构成自抗扰控制器，其结构如图 6-13所示。

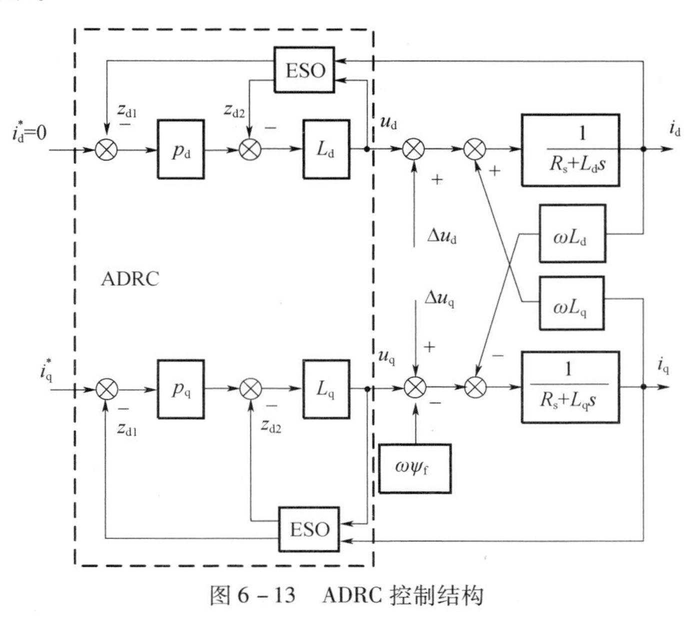

图 6-13　ADRC 控制结构

电流环采用自抗扰控制时，座圈电机矢量控制的结构如图 6－14 所示。系统由转速环和电流环组成，转速环根据给定转速 ω_d 和电机反馈转速求取 q 轴期望电流 i_q^*，该信号与 d 轴期望电流 $i_d^*=0$ 送入电流环自抗扰控制器，计算得到给定电压矢量，该矢量经 Park 逆变换后进行 SVPWM 调制，形成逆变器驱动信号，控制电机运行。

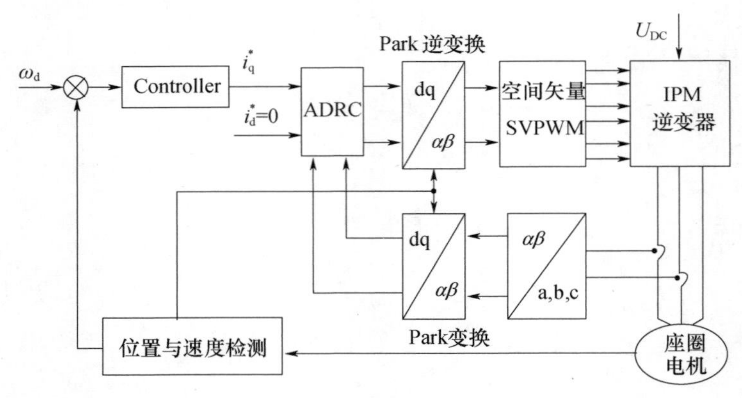

图 6－14　座圈电机矢量控制结构

3. 试验分析

为了分析死区补偿效果，本节主要对转速环开环情形进行仿真试验。PWM 控制频率选为 12.5kHz，死区为 5μs。当转速环开环时，电流环期望给定 $i_d^*=0$，i_q^* 为常值。图 6－15 为电流环采用传统 PI 控制和采用 ADRC 补偿后电机的三相电流波形，图 6－16 为电流矢量轨迹，图 6－17 为转矩波形。由图可知，未进行死区补偿时，电机低速运行 PWM 死区会造成电流出现严重畸变，从而引起电磁转矩出现较大波动。采用本节方法能够有效抑制死区影响，减小电流和转矩波动。

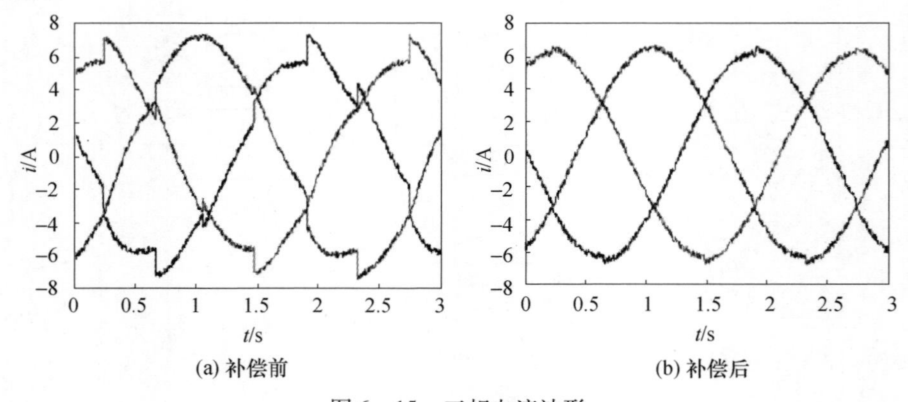

图 6－15　三相电流波形

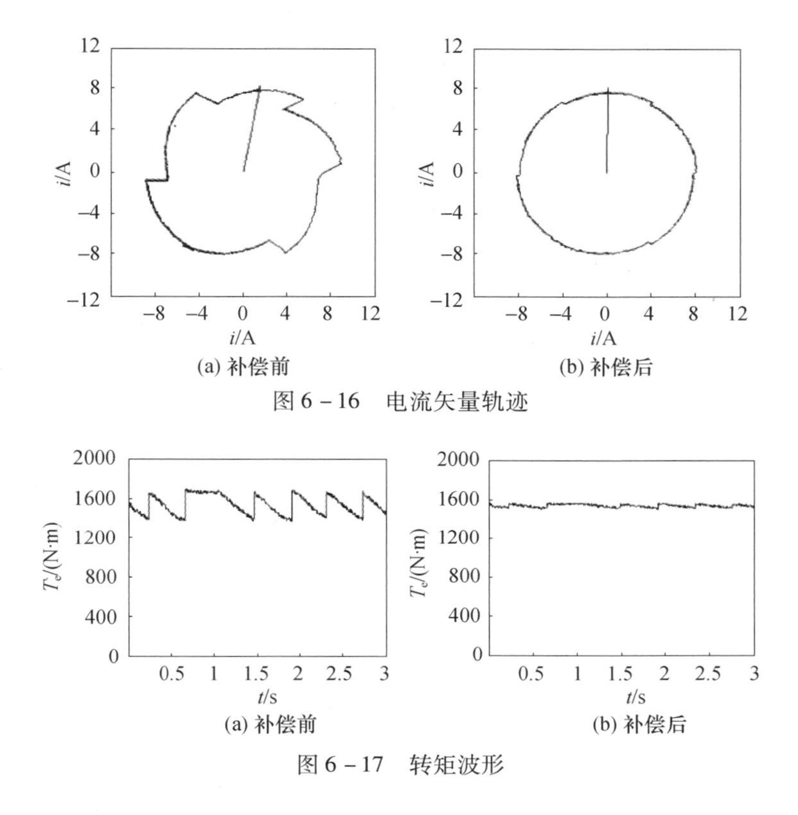

(a) 补偿前　(b) 补偿后

图 6 - 16　电流矢量轨迹

(a) 补偿前　(b) 补偿后

图 6 - 17　转矩波形

6.2　无间隙传动系统自抗扰控制及其参数配置

6.2.1　系统建模与线性自抗扰控制器设计

采用第 3 章建模方法，可构建图 6 - 1 所示的无间隙传动系统数学模型如图 6 - 18 所示。对比图 3 - 5，由于座圈电机转子与炮塔固定，其电磁力矩直接作用于炮塔，因此系统模型中消除了齿隙环节，模型结构大为简化。

令 $x_1 = \theta_m, x_2 = \omega_m$，则无间隙传动稳定系统状态方程为

$$\begin{cases} \dot{x}_1 = x_2 \\ \dot{x}_2 = -\dfrac{K_{uf}}{J_m}x_2 + \dfrac{K_u}{J_m}u_c + \dfrac{1}{J_m}(K_{uf}\omega_p - T_{mf} - T_{dlm}) \\ y = x_1 \end{cases} \tag{6-24}$$

式中

$$K_u = \frac{K_{ic}K_{PWM}K_D K_M}{1 + \beta K_{ic}K_{PWM}K_D}, K_{uf} = \frac{K_e K_u}{K_{ic}K_{PWM}}$$

由此可知,无间隙传动武器稳定系统模型可化为典型的二阶受扰系统,较之传统结构模式建立的系统数学模型(式(5-107)),其阶次低,控制难度亦可相对减小。针对系统(式(6-24))的结构特点,可采用自适应控制、鲁棒控制以及智能控制等多种控制方法,此处不再进行逐一分析。

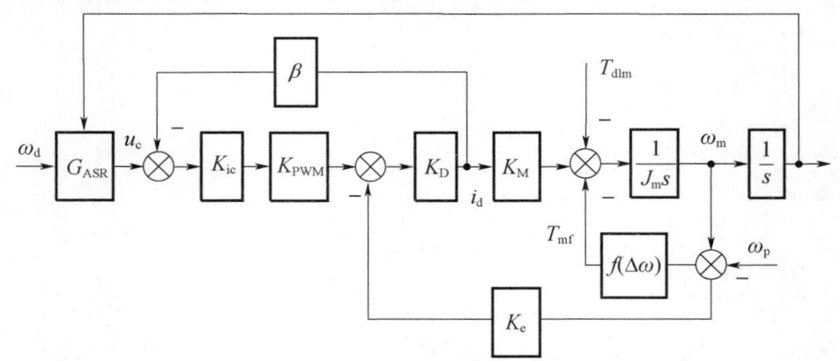

图 6-18　无间隙传动武器稳定系统数学模型

考虑到各种扰动快时变特性和系统高精度控制要求,以及工程应用时控制器设计的简洁性要求,本节重点讨论一种基于线性自抗扰控制的系统高精度抗扰控制器设计方法,并在此基础上,从频域分析方法入手,较系统的进行线性扩张状态观测器的跟踪估计能力、线性自抗扰控制器的稳定性、对外部扰动的抑制能力、对控制输入增益不确定性和模型参数不确定性的鲁棒性及其噪声传递特性等系统特性分析。同时,对线性自抗扰控制器工程应用中的超调现象、控制量深度饱和以及前置滤波器设计等问题给出理论解释,为系统工程设计提供理论依据和实践参考。

为使控制器设计与分析方法更具一般性和普遍性,可将式(6-24)推广为二阶系统的一般表达形式

$$\ddot{y} = -a_1\dot{y} - a_2 y + w + bu_c \tag{6-25}$$

式中:u_c 为系统的输入;y 为输出;w 为外部扰动,且有 $w=(K_{uf}\omega_p - T_{mf} - T_{dlm})/J_m$;$a_1$、$a_2$ 为系统参数,且有 $a_1 = K_{uf}/J_m$,$a_2=0$;b 为控制增益,且有 $b=K_u/J_m$,考虑到参数时变特性,设 $b_0 \approx b$,b_0 为 b 的估计值,为常数。

令 $f(y,\dot{y},w) = -a_1\dot{y} - a_2 y + w + (b-b_0)u_c$ 为系统广义扰动,包含系统内部不确定性和外部扰动,并将其扩展为系统的状态变量 $x_3 = f(y,\dot{y},w)$,则可得系统(式(6-25))的状态方程

$$\begin{cases} \dot{x}_1 = x_2 \\ \dot{x}_2 = x_3 + b_0 u_c \\ \dot{x}_3 = h \\ y = x_1 \end{cases} \tag{6-26}$$

式中:x_1、x_2、x_3 为系统状态变量;$h = \dot{f}(y,\dot{y},w)$。

这样一来，第 4 章所分析的系统参数辨识问题在此处就转化为对扩张状态变量 $x_3=f(y,\dot{y},w)$ 的估计问题了。

建立线性扩张状态观测器（LESO）：

$$\begin{cases}\dot{z}_1=z_2-\beta_1(z_1-y)\\ \dot{z}_2=z_3-\beta_2(z_1-y)+b_0u_c\\ \dot{z}_3=-\beta_3(z_1-y)\end{cases}\tag{6-27}$$

选取合适的观测器增益 β_1、β_2、β_3，LESO 能实现对系统（式(6-26)）中各变量的实时跟踪，即 $z_1\to y$，$z_2\to\dot{y}$，$z_3\to f(y,\dot{y},w)$。

取

$$u_c=\frac{-z_3+u_0}{b_0}\tag{6-28}$$

并忽略 z_3 对 $f(y,\dot{y},w)$ 的估计误差，则系统（式(6-26)）可简化为一个双积分串联结构，即

$$\ddot{y}=(f(y,\dot{y},w)-z_3)+u_0\approx u_0\tag{6-29}$$

设计 PD 控制器：

$$u_0=k_p(v-z_1)-k_dz_2\tag{6-30}$$

式中：v 为给定信号；k_p、k_d 为控制器增益。

根据式(6-29)和式(6-30)可得系统闭环传递函数为

$$G_{cl}(s)=\frac{k_p}{s^2+k_ds+k_p}\tag{6-31}$$

选取合适的增益 k_p、k_d 可使系统稳定。

综上，式(6-27)、式(6-28)、式(6-30)构成系统（式(6-25)）的线性自抗扰控制器（LADRC），其结构如图 6-19 所示。

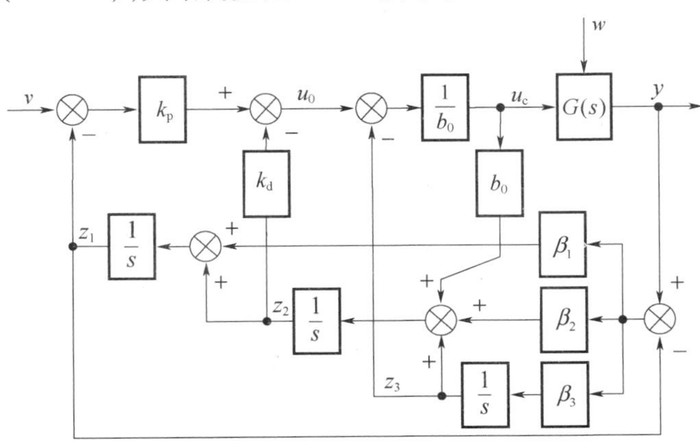

图 6-19　线性自抗扰控制器结构

进一步求得 LESO 式(6-27)的特征方程为

$$\lambda(s)=s^3+\beta_1 s^2+\beta_2 s+\beta_3 \tag{6-32}$$

选取理想特征方程 $\lambda(s)=(s+\omega_o)^3$，则有

$$\beta_1=3\omega_o, \beta_2=3\omega_o^2, \beta_3=\omega_o^3 \tag{6-33}$$

式中：ω_o 为观测器带宽。

类似的，可选取式(6-31)参数为

$$k_p=\omega_c^2, k_d=2\xi\omega_c \tag{6-34}$$

式中：ω_c 为控制器带宽；ξ 为阻尼比。

本节取 $\xi=1$，并将其代入式(6-31)，可得特征方程为 $\lambda(s)=(s+\omega_c)^2$。

由此，LADRC 控制参数的配置问题可简化为观测器带宽 ω_o 和控制器带宽 ω_c 的选取问题。

6.2.2 LESO 收敛性与滤波性能分析

线性扩张状态观测器是线性自抗扰控制技术的核心，其基本思想是将系统的内部不确定性和外部扰动一起作为总扰动进行估计，并用于实时补偿控制，因此其跟踪估计能力是影响控制性能的关键所在，本节首先对其进行分析。

1. LESO 收敛性与估计误差分析

根据式(6-27)、式(6-33)可分别求得 z_1、z_2、z_3 的传递函数为

$$z_1=\frac{3\omega_o s^2+3\omega_o^2 s+\omega_o^3}{(s+\omega_o)^3}y+\frac{b_0 s}{(s+\omega_o)^3}u_c \tag{6-35}$$

$$z_2=\frac{(3\omega_o^2 s+\omega_o^3)s}{(s+\omega_o)^3}y+\frac{b_0(s+3\omega_o)s}{(s+\omega_o)^3}u_c \tag{6-36}$$

$$z_3=\frac{\omega_o^3 s^2}{(s+\omega_o)^3}y-\frac{b_0\omega_o^3}{(s+\omega_o)^3}u_c \tag{6-37}$$

令跟踪误差 $e_1=z_1-y, e_2=z_2-\dot{y}$，可得

$$e_1=-\frac{s^3}{(s+\omega_o)^3}y+\frac{s}{(s+\omega_o)^3}b_0 u_c \tag{6-38}$$

$$e_2=-\frac{(s+3\omega_o)s^3}{(s+\omega_o)^3}y+\frac{(s+3\omega_o)s}{(s+\omega_o)^3}b_0 u_c \tag{6-39}$$

令 $e_3=z_3-f(y,\dot{y},w)$，又根据式(6-26)可得

$$f(y,\dot{y},w)=x_3=\dot{x}_2-b_0 u_c=\ddot{y}-b_0 u_c$$

则

$$\begin{aligned} e_3 &= z_3-\ddot{y}+b_0 u_c \\ &= -\left(1-\frac{\omega_o^3}{(s+\omega_o)^3}\right)s^2 y+b_0\left(1-\frac{\omega_o^3}{(s+\omega_o)^3}\right)u_c \end{aligned} \tag{6-40}$$

考虑到分析典型性，y、u_c 均取为幅值为 K 的阶跃信号 $y(s)=K/s$，$u_c(s)=K/s$，则可以求得稳态误差

$$\begin{cases} e_{1s}=\lim_{s\to 0} se_1=0 \\ e_{2s}=\lim_{s\to 0} se_2=0 \\ e_{3s}=\lim_{s\to 0} se_3=0 \end{cases} \tag{6-41}$$

上式表明，LESO 具有很好的收敛性和估计能力，且能实现系统状态变量和广义扰动的无差估计。需要补充说明的是：当式（6-26）中 $b_0=0$ 时，其输出 z_3 跟踪 $\ddot{y}$，此时 LESO 可以作为微分器使用。

下面进一步分析其动态跟踪过程，当 $b_0=0$ 时，式（6-35）对阶跃信号 $y(s)=K/s$ 的响应为

$$z_1=\frac{3\omega_o s^2+3\omega_o^2 s+\omega_o^3}{(s+\omega_o)^3}\frac{K}{s}=K\left(\frac{1}{s}-\frac{1}{s+\omega_o}+\frac{2\omega_o}{(s+\omega_o)^2}-\frac{\omega_o^2}{(s+\omega_o)^3}\right) \tag{6-42}$$

进行反拉普拉斯变换，可得

$$z_1(t)=K-K\left(\frac{1}{2}\omega_o^2 t^2-2\omega_o t+1\right)e^{-\omega_o t}, t\geqslant 0 \tag{6-43}$$

对 t 求导并取 $\dot{z}_1(t)=0$，可得两个极值点

$$t_1=(3-\sqrt{3})/\omega_o, t_2=(3+\sqrt{3})/\omega_o \tag{6-44}$$

将 t_1、t_2 代入式（6-43），得到两点极值为

$$\begin{cases} z_1(t_1)=K(\sqrt{3}-1)e^{\sqrt{3}-3}+K\approx 1.206K \\ z_1(t_2)=K(-\sqrt{3}-1)e^{-\sqrt{3}-3}+K\approx 0.976K \end{cases} \tag{6-45}$$

式（6-45）表明，三阶 LESO 中 z_1 对 y 的跟踪过程存在约 20% 的超调，这是由于观测信号 y 发生阶跃突变，使得估计误差突然变大，导致观测器输出出现较大尖峰而产生的。上述超调现象是线性观测器的本质特征，且由式（6-45）可知，对于阶跃响应，三阶 LESO 输出 z_1 的超调量与其带宽 ω_o 选取无关。在武器稳定系统以及其他运动控制系统中，由于惯性作用被控对象输出（速度或位置）一般不会发生突变，因此 LADRC 观测信号不会出现严重的超调。但三阶 LESO 单独作为微分器使用时，其超调现象相当于给跟踪信号附加一个脉冲响应，容易导致其观测信号失真等问题。因此，采用变摄动参数等方法抑制其影响成为一个很有意义的研究问题。

根据式（6-44），ω_o 虽不会影响超调量大小，但是会影响 LESO 的跟踪速度，ω_o 越大，系统响应越快，因此为了提高跟踪速度，应该尽可能地提高 ω_o。但是，在实际系统中 ω_o 的提高受观测噪声等因素的限制，下面进一步从频带特性入手，分析 LESO 的对噪声的抑制能力。

2. LESO 的频带特性与滤波性能分析

此处重点考虑观测量 y 的噪声 δ_o 和控制量 u_c 的输入端扰动 δ_c 对三阶 LE-

SO 的影响。根据式(6-35)可得观测噪声 δ_o 的传递函数为

$$\frac{z_1}{\delta_o}=\frac{3\omega_o s^2+3\omega_o^2 s+\omega_o^3}{(s+\omega_o)^3} \tag{6-46}$$

取 $\omega_o=10,20,\cdots,50$,可得频域特性曲线如图 6-20 所示。由图可知,随着 ω_o 增加,系统响应速度加快,但同时高频带增益随之增加,噪声放大作用越明显。

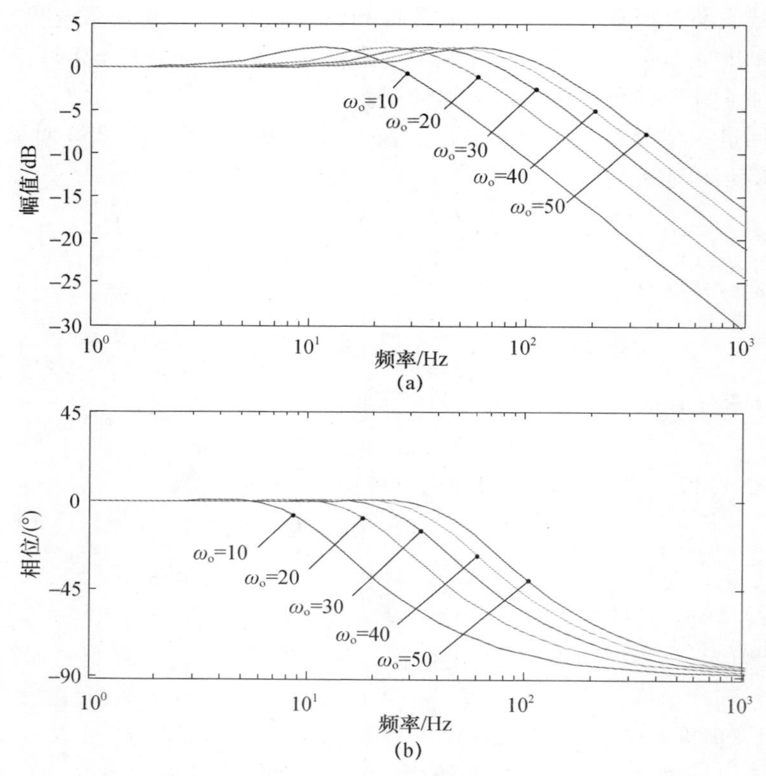

图 6-20 观测噪声的频域特性曲线

同样的,对于输入端扰动 δ_c,根据式(6-35)可得传递函数为

$$\frac{z_1}{\delta_c}=\frac{b_0 s}{(s+\omega_o)^3} \tag{6-47}$$

选取 $b_0=10,\omega_o=10,20,\cdots,50$,可得其频域特性如图 6-21 所示。区别于图 6-20,观测器带宽 ω_o 的增加可以减小跟踪信号的相位滞后,且基本不影响系统高频带增益,即三阶 LESO 对输入端扰动 δ_c 具有良好的抑制能力。因此后续分析主要讨论观测噪声 δ_o 对系统性能的影响。

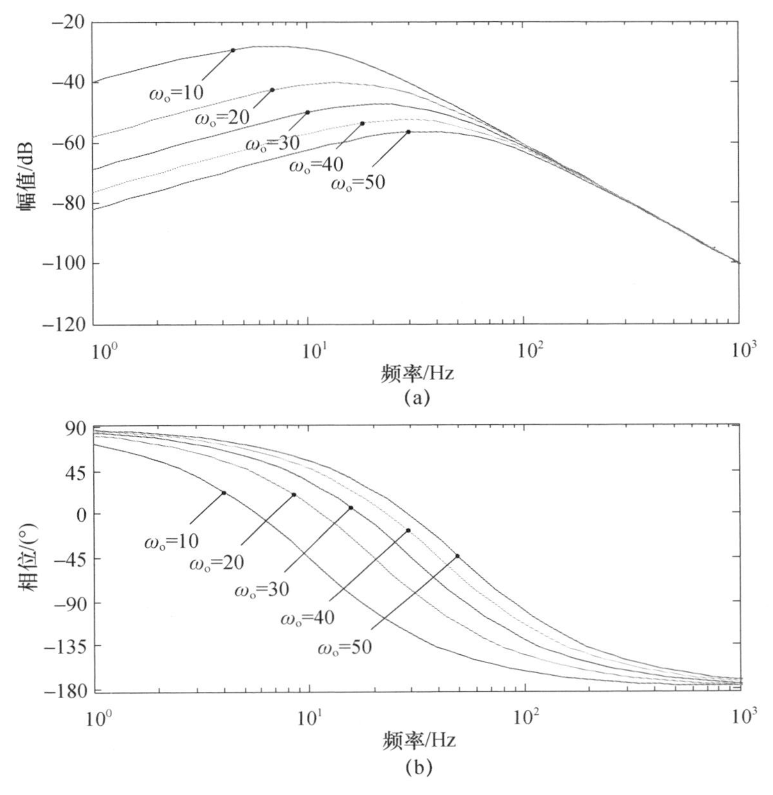

图6－21　输入端扰动的频域特性曲线

6.2.3　控制器稳定性与抗扰特性分析

前面分析了 LESO 的频带特性和抑制噪声能力，本节在此基础上讨论 LADRC 的频带特性，分析 ω_o 和 ω_c 对控制性能的影响。

1. 系统闭环传递函数

由式(6－28)、式(6－30)、式(6－34)可得

$$u_c=\frac{1}{b_0}(\omega_c^2(v-z_1)-2\omega_c z_2-z_3) \tag{6-48}$$

代入式(6－35)、式(6－36)、式(6－37)可得

$$u_c=\frac{1}{b_0}\frac{(s+\omega_o)^3}{(s+\omega_o)^3+2\omega_c s^2+(\omega_c^2+6\omega_o\omega_c)s-\omega_o^3}\times \left(\omega_c^2 v-\frac{(3\omega_c^2\omega_o+6\omega_c\omega_o^2+\omega_o^3)s^2+(3\omega_c^2\omega_o^2+2\omega_c\omega_o^3)s+\omega_c^2\omega_o^3}{(s+\omega_o)^3}y\right) \tag{6-49}$$

根据式(6－26)，可将控制对象记为

$$y = \frac{1}{s^2}(f + b_0 u_c) \tag{6-50}$$

则综合式(6－49)、式(6－50)，可将系统结构图 6－19 简化为

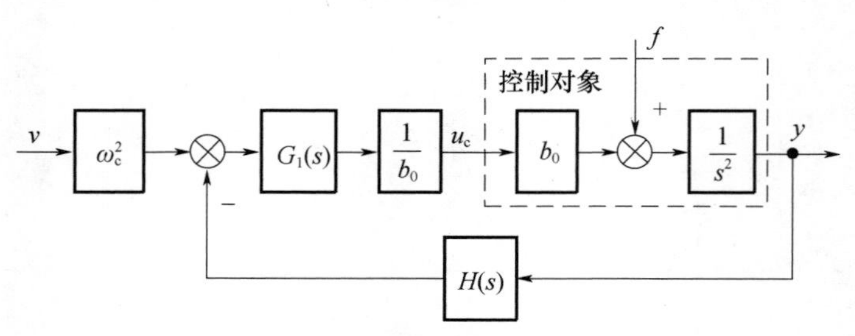

图 6－22　简化系统结构图

图中：

$$G_1(s) = \frac{(s+\omega_o)^3}{(s+\omega_o)^3 + 2\omega_c s^2 + (\omega_c^2 + 6\omega_o\omega_c)s - \omega_o^3}$$

$$H(s) = \frac{(3\omega_c^2\omega_o + 6\omega_c\omega_o^2 + \omega_o^3)s^2 + (3\omega_c^2\omega_o^2 + 2\omega_c\omega_o^3)s + \omega_c^2\omega_o^3}{(s+\omega_o)^3}$$

由图 6－22 可求得系统输出为

$$y = \frac{\omega_c^2 G_1(s)/s^2}{1 + G_1(s)H(s)/s^2}v + \frac{1/s^2}{1 + G_1(s)H(s)/s^2}f \tag{6-51}$$

代入 $G_1(s)$、$H(s)$，可得

$$y = \frac{\omega_c^2}{(s+\omega_c)^2}v + \frac{(s+\omega_c)^2 + 3\omega_o(s + 2\omega_c + \omega_o)}{(s+\omega_o)^3(s+\omega_c)^2}sf \tag{6-52}$$

由式(6－52)可知，系统输出由跟踪项和扰动项组成。当忽略 z_3 对 $f(y,\dot{y},w)$ 的估计误差时，式(6－52)可简化为式(6－31)，即其输出只含跟踪项。此时系统控制性能只由 ω_c 决定，与 ω_o 无关。ω_c 越大，跟踪速度越快，跟踪过程无超调。

扰动项是由于 LESO 的动态观测误差引起的，是影响系统控制性能的重要因素，也是本节要分析的主要对象。如前所述，广义扰动 $f(y,\dot{y},w)$ 包含外部扰动 w 和系统内部不确定性，前者是路面振动、偏心力矩、摩擦力矩以及载体平台运动影响等的总和，后者又由控制输入增益不确定性 $(b-b_0)u_c$ 和模型不确定性 $-a_1\dot{y}-a_2y$ 组成，主要由系统参数漂移引起。据此，下面分别开展系统的抗扰特性（针对外部扰动）和稳定性（针对控制输入增益不确定性和模型不确定性）分析。

2. 系统抗扰特性分析

由式(6－52)可知，扰动项的影响与 ω_c 和 ω_o 有关。选取 $\omega_o = 10$，$\omega_c = 10$，

20，…，40，可得其频域特性曲线如图 6－23 所示，$\omega_c=10$，$\omega_o=10,20,\cdots,50$ 时的频域特性如图 6－24 所示。由图可知，增加 ω_c，ω_o 可使得扰动增益减小，系统抗扰能力增强。

特别的，取扰动 f 为单位阶跃信号，则根据式（6－52）可得其输出响应为

$$y(s)=\frac{(s+\omega_c)^2+3\omega_o(s+2\omega_c+\omega_o)}{(s+\omega_o)^3(s+\omega_c)^2}s\cdot\frac{1}{s}$$

$$=\frac{a_1}{(s+\omega_o)^3}+\frac{a_2}{(s+\omega_o)^2}+\frac{a_3}{s+\omega_o}+\frac{c_1}{(s+\omega_c)^2}+\frac{c_2}{s+\omega_c} \tag{6-53}$$

式中

$$a_1=1+\frac{6\omega_o\omega_c}{(\omega_c-\omega_o)^2},a_2=-\frac{9\omega_o\omega_c+3\omega_o^2}{(\omega_c-\omega_o)^3},$$

$$a_3=\frac{12\omega_o\omega_c+6\omega_o^2}{(\omega_c-\omega_o)^4},c_1=-\frac{3\omega_o\omega_c+3\omega_o^2}{(\omega_c-\omega_o)^3},c_2=-\frac{12\omega_o\omega_c+6\omega_o^2}{(\omega_c-\omega_o)^4}$$

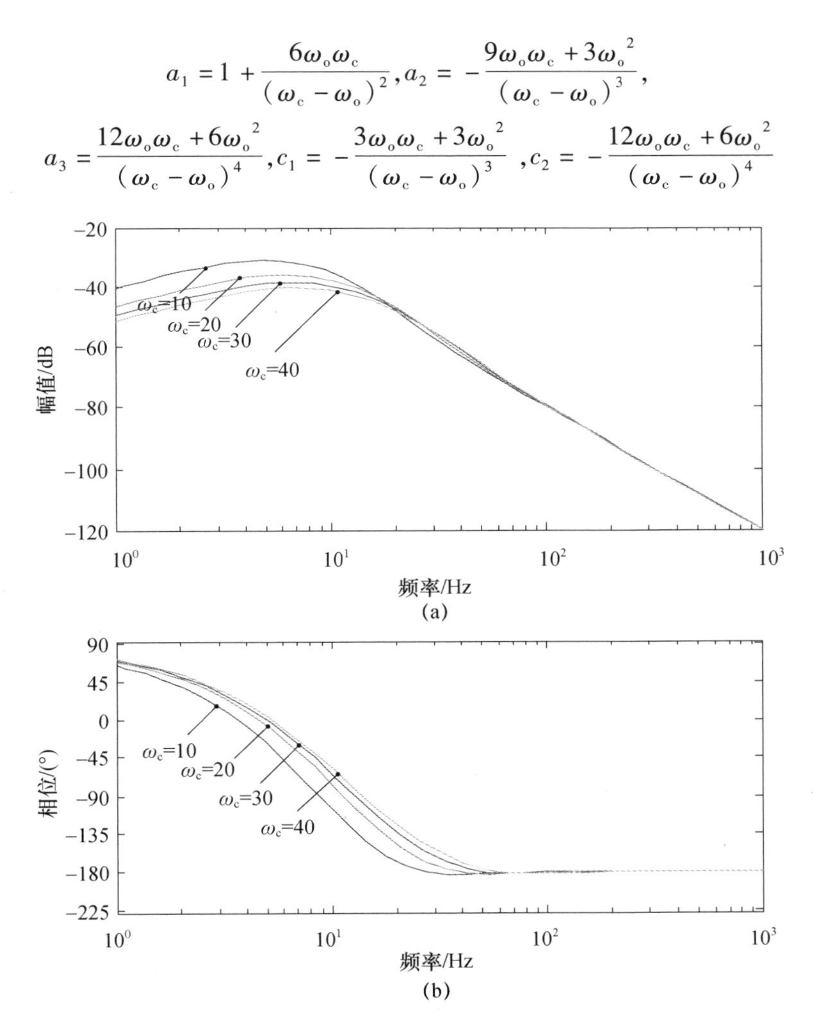

图 6－23　扰动项的频域特性曲线（ω_c 变化）

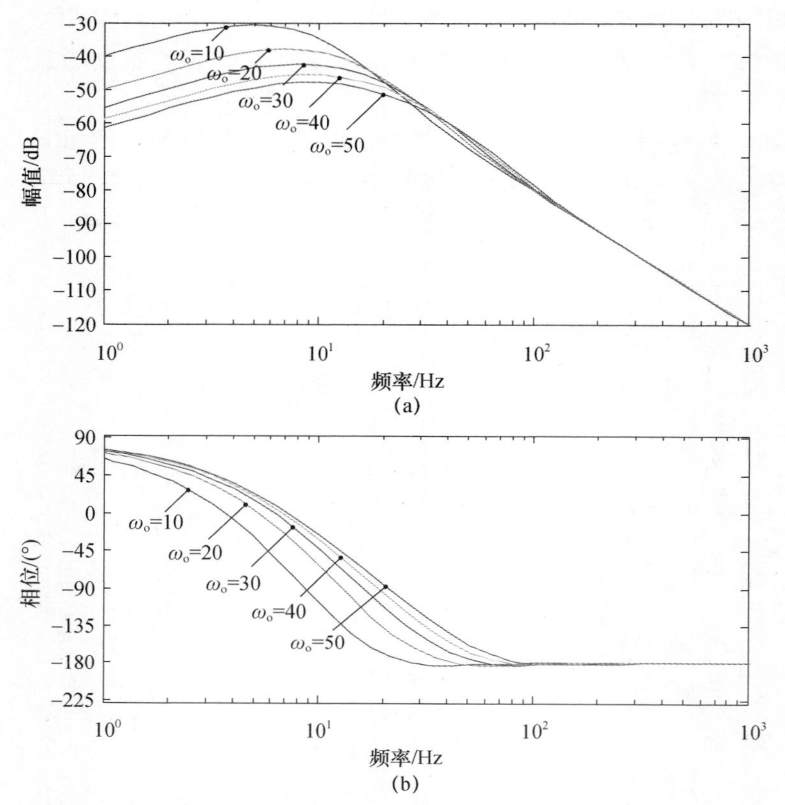

图 6-24　扰动项的频域特性曲线(ω_o 变化)

对其进行反拉普拉斯变换,可得

$$y(t)=\left(\frac{1}{2}a_1t^2+a_2t+a_3\right)e^{-\omega_o t}+(c_1t+c_2)e^{-\omega_c t} \tag{6-54}$$

容易求得

$$\lim_{t\to\infty}y(t)=0 \tag{6-55}$$

即外部阶跃扰动的稳态输出响应为0。

分析表明,LADRC 对外部扰动具有良好的抑制能力,且由式(6-54)可知,带宽 ω_c,ω_o 越大,$y(t)$ 衰减越快,系统恢复时间越短。

进一步,当 $\omega_o=\omega_c=\omega$ 时,其反拉普拉斯变换为

$$y(t)=\frac{1}{4}t^2(2+2\omega t+\omega^2t^2)e^{-\omega t} \tag{6-56}$$

对 t 求导并令 $\dot{y}(t)=0$,得到其正实数极值点为

$$t_1\approx 3.4798/\omega \tag{6-57}$$

代入式(6-56),得到 t_1 点极值为

$$y(t_1) \approx 1.97/\omega^2 \tag{6-58}$$

若取 $\omega = 10$,根据式(6-58)可得外部阶跃扰动造成的系统动态降落约为 2%,分析表明,LADRC 对外部扰动的抑制能力强。且增大 ω,还可进一步减小动态降落和恢复时间。

综上分析,对于阶跃扰动,LADRC 具有渐近稳定性,且带宽越大,收敛速度越快。

3. 系统稳定性分析——考虑控制输入增益不确定情形

暂不考虑外部扰动和模型参数不确定性影响,即令 $f(y,\dot{y},w) = (b-b_0)u_c$,则式(6-50)可化为

$$y = \frac{1}{s^2}(b_0 u_c + (b-b_0)u_c) \tag{6-59}$$

若设 $k_G = b_0/b$,则根据图 6-22,代入 $G_1(s)$、$H(s)$,可得

$$y = \frac{\omega_c^2 (s+\omega_o)^3}{a_{G0}s^5 + a_{G1}s^4 + a_{G2}s^3 + a_{G3}s^2 + a_{G4}s + a_{G5}} v \tag{6-60}$$

式中:$a_{G0} = k_G$,$a_{G1} = k_G(3\omega_o + 2\omega_c)$,$a_{G2} = k_G(\omega_c^2 + 6\omega_o\omega_c + 3\omega_o^2)$,$a_{G3} = 3\omega_c^2\omega_o + 6\omega_c\omega_o^2 + \omega_o^3$,$a_{G4} = 3\omega_c^2\omega_o^2 + 2\omega_c\omega_o^3$,$a_{G5} = \omega_c^2\omega_o^3$

由于 k_G,ω_c,ω_o 均为正数,容易得知 $a_{Gi} > 0 (i = 0,1,2,\cdots,5)$。

根据李纳德-戚帕特(Lienard-Chipart)稳定性判据,系统(式(6-60))稳定的充要条件为

$$\begin{cases} \Delta_3 = a_{G3}(a_{G1}a_{G2} - a_{G0}a_{G3}) - a_{G1}(a_{G1}a_{G4} - a_{G0}a_{G5}) > 0 \\ \Delta_5 = (a_{G1}a_{G2} - a_{G0}a_{G3})(a_{G3}a_{G4} - a_{G2}a_{G5}) - (a_{G1}a_{G4} - a_{G0}a_{G5})^2 > 0 \end{cases} \tag{6-61}$$

可以证明,当 $\Delta_5 > 0$ 成立时,有

$$(a_{G1}a_{G2} - a_{G0}a_{G3}) > a_{G1}(a_{G1}a_{G4} - a_{G0}a_{G5})/a_{G3} \tag{6-62}$$

因此系统(式(6-60))稳定的充要条件简化为

$$(a_{G1}a_{G2} - a_{G0}a_{G3})(a_{G3}a_{G4} - a_{G2}a_{G5}) > (a_{G1}a_{G4} - a_{G0}a_{G5})^2 \tag{6-63}$$

代入 $a_{Gi}(i = 0,1,2,\cdots,5)$,可得

$$c_{G1}c_{G4}k_G^2 - (c_{G1}c_{G3} + c_{G2}c_{G4} - c_{G5}^2)k_G + c_{G2}c_{G3} < 0 \tag{6-64}$$

式中

$$c_{G1} = (3\omega_o + 2\omega_c)(\omega_c^2 + 6\omega_o\omega_c + 3\omega_o^2)$$

$$c_{G2} = 3\omega_c^2\omega_o + 6\omega_c\omega_o^2 + \omega_o^3$$

$$c_{G3} = (3\omega_c^2\omega_o + 6\omega_c\omega_o^2 + \omega_o^3)(3\omega_c^2\omega_o^2 + 2\omega_c\omega_o^3)$$

$$c_{G4} = (\omega_c^2 + 6\omega_o\omega_c + 3\omega_o^2)\omega_c^2\omega_o^3$$

$$c_{G5} = (3\omega_o + 2\omega_c)(3\omega_c^2\omega_o^2 + 2\omega_c\omega_o^3) - \omega_c^2\omega_o^3$$

令 $p = \omega_o/\omega_c$,则式(6-64)可化为

$$p_1k_G^2 - p_2k_G + p_3 < 0 \tag{6-65}$$

式中

$$p_1 = (1 + 6p + 3p^2)^2(3p + 2)$$

$$p_2 = 18p^6 + 150p^5 + 486p^4 + 716p^3 + 486p^2 + 150p + 18$$

$$p_3 = (3 + 6p + p^2)^2(3 + 2p)p$$

式(6-65)表明,k_G 的取值范围与 ω_o,ω_c 的具体取值无关,只与两者比值 p 有关。容易求得不等式(6-65)的解为

$$k_{inf} < k_G < k_{sup} \tag{6-66}$$

通过数值方法求解得到 $p \in [0.1, 10]$ 时 k_{sup}、k_{inf} 值分别如图 6-25 和图 6-26所示。

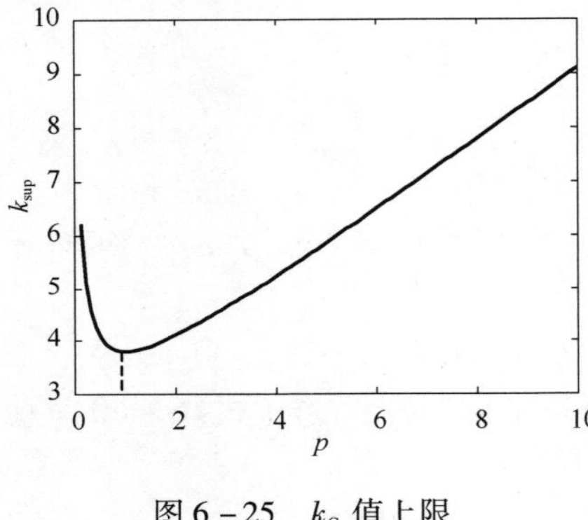

图 6-25　k_G 值上限

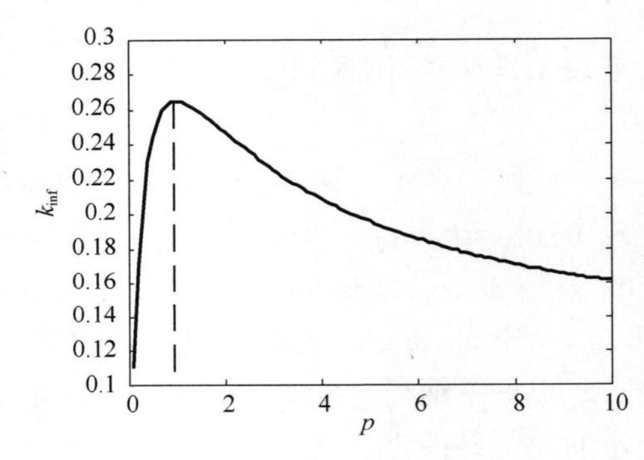

图 6-26　k_G 值下限

由图可知,当 $p=1$ 时,k_{sup}得到极小值,k_{inf}为极大值,此时 k_G 的取值范围最小。将 $p=1$ 代入式(6-65),可得此时

$$k_{sup} = 3.7837, k_{inf} = 1/k_{sup} = 0.2643 \tag{6-67}$$

综上可知,LADRC 具有较强的鲁棒性,对参数 b_0 的估计要求较低,k_G 选取满足式(6-67)即可保持系统稳定。随着 p 的变化,其允许的相对误差范围还可进一步增大。下面进一步分析 k_G 和 p 变化对系统的频带特性的影响。

令 $\omega_c = \omega$,$\omega_o = p\omega$,代入式(6-60),得到

$$y = \frac{G(s)}{1 + G(s)}v \tag{6-68}$$

式中

$$G(s) = \left(\frac{s}{\omega} + p\right)^3 \Bigg/ \left(k_G\left(\frac{s}{\omega}\right)^5 + k_G(3p+2)\left(\frac{s}{\omega}\right)^4 + (k_G(1+6p+3p^2)-1)\left(\frac{s}{\omega}\right)^3 + (6+p)p^2\left(\frac{s}{\omega}\right)^2 + 2p^3\frac{s}{\omega}\right)$$

根据式(6－68)可进行如下分析：

(1) 参数 ω 对系统的影响分析。调整 ω 相当于改变系统的“时间尺度”，不会影响系统的稳定性，与式(6－65)分析一致。但是增加 ω 可增大带宽，从而提高系统的响应速度。

“时间尺度”是反映系统响应快慢程度的一个重要指标，对于线性系统

$$y(s)=\frac{b}{s^n+a_{n-1}s^{n-1}+\cdots+a_1s+a_0}u_c(s) \tag{6-69}$$

及其能控标准型实现

$$\begin{cases}\dot{x}_1=x_2\\ \quad\vdots\\ \dot{x}_{n-1}=x_n\\ \dot{x}_n=-a_0x_1-a_1x_2-\cdots-a_{n-1}x_n+bu_c\\ y=x_1\end{cases} \tag{6-70}$$

中，可定义

$$\rho=\frac{1}{r}=\frac{1}{\sqrt[n]{a_0}} \tag{6-71}$$

为衡量系统响应快慢的“时间尺度”。

(2) 参数 k_G 对系统的影响分析。令 $p=1,\omega=10,k_G$ 分别取 1、2、3、4 时，得到系统(式(6－68))的频域特性曲线如图 6－27 所示。由图可知，k_G 偏离 1 越远，系统相角裕度越小，当 $k_G=4$ 时，系统不稳定。因此为改善控制性能，在实际工程实践中，参数 b_0 选取应尽可能地接近真实参数 b。

(3) 参数 p 对系统的影响分析。为方便起见，此处只取 $p\geqslant1$ 时进行讨论。令 $k_G=2,\omega=10,p$ 分别取 1、2、3、4 时，得到系统(式(6－68))的频域特性曲线如图 6－28 所示。由图可知，随着 p 值的增大，系统幅频特性曲线基本不变，但其相角裕度增加，系统稳定性增强。当 $p<1$ 时分析与之相似，此处不再赘述。

4. 系统稳定性分析——考虑模型参数不确定情形

与前类似，暂不考虑外部扰动和控制输入增益不确定性影响，即令 $f(y,\dot{y},w)=-a_1\dot{y}-a_2y$，同时考虑到式(6－25)中 $a_2=0$，则式(6－50)可化为

$$y=\frac{b_0}{s(s+k_C)}u_c \tag{6-72}$$

式中：k_C 为时变参数，且有 $k_C=K_{uf}/J_m$。

根据图 6－22，代入 $G_1(s)$、$H(s)$，可得

$$y=\frac{\omega_c^2(s+\omega_o)^3}{a_{C0}s^5+a_{C1}s^4+a_{C2}s^3+a_{C3}s^2+a_{C4}s+a_{C5}}v \tag{6-73}$$

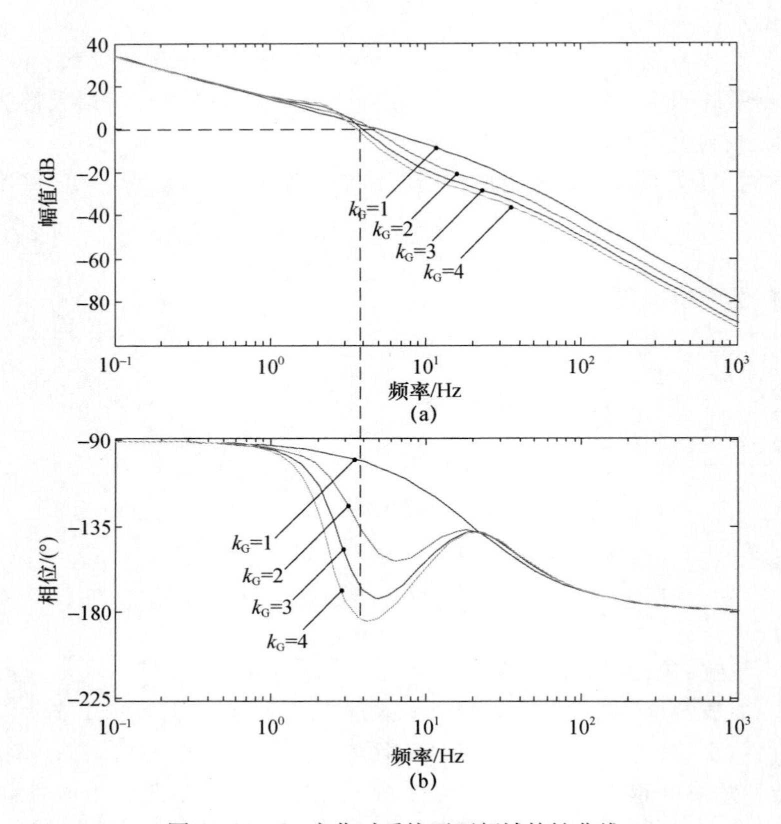

图 6－27　k_G 变化时系统开环频域特性曲线

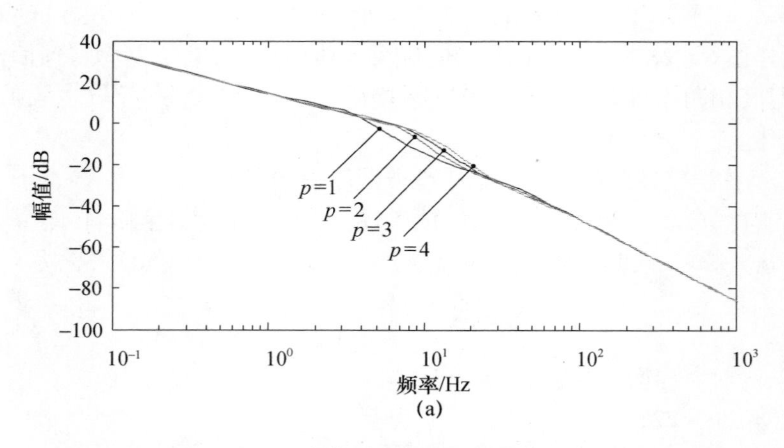

图 6－28　p 变化时系统开环频域特性曲线

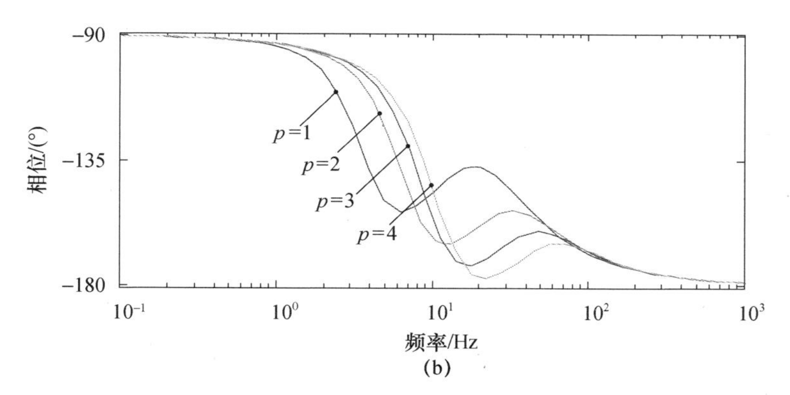

图6-28 p变化时系统开环频域特性曲线(续)

式中

$$a_{C0}=1,a_{C1}=3\omega_o+2\omega_c+k_C,a_{C2}=\omega_c^2+6\omega_o\omega_c+3\omega_o^2+k_C(3\omega_o+2\omega_c)$$

$$a_{C3}=k_C(\omega_c^2+6\omega_o\omega_c+3\omega_o^2)+(3\omega_c^2\omega_o+6\omega_c\omega_o^2+\omega_o^3),a_{C4}=3\omega_c^2\omega_o^2+2\omega_c\omega_o^3$$

$$a_{C5}=\omega_c^2\omega_o^3$$

与前节分析类似的,可得系统(式(6-73))稳定的充要条件为

$$c_{C1}c_{C5}k_C^3+(c_{C1}^2c_{C5}+c_{C1}c_{C6}-c_{C4}^2)k_C^2+(c_{C1}^2c_{C6}+c_{C2}c_{C5}-2c_{C3}c_{C4})k_C+c_{C2}c_{C6}-c_{C3}^2>0 \tag{6-74}$$

式中

$$c_{C1}=3\omega_o+2\omega_c,c_{C2}=(3\omega_o+2\omega_c)(\omega_c^2+6\omega_o\omega_c+3{\omega_o}^2)-(3\omega_c^2\omega_o+6\omega_c\omega_o^2+\omega_o^3)$$

$$c_{C3}=(3\omega_o+2\omega_c)(3\omega_c^2\omega_o^2+2\omega_c\omega_o^3)-\omega_c^2\omega_o^3,c_{C4}=3\omega_c^2\omega_o^2+2\omega_c\omega_o^3$$

$$c_{C5}=(\omega_c^2+6\omega_o\omega_c+3{\omega_o}^2)(3\omega_c^2\omega_o^2+2\omega_c\omega_o^3)-(3\omega_o+2\omega_c)\omega_c^2\omega_o^3$$

$$c_{C6}=(3\omega_c^2\omega_o+6\omega_c\omega_o^2+\omega_o^3)(3\omega_c^2\omega_o^2+2\omega_c\omega_o^3)-(\omega_c^2+6\omega_o\omega_c+3{\omega_o}^2)\omega_c^2\omega_o^3$$

设式(6-74)对应等式方程的根分别为k_{C1}、k_{C2}、k_{C3},且有$k_{C1}<k_{C2}<k_{C3}$,则系统稳定的条件为

$$k_{C1}<k_C<k_{C2}\text{或}k_C>k_{C3} \tag{6-75}$$

通过数值方法,求得$\omega_c=10,\omega_o\in[0,100]$时$k_{C1}$、$k_{C2}$、$k_{C3}$的值如图6-29(a)所示,$\omega_o=10,\omega_c\in[0,100]$时$k_{C1}$、$k_{C2}$、$k_{C3}$的值如图6-29(b)所示。由图可知,对于任意的$k_C>0$,系统均稳定。当$k_C<0$时,只要满足条件(式(6-75))也能保持稳定,且随着ω_o、ω_c的增加,系统的稳定域范围扩大。

分析表明,LADRC对模型参数不确定性具有很强的鲁棒性。特别的,取$k_C=10,\omega_c=\omega_o=\omega$,式(6-73)可化为

$$y=\frac{G(s)}{1+G(s)}v \tag{6-76}$$

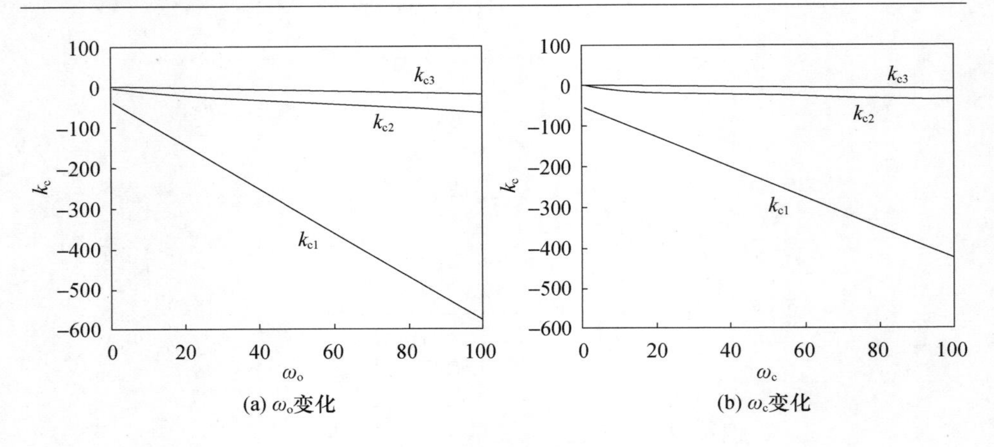

(a) ω_o变化 (b) ω_c变化

图 6-29 k_C 取值

式中

$$G(s)=\omega^2(s+\omega)^3/(s^5+5(\omega+2)s^4+(9\omega+50)\omega s^3+(7\omega+100)\omega^2 s^2+2\omega^4 s)$$

分别取 $\omega=10,20,\cdots,50$，可求得系统频域特性曲线如图 6-30 所示。由图

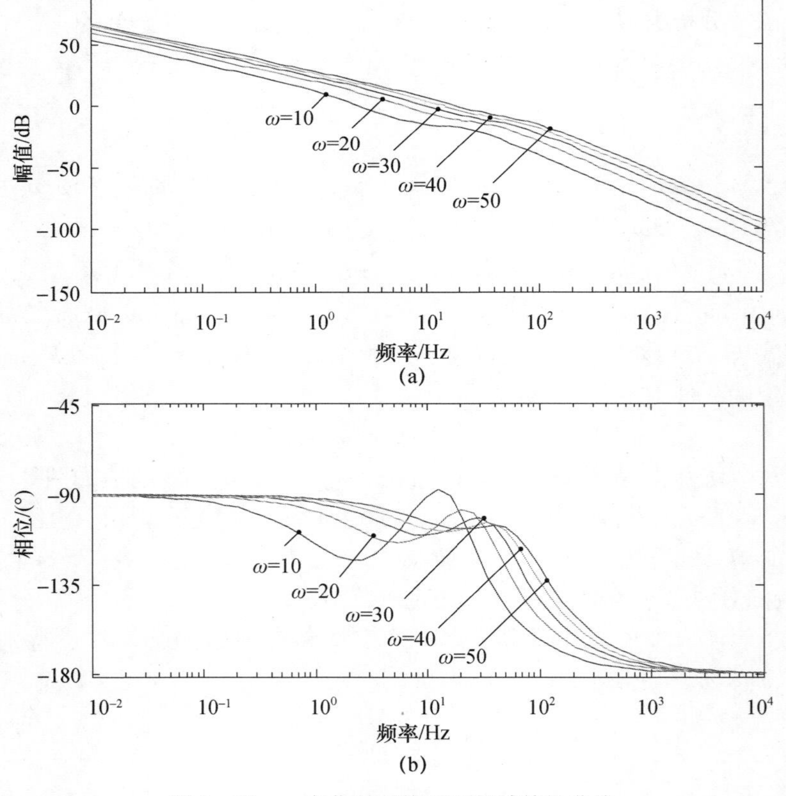

(a)

(b)

图 6-30 ω 变化时系统开环频域特性曲线

可知,随着 ω 的增加,系统带宽增大,响应速度提高,相角裕度增大。但是根据式(6-49),当参考信号 v 发生突变时,较大的跟踪误差会使得控制量 u_c 剧增,ω 过大容易造成控制器深度饱和。为此,有学者提出依据被控对象的时间尺度设计 LADRC 的“安排过渡过程”,并给出了其参数与时间尺度之间的关系和选择原则。

“安排过渡过程”是为解决参考信号突变与实际系统缓慢响应之间的矛盾而提出的一种过渡过程设计方法。在传统的系统控制中,参考信号 v 大多都是直接阶跃跳变的,但由于实际系统都具有惯性,其输出 y 只能由初始状态开始“缓慢”变化(当然,“缓慢”是相对于参考信号的突变而言的),这样一来,在响应初期就容易造成较大的系统误差 $e=v-y$,如图6-31(a)所示。如果为了加速跟踪过渡过程设计较大的控制增益,就会给系统带来严重冲击,引起响应超调、控制器深度饱和等问题。

反过来,既然上述问题是由响应初期的起始误差过大造成的,如果能够降低起始误差,就有可能在避免过大冲击的情况下采用大增益加速过渡过程。降低起始误差的具体方法:根据系统所能的承受能力(如“时间尺度”等)以及系统能够提供控制量的能力(如“限幅值”等),给参考值 v 安排合适的过渡过程,将其转化为 v_T,然后让系统跟踪 v_T 运行,安排过渡过程可由跟踪微分器或适当的函数发生器实现。系统结构如图6-31(b)所示。

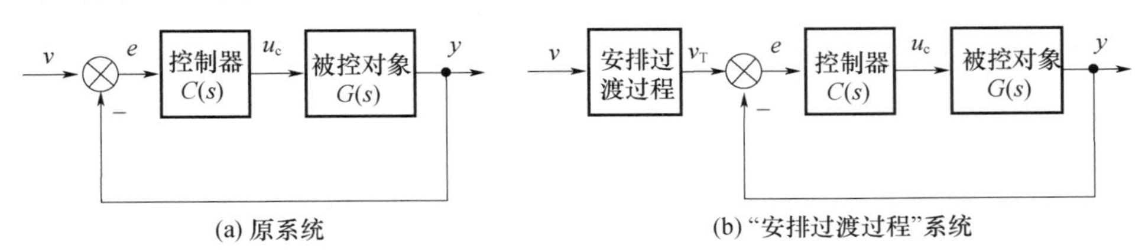

图6-31　“安排过渡过程”系统结构

综上分析,相对于模型参数不确定性,LADRC 对控制输入增益不确定性的影响更敏感,因此,工程实践中需要采用合适的方法辨识估计 b,提高 LADRC 的控制性能。

6.2.4　考虑噪声的系统频带特性分析

根据前述分析,本节主要考虑观测噪声 δ_o 对 LADRC 控制性能的影响。考虑 δ_o 时图6-22可化为图6-32。

根据图6-32可以求得观测噪声的传递函数为

$$\frac{y}{\delta_o}=\frac{G_1(s)H(s)/s^2}{1+G_1(s)H(s)/s^2} \tag{6-77}$$

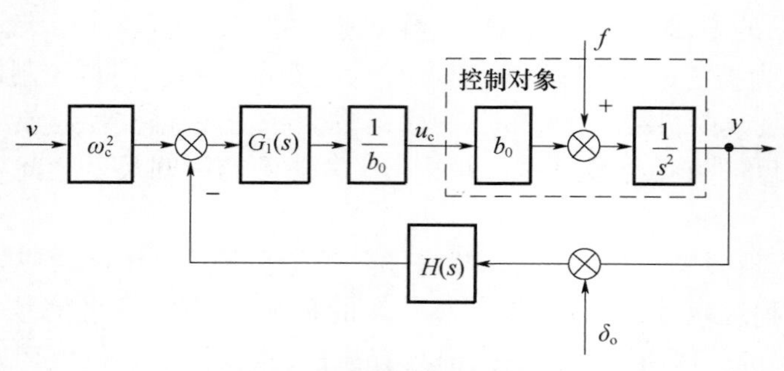

图 6-32　考虑观测噪声的系统结构图

与前类似，代入 $G_1(s)$、$H(s)$，可得

$$\frac{y}{\delta_o}=\frac{(3\omega_c^2\omega_o+6\omega_c\omega_o^2+\omega_o^3)s^2+(3\omega_c^2\omega_o^2+2\omega_c\omega_o^3)s+\omega_c^2\omega_o^3}{(s+\omega_c)^2\ (s+\omega_o)^3} \tag{6-78}$$

取 $\omega_o=10$，$\omega_c=10,20,\cdots,50$ 得到系统（式(6-78)）的频域特性如图 6-33 所示，$\omega_c=10$，$\omega_o=10,20,\cdots,50$ 时系统频域特性曲线如图 6-34 所示。

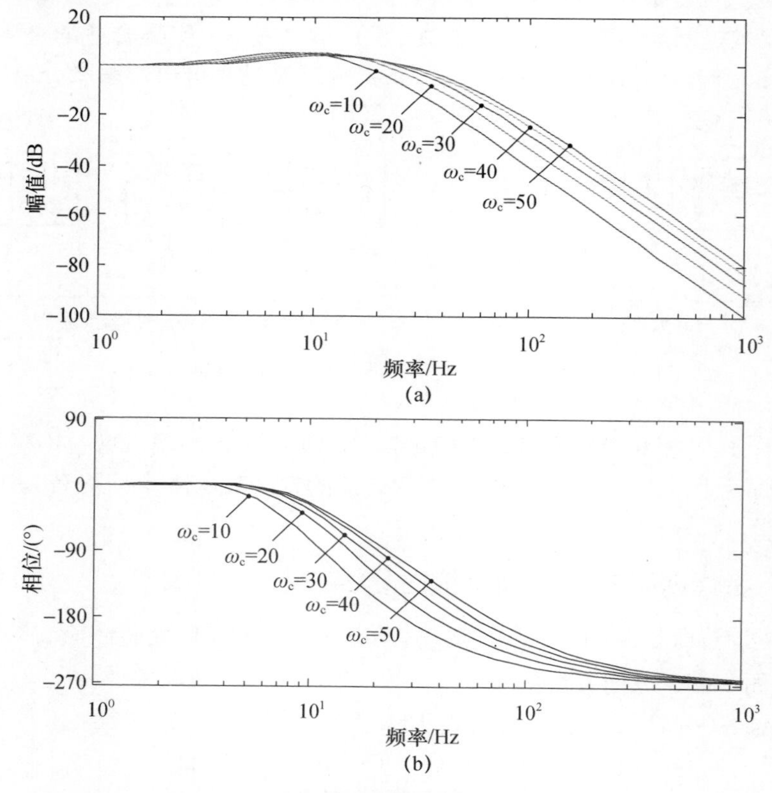

图 6-33　噪声的频域特性曲线（ω_c 变化）

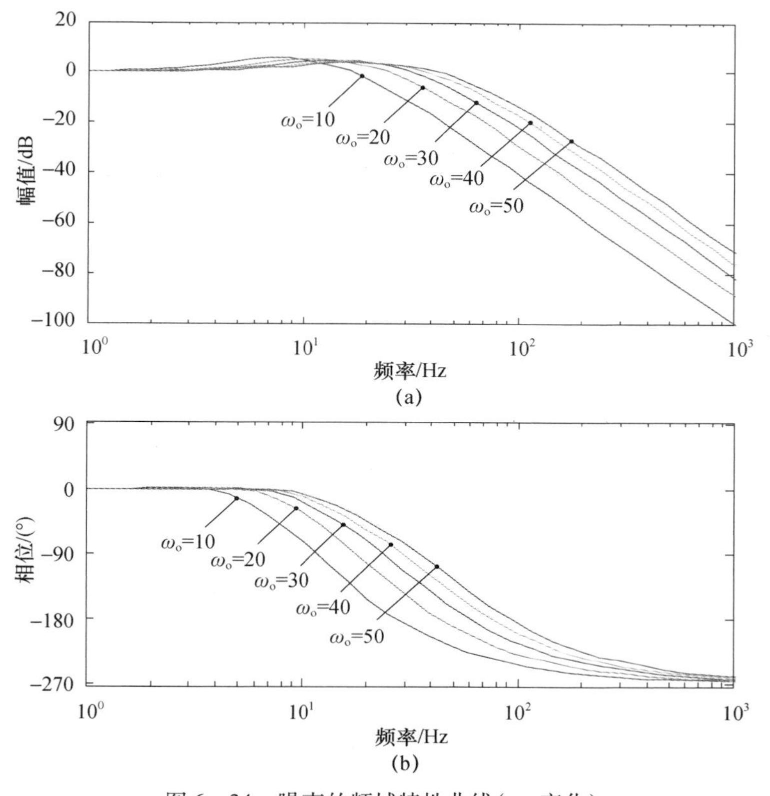

图 6－34　噪声的频域特性曲线(ω_o 变化)

分析表明,增加 ω_o 或 ω_c 均会导致高频带增益变大,系统抗噪能力变差。在一些高精度控制系统中,由于控制性能要求必须增大 ω_o 或 ω_c 而导致系统噪声过大时,可在 LESO 前端设置前置滤波器抑制其影响。图 6－35 为加入一阶惯性滤波环节 $1/(Ts+1)$ 后系统的频带特性曲线。

由图可知,当 T 越大时,系统对噪声的抑制能力越强,但同时造成的相位延时越严重。为此,有学者提出用于带有量测噪声系统的新型扩张状态观测器或利用 fal( ) 函数对线性滤波环节进行改进,即 fal 函数滤波器,其结构如图 6－36所示。

图中:

$$\mathrm{fal}(e,a,\delta)=\begin{cases}|e|^a \mathrm{sgn}(e), & |e|>\delta \\ e/\delta^{1-a}, & |e|\leqslant\delta\end{cases}$$

当 $|e|\leqslant\delta$ 时,fal 函数滤波器为一阶惯性滤波器,当 $|e|>\delta$ 时,非线性反馈使得输出迅速逼近输入信号,从而使跟踪误差趋近于 0,因此该滤波器不仅具有良好的滤波效果,且具有较快的跟踪速度。

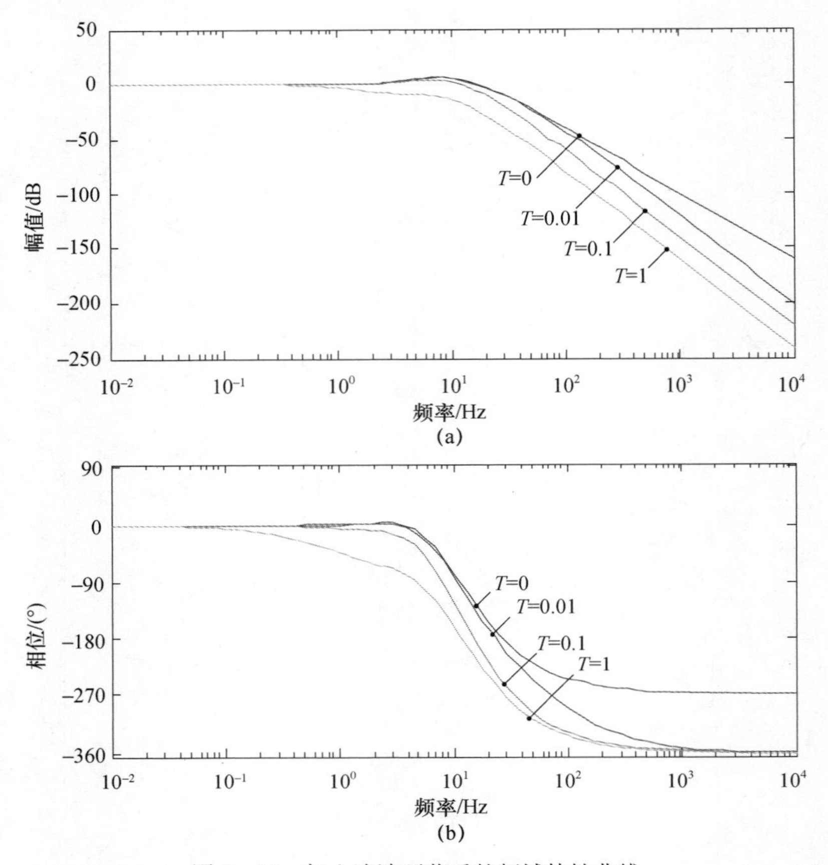

图 6 – 35　加入滤波环节后的频域特性曲线

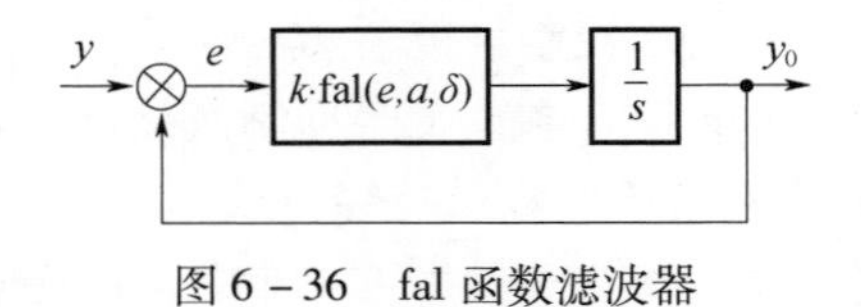

图 6 – 36　fal 函数滤波器

6.2.5　基于频带特性分析的控制器参数配置

上述分析表明，LADRC 参数 ω_c，ω_o 对系统的稳定性、抗扰特性、鲁棒性及其噪声抑制能力等具有重要的影响，且二者可独立调整，此外，b_0 的选取也会影响系统的动态特性。综合前述分析，并结合武器系统工程实践经验，可设计如下参数配置方法：

(1) 对于模型已知的系统，将其模型转化为式(6 – 25)所示的状态方程，并据其确定控制增益 b_0；如果难以建立数学模型的武器稳定系统，则利用“时间尺度”模型辨识方法初步选取控制增益 b_0。

(2) 选取参数 ω_c、ω_o 初值，保持 ω_c 不变，逐步增大 ω_o 直到噪声影响难以满足系统要求。

(3) 逐渐增大 ω_c，当噪声影响难以承受导致系统输出波动时减小 ω_o，然后再逐渐增大 ω_c，依此循环调节，直到达到控制要求。

(4) 如因噪声影响调节 ω_c、ω_o 无法达到控制要求时，可在 LESO 前端增加滤波器，再转到(3)。

(5) 调整参数过程中，系统动态跟踪过程出现过大振荡时可适当调整 b_0。

(6) 如控制量出现深度饱和现象时可根据(1)辨识对象的时间尺度设计 LADRC 的“安排过渡过程”。

6.3　控制策略的快速集成开发技术

传统的控制算法开发一般分理论仿真和工程实现两步独立完成，即先采用 MATLAB 等环境构建对象模型，设计控制器进行离线仿真；工程实现时再采用与微处理器相对应的语言（如 C/汇编语言）重新编写控制程序，其开发过程比较繁琐，重复性工作多，设计效率低。且由于语言结构和命令不同，仿真与实车试验的控制效果往往差距甚远，致使理论分析和工程实践脱节，重新调试又较为困难。为此本节介绍一种基于 dSPACE 平台的算法快速集成开发方法，并将其应用于武器稳定系统的控制策略工程开发中，提高系统设计开发效率。

6.3.1　基于 dSPACE 平台的算法快速集成开发基本方法

基于 dSPACE 平台的算法快速集成开发的一般步骤主要包括：算法设计（图形化建模与离线仿真）、控制算法快速控制原型（RCP）、自动目标代码生成、硬件在环（HIL）仿真、测试标定及诊断 5 个步骤，如图 6－37 所示。通常又称为“V”型控制算法开发流程，其具体流程如下。

(1) 算法设计（图形化建模与离线仿真）。首先采用 MATLAB 等软件平台构建系统控制器和被控对象模型，对控制算法进行离线的仿真分析，调节系统控制器参数。

(2) 控制算法快速控制原型（RCP）。基于 dSPACE 的 RTI 软件模块定义 dSPACE 硬件与被控对象之间的交互接口，构建快速控制系统仿真环境，利用 RTW/RTI 将上述 MATLAB 软件搭建的控制算法模型自动生成实时仿真代码，并下载到 dSPACE 硬件中，模拟真实的控制器对真实被控对象进行控制算法的在线仿真和验证，其中可利用 Controldesk 软件，实时获取、监测控制过程中各种数据，对控制算法参数进行在线的调整，验证、优化控制算法。

（3）自动目标代码生成。采用 dSPACE 的 TargentLink 软件模型库模块构建系统控制器模型，首先进行主机浮点仿真，实现有效性检测、定标、溢出检测和参考跟踪，完成算法设计；然后再进行主机产品级代码的仿真，监测量化误差，观察是否存在饱和与溢出，算法调整完毕后生成可编译的 ANSI - C 代码。

（4）硬件在环仿真。将生成的代码下载至真实控制器中，用 dSPACE 模拟被控对象（也可采用部分硬件），定义二者之间的交互接口，开展被控对象负载变化以及故障工况下的仿真，同时采用 ControlDesk 软件实时获取仿真数据、调节控制参数和执行自动测试脚本。

（5）测试标定及诊断。将真实的控制器与真实被控对象连接，进行全实物的算法测试和验证，在真实环境下根据测试结构对控制参数进行调整，直到满足控制要求。

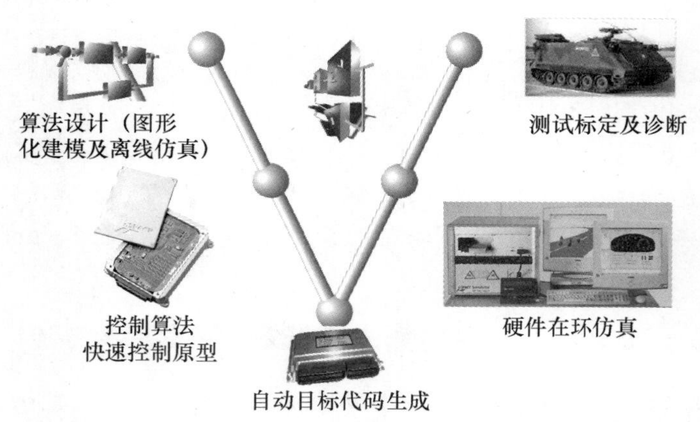

图 6 - 37　基于 dSPACE 平台的算法快速集成开发的一般步骤

6.3.2　系统线性自抗扰控制算法集成开发设计

考虑到武器稳定系统工程实践的具体情况，6.2 节中的线性自抗扰控制算法集成开发主要用到了前三个步骤，即算法设计（图形化建模与离线仿真）、控制算法快速控制原型、自动目标代码生成。图形化建模和离线仿真可采用系统数学模型仿真或者 3.4 节介绍的系统虚拟样机仿真，此处重点对控制算法快速控制原型、自动目标代码生成方法进行分析。

RCP 仿真时，将图形化建模和离线仿真阶段 MATLAB 控制模型生成代码下载到 dSPACE 硬件系统，并通过 dSPACE 硬件直接控制实际系统，这是实现控制算法工程应用的关键环节。dSPACE 快速控制原型系统由硬件系统和软件环境两部分组成。硬件系统主要包括武器稳定系统控制单元硬件系统和上位机硬件系统两部分,武器稳定系统控制单元可由 DSP 辅以相应的外部电路组成,上位机硬件系统可采用组件系统,一般由处理器板 DS1006 和相应的接口板 DS4302、DS814 等组成,系统内部通过高速总线 PHS 实现各板卡的连接,DS814 实现与 PC 机 dSPACE 软件开发环境的数据交互,DS4302 板通过可通过 CAN 总线与武器稳定系统控制单元挂接,其连接结构如图 6 - 38 所示。

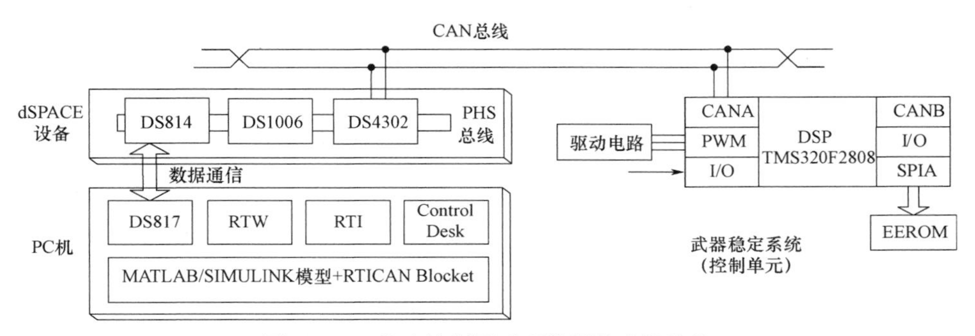

图 6 - 38　快速控制原型系统硬件连接结构

与硬件系统相对应的,软件系统也包括武器稳定系统控制单元软件和上位机软件两部分。武器稳定系统控制单元软件主要由初始化程序、主程序和中断服务程序组成。系统核心控制程序在定时中断服务程序中实现,其流程如图 6 - 39所示,为了配合 dSPACE 平台 RCP 仿真,控制策略程序采用备份处理模式。在 RCP 仿真阶段,备份处理程序通过 CAN 总线向 dSPACE 平台发送控制器计算所需要的信息,dSPACE 平台运算完毕后再接收传回的控制量,生成控制信号,驱动电机运行,其流程如图 6 - 39 中虚线部分所示。当"自动目标代码生成"阶段后,采用生成的控制策略代码替换备份处理程序固化入 DSP,实现系统控制。

上位机软件环境包括 SIMULINK、RTW、RTI 和 Control Desk 等,实现基于仿真模型的控制代码生成、下载和测试。在进行 RCP 仿真时,首先将离线仿真阶段的系统模型进行修改,去掉控制对象(武器稳定系统中控制对象模型部分),保留控制器模型,并添加信息输入/输出模块(RX Message Control1 和 TX Message Control2)及其配置模块(DS4302CAN_SETUP_B1)等,构成控制原型,如图 6 - 40所示。然后利用 RTI 和 RTW 生成 dSPACE 硬件所需的代码,并下载到 dSPACE 硬件系统中。dSPACE 硬件通过 CAN 总线与 DSP 进行信息交互,控制实际系统运行,运行过程中可采用 Control Desk 建立图形化的监控环境,实现对控制器变量和参数的实时管理调整,优化控制器设计。

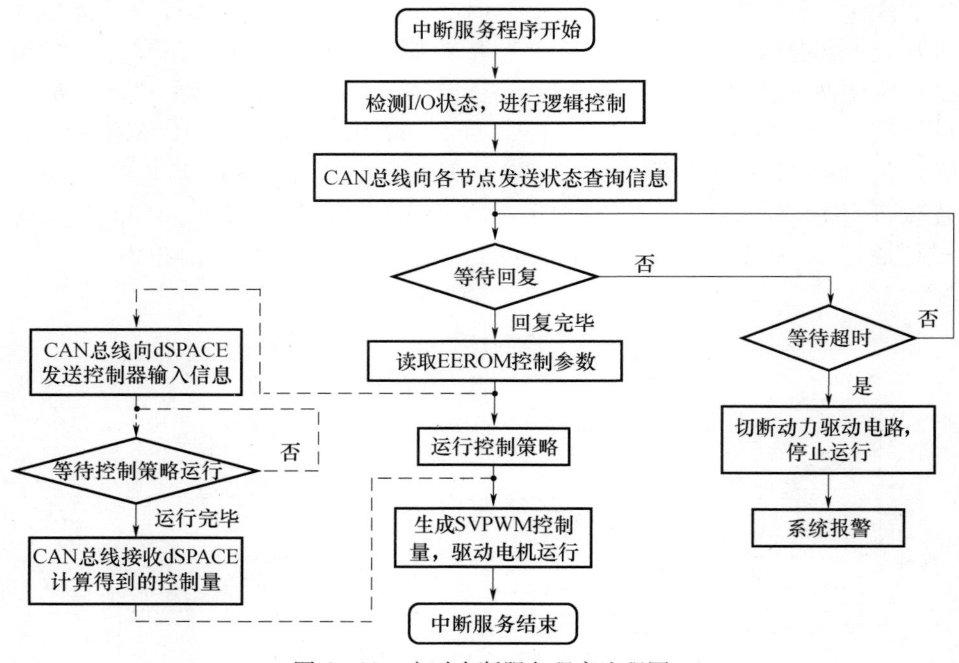

图 6-39　定时中断服务程序流程图

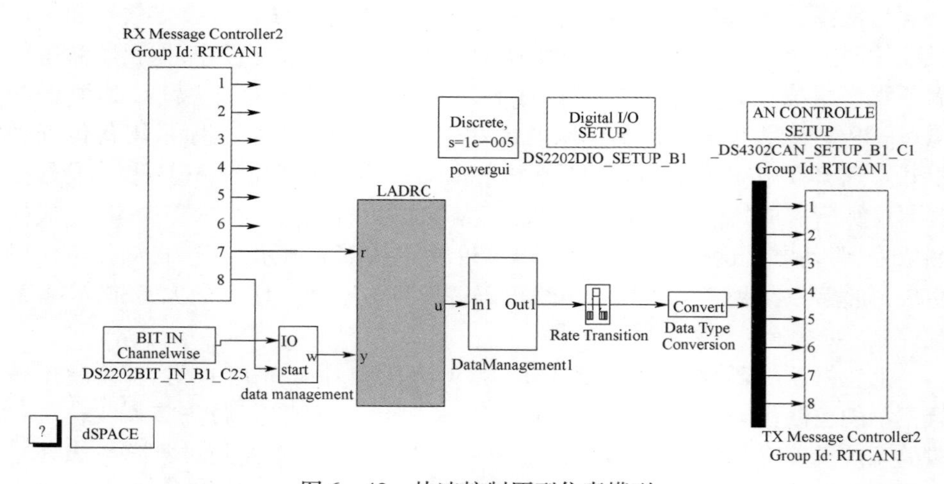

图 6-40　快速控制原型仿真模型

当 RCP 仿真的控制器达到性能指标要求后，采用 Targetlink 环境生成可下载实际控制器（如 DSP 等）中的目标控制代码。区别于快速控制原型阶段下载到 dSPACE 硬件系统中的代码，DSP 为定点运算，因此需要根据快速控制原型阶段测试的变量值域变化范围对其进行定标。此外，较之 dSPACE 硬件系统，DSP

的运算时钟频率较低，因此一般还需采用模块化设计等手段对控制程序代码进行优化，以提高执行效率。

6.4　其他高精度传动技术

6.4.1　双电机驱动技术

双电机驱动基本原理如图 6－41 所示。采用两台相同的电机带动两套相同的主动轮与从动轮啮合，静态时，分别通过两台电机给主动轮施加大小相等，方向相反的偏置力矩（设主动轮 1 旋转的方向为正方向（顺时针方向），主动轮 2 旋转的方向为反方向（逆时针方向）），使得从动轮处于预压紧状态，不能够在齿隙间自由运动，从而克服齿隙非线性带来的定位精度不准的问题。

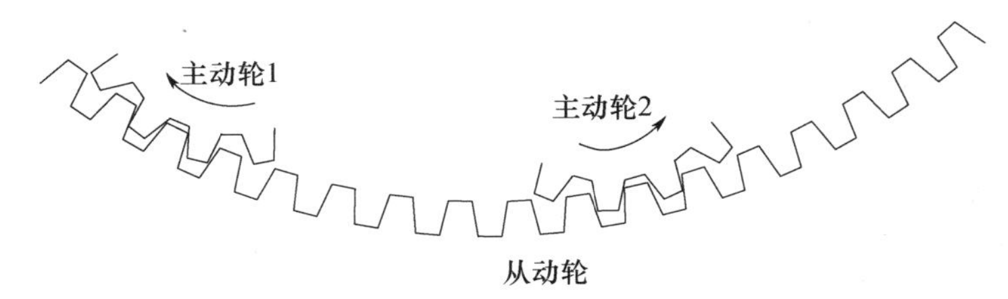

图 6－41　双电机驱动基本原理

与此相似的，在运动过程中仍然通过相应的控制方法，在两个主动轮电机上施加一定的偏置力矩，保持从动轮始终处于这种压紧状态，就可有效的抑制齿隙影响，提高系统传动精度。常见的偏置力矩施加方法有以下几种。

1. 定向偏置力矩消隙控制

这种方法直接给电机施加固定偏置力矩，即

$$T_w = T_{w-\max} \tag{6-79}$$

式中：T_w 为偏置力矩幅值；$T_{w-\max}$ 为偏置力矩幅值最大值，是待设定的一个常值。考虑力矩方向，电机 1 和电机 2 上所施加的偏置力矩如图 6－42（a）所示。

这种方法是最简单直接的偏置力矩施加方式，其特点是两个电机的输出转矩方向始终不变，即定向驱动。此时电机输出力矩如图 6－42（b）所示，当希望输出正向驱动力矩时，电机 2 保持反向偏置力矩不变，电机 1 在正向偏置力矩的基础上再加一个驱动力矩，使得从动轮受到的总驱动力矩为正，如图 6－42（b）中一、四象限曲线所示。当期望输出反向作用力矩时，电机 2 在反向偏置力矩的基础上增加一个反向驱动力矩，电机 1 保持正向偏置力矩，如图 6－42（b）中二、三象限曲线所示。在期望转矩的变化过程中，电机 1 带动的主动轮始终与从动轮正向啮合，电机 2 带动的主动轮始终与从动轮反向啮合，均不会穿越齿隙改变驱动方向,因此即使期望力矩剧烈变化,两个主动轮均能保持从动轮始终处于压紧状态,有效抑制齿隙影响。

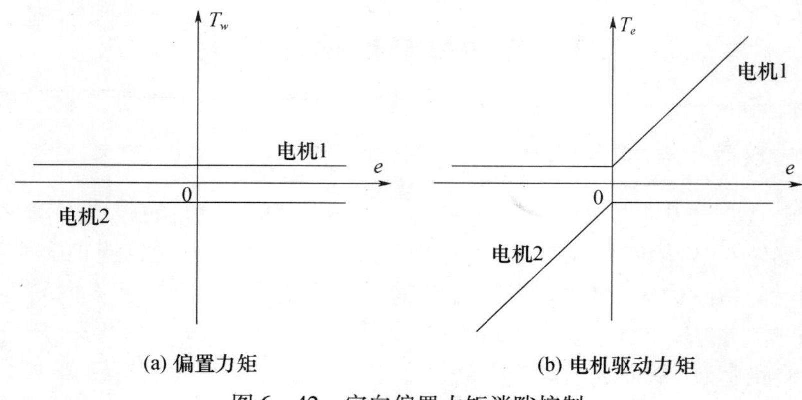

图 6 – 42　定向偏置力矩消隙控制

该方法虽然能够很理想的解决齿隙带来的定位精度问题,但总是有一个电机作为阻转负载运行,功率利用率低,浪费能量较为严重,且没有充分利用双电机的驱动能力。

2. 动态偏置力矩消隙控制

为了克服上述问题,可将式(6 – 79)中的固定偏置力矩改进为动态偏置力矩,将其设计为系统位置误差的函数,即

$$T_w=\begin{cases}T_{w-\max}, |e|\leqslant e_0\\ T_{w-\max}-\dfrac{T_{w-\max}}{e_1-e_0}(|e|-e_0), e_0<|e|\leqslant e_1\\ 0, |e|>e_1\end{cases}\tag{6-80}$$

式中:e 为系统误差;e_0、e_1 为偏置力矩的变化拐点所对应的系统误差,也是待设定常值。

此时,电机 1 和电机 2 上所施加的偏置力矩和电机输出力矩如图 6 – 43 所示。下面据其对系统驱动状态进行分析。由于正反向驱动具有对称性,分析时以 $e>0$ 情形为例。

(1) 静止状态。当系统误差输入为零时,电机 1 和电机 2 分别受到顺时针和逆时针偏置转矩的施加,主动轮 1 与从动轮正向啮合,主动轮 2 与从动轮反向啮合,从动轮处于预压紧状态,其受到的合成力矩为零,处于静止状态。

(2) 双电机驱动状态。当从动轮需要正向转动时,给系统输入一个位置输入信号 $e>e_1$,电机 1 和电机 2 施加一个相同的正方向转矩,主动轮 1 和主动轮 2 均与从动轮正向啮合,共同驱动从动轮运动。

（3）单电机驱动状态。随着从动轮位置接近期望位置，系统误差减小，当系统误差 $e_0 < e < e_1$ 时，偏置力矩产生，随着系统误差进一步减小，偏置力矩逐渐增大。由于电机 1 上的偏置力矩为正方向，与输入转矩方向相同，而电机 2 上的偏置力矩为反方向，与输入转矩方向相反。因此，电机 2 的转矩急剧减小，当其转速小到不足以驱动从动轮时，进入齿间空隙，此时电机 1 单独驱动。

（4）单电机驱动/单电机制动状态。随着时间推移，主动轮 2 与从动轮反向啮合，主动轮 1 和主动轮 2 再一次卡住从动轮，进入电机 1 正向驱动，电机 2 反向制动状态。随着从动轮进一步逼近目标位置，电机 1 和电机 2 驱动状态始终在电机 1 正向驱动/电机 2 反向制动和电机 1 正向制动/电机 2 反向驱动之间切换，使从动轮位置接近和达到目标位置。

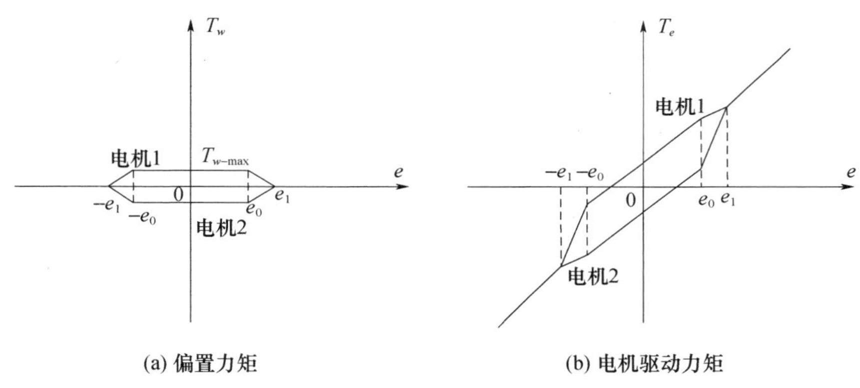

(a) 偏置力矩　　(b) 电机驱动力矩

图 6-43　动态偏置力矩消隙控制

3. 双电机驱动的动态齿隙补偿控制

动态偏置力矩消隙控制方法在工程应用时认为：由于偏置力矩的存在，两个子系统不可能同时出现齿隙，因而作用到从动子系统上总的力矩成为具有近似线性特性的分段线性系统。但是由前述分析可知，齿隙非线性对系统的影响仍然存在，例如，系统中任何一个主动轮在齿隙结束时仍会对系统会产生一定的冲击力矩；再如，由于两个电机驱动子系统的参数不可能完全一致，从而产生驱动子系统间的同步协调问题。因此，在双电机驱动系统中，偏置力矩的动态施加与调节、齿隙非线性对驱动子系统间同步协调的影响、控制系统稳定性分析、基于现代控制理论的双电机驱动系统协调控制等许多问题研究都是具有重要理论与实践意义的课题，限于篇幅，本节不再对其进行逐一分析，考虑到双电机驱动系统数学模型是上述问题的分析基础，下面对其进行简要介绍，以作为读者开展进一步研究的参考。

综合图 5-1 与图 6-41,容易得到双电机驱动系统动力学模型如图 6-44 所示。

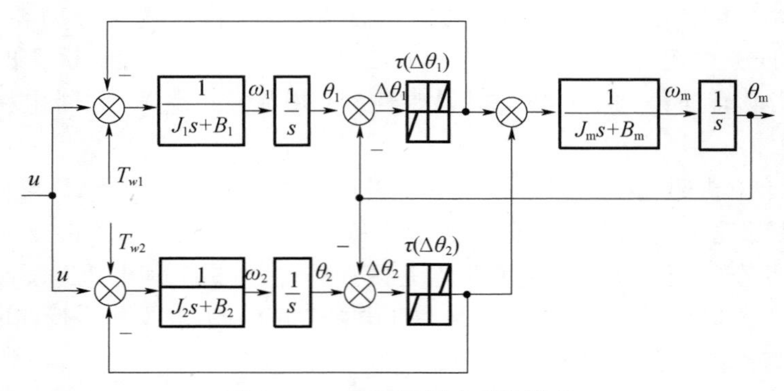

图 6-44 双电机驱动系统模型

图 6-44 中,θ_1、θ_2、ω_1、ω_2 分别为两个电机驱动子系统的角度与转速状态,J_1、J_2,B_1、B_2 分别为两个电机驱动子系统的转动惯量与黏性摩擦系数,T_{w1}、T_{w2} 为偏置力矩输入,假设在整个控制过程中,通过施加一定偏置力矩,使得从动子系统与驱动子系统 1、驱动子系统 2 或者驱动子系统 1 与驱动子系统 2 处于交替接触状态。

由图 6-44 可得系统的动力学方程为

$$\begin{cases} J_i\ddot{\theta}_i(t)+B_i\dot{\theta}_i(t)=u_c(t)-\tau_i(t)+T_{wi}(t) \\ J_m\ddot{\theta}_m(t)+B_m\dot{\theta}_m(t)=\sum_{i=1}^{2}\tau_i(t) \end{cases} \quad (i=1,2) \tag{6-81}$$

6.4.2 谐波齿轮传动技术

谐波齿轮传动装置是利用机械波控制柔性齿轮的弹性变形来实现传递运动和力矩的一种新型传动装置,其基本结构如图 6-45 所示。主要构件包括刚轮、柔轮、波发生器(包括柔性轴承与凸轮)。固定其中一件,其余两件,一个为主动,另一个为从动,其相互关系可以根据需要变换。本节以固定钢轮,波发生器为主动件,柔轮为从动件为例进行分析。

在未装配前,柔轮的原始剖面呈圆形,柔轮和刚轮的轮齿模数相同,但柔轮的齿数比刚轮齿数略少,波发生器的形状要求能够保证柔轮和刚轮的齿在柔轮最大变形区域内全齿啮合,而在柔轮最小变形区域则完全脱开,因此波发生器的最大直径比柔轮内圆直径略大。当把波发生器装入柔轮内后,迫使柔轮产生变形,在其长轴两端的齿恰好与刚轮齿完全啮合,在短轴处的齿则完全脱开,处于波发生器长轴与短轴之间沿周长不同区段内的齿处于某些啮入或某些啮出的不同过渡状态,故当波发生器连续转动时,波发生器迫使柔轮变形不断变换,柔轮的齿相继由啮合转向啮出,由啮出转向脱开,由脱开转向啮入,由啮入转向啮合,从而实现柔轮相对于刚轮沿波发生器相反方向旋转。在波发生器转过一周时,柔轮相对刚轮在相反方向转过两者的齿数差,从而获得变速传动。

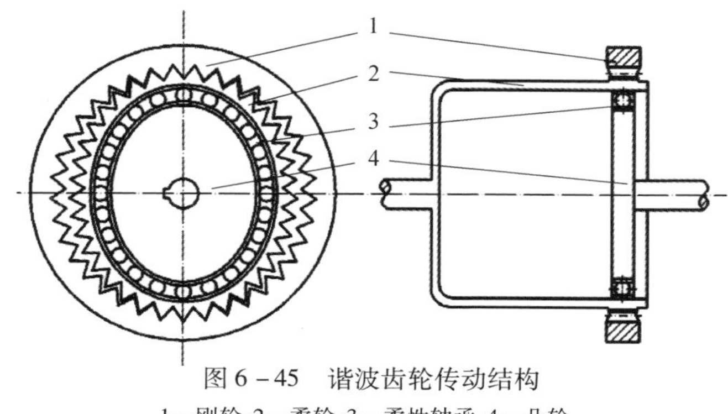

图 6 - 45　谐波齿轮传动结构

1—刚轮;2—柔轮;3—柔性轴承;4—凸轮。

谐波齿轮传动中运动的传递,是在波发生器的作用下,迫使柔轮产生弹性变形,并与刚轮相互作用而达到的,柔轮的变形过程是一个基本对称的简谐波,故称为谐波齿轮传动。这种传动结构的主要优点:结构简单,体积小,质量轻;传动比范围大;承载能力大;传动精度高;运动平稳,无冲击,噪声小等。

关于谐波传动的动力学建模,目前主要有迟滞动力学模型、基于能量等效原则的线性动力学模型以及非线性微分方程等,有兴趣的读者可参阅本章所列文献。

参考文献

[1] 吴茂刚,赵荣祥,汤新舟. 矢量控制永磁同步电动机低速轻载运行的研究[J]. 电工技术学报,2005,20(7):87 - 92.

[2] 史敬灼,石静. PWM 死区对永磁同步电动机低速运行性能的影响[J]. 微特电机,2008,28(5):5 - 9.

[3] Kim H S, Moon H T, Youn M J. On - line dead - time compensation method using disturbance observer[J]. IEEE Transactions on Power Electronics,2003,18(6):1336 - 1345.

[4] 胡庆波,吕征宇. 一种新颖的基于空间矢量 PWM 的死区补偿方法[J]. 中国电机工程学报,2005,25(3):13 - 17.

[5] 吴茂刚,赵荣祥,汤新舟. 正弦和空间矢量 PWM 逆变器死区效应分析与补偿[J]. 中国电机工程学报,2006,26(12):101 - 105.

[6] Urasaki N, Senjyu T, Uezato K, et al. On - line dead - time compensationmethod for permanent magnet synchronous motor drive[C]. IEEE ICIT02, Bangkok, Thailand,2002:268 - 273.

[7] Lin Jonglick. A new approach of dead - time compensation for PWM voltage inverters[J]. IEEE Trans on Circuits and Systems,2002,49(4):476 - 483.

[8] 程小猛,陆海峰,瞿文龙,等. 用于逆变器死区补偿的空间矢量脉宽调制策略[J]. 清华大学学报(自

然科学版),2008,48(7):1077-1080.
[9] 韩京清. 自抗扰控制技术[M]. 北京:国防工业出版社,2008.
[10] 韩京清,张荣. 二阶扩张状态观测器的误差分析[J]. 系统科学与数学,1999,19(4):465-471.
[11] 黄一,薛文超,赵春哲. 自抗扰控制纵横谈[J]. 系统科学与数学,2011,31(9):1111-1129.
[12] Gao Zhiqiang. Scaling and Bandwidth-parameterization based on Control Tuning[C]. Proc. of the American Control Conference,2003:4989-4996.
[13] 王新华,刘金琨. 微分器设计与应用——信号滤波与求导[M]. 北京:电子工业出版社,2010.
[14] Zhang Qing,Gao Zhiqiang. Motion Control Design Optimization:Problem and Solutions[J]. International Journal of Intelligent Control and systems,2005,10(4):269-276.
[15] Xue W.,Huang Y. On Frequency-domain Analysis of ADRC for Uncertain System[C],The 2013 American Control Conference,2013:6637-6642.
[16] 林飞,孙湖. 郑琼林,等. 用于带有量测噪声系统的新型扩张状态观测器[J]. 控制理论与应用,2005,22(6):995-998.
[17] 王宇航,姚郁,马克茂. Fal 函数滤波器的分析及应用[J]. 电机与控制学报,2010,14(11):88-91.
[18] 李海生,朱学峰. 自抗扰控制器参数整定与优化方法研究[J]. 控制工程,2004,11(5):419-423.
[19] 董奇林. 双电机驱动伺服系统控制方法研究[D]. 西安:西安电子科技大学,2011.
[20] 黄俊朋. 提高含齿隙伺服系统运动精度的控制研究[D]. 哈尔滨:哈尔滨工业大学,2010.
[21] 赵国峰. 一类齿隙非线性控制系统的研究[D]. 南京:南京理工大学,2005.
[22] 李若亭. 基于弹性波发生器的谐波齿轮传动仿真与应用分析[D]. 北京:装甲兵工程学院,2012.
[23] Li Haisheng,Zhu Xuefeng. On Parameters Tuning and Optimization of Active Disturbance Rejection Controller [J]. Control Engineering ofChina,2004,11(5):419-423.
[24] Dhaouadi R. A New Dynamic Model of Hysteresis[J]. IEEE Transactions On Ransactions On Industrial Electronics. 2003,56:1165-1171.
[25] Seyfferth W. Nolinear Modeling and Parameter Identification of Harmonic Drive Robotic Transmissions[J]. IEEE International Conference on Ropbotics and Automation,1995.
[26] 陶学恒,尤竹平. 谐波齿轮传动系统的测试与分析[J]. 大连理工大学学报. 1992,32.
[27] 丁延卫,何慧阳. 谐波齿轮传动中柔轮和波发生器的动力学建模与试验[J]. 机械工程师. 2002,12(03).
[28] 辛洪兵. 谐波齿轮传动非线性扭转震动分析[J]. 机械科学与技术,2005,9:1040-1045.

第7章 系统控制参数自适应调整与自优化技术

控制器参数好坏直接影响系统的控制性能,因此参数整定是控制器设计的重要环节,且往往成为系统工程调试后期的主要任务。传统武器稳定系统大多采用 PID 控制,需调整的参数少,且具有较明确的物理意义(如比例系数对应系统刚性、积分系数对应稳态性能、微分系数对应系统阻尼等),因此一般采用人工手动的参数调整方法。较之 PID 控制,现代控制方法中的控制参数往往较多,如第5章中观测器与控制器参数多达七八个,且没有明确的物理对应关系,应用传统的人工调整方法过程繁琐、效率低、盲目性大、调整效果差,控制器的性能难以得到充分发挥,有时甚至导致其控制性能反而不如 PID 控制。第6章中根据系统频域特性分析了控制器的参数配置方法,但主要仍是定性调整。工程实践和调研结果表明,参数调整困难往往成为制约现代控制方法在武器稳定系统中工程应用的瓶颈。

本章探讨基于智能优化算法的系统控制参数整定方法,开发系统参数优化平台,提高控制性能并简化调试难度;在此基础上进一步开展智能学习型武器稳定系统的设计,实现控制参数实时自动调整与动态自优化,使系统始终处于最优或次优状态,同时实现系统性能的自维护,降低人工维护保养难度。

7.1 基于混沌化粒子群的参数整定算法研究

7.1.1 控制参数优化目标与算法

在讨论系统控制参数优化时,首先需要考虑的问题是优化目标(优化需要达到什么效果)和优化途径(优化采用什么方法)。优化目标可以用适应度函数进行描述,根据前面各章的分析容易得知,系统设计的目标就是要求各种工况下都能够精确跟踪期望给定,即希望跟踪误差尽可能小,因此可将适应度函数取为

$$\mathrm{IAE}=\int_0^\infty |e(t)|\,\mathrm{d}t=\int_0^\infty |y_\mathrm{d}(t)-y(t)|\,\mathrm{d}t \tag{7-1}$$

为了防止过度追求跟踪精度而导致的系统振荡,可在式(7-1)中加入误差微分项,构成新的适应度函数

$$\text{IAE} = \int_0^{\infty} (|e(t)| + k_{\text{IAE}} |\dot{e}(t)|)\,dt \tag{7-2}$$

式中：k_{IAE}为权重系数。

下面分析优化算法的选取问题。控制器参数整定研究一直是非常活跃的研究领域，近年来不断有将各种优化算法应用于控制参数优化领域的报道。粒子群优化算法（PSO）是一种新的基于种群搜索的优化计算技术，由 Kennedy 和 Eberhart 在 1995 年提出，其思想源于鸟群的活动规律，它采用组织社会行为代替进化算法的自然选择机制，通过种群间个体的相互协作来实现对问题最优解的搜索。较之遗传算法等其他智能优化算法，具有操作简便、依赖参数少、容易实现等优点，因而被广泛应用于系统辨识、神经网络训练和目标优化等领域。本章以其为重点进行分析。

下面首先分析 PSO 的原理及其搜索性能，并探讨影响搜索能力的主要因素；在此基础上，引入混沌映射思想，对粒子初始化位置、更新方程中的随机数和停滞阶段的搜索机制等影响 PSO 算法搜索能力的主要因素进行全面混沌化，设计基于混沌化粒子群的参数整定算法，从而进一步提高算法的寻优能力和参数整定效率。

7.1.2 粒子群算法及其收敛性分析

粒子群算法是一种基于群体智能的全局搜索算法，通过个体之间的协作和竞争，实现复杂空间最优解的搜索。其搜索基本原理：假定群体中的每一个体都能够感知自己周围的局部最好位置和整个群体的全局最好位置，并根据当前群体中的这两个位置调整自己的下一步行为，从而使得整个群体表现出一定的智能性。在解决优化问题时，每一个体都被看成一个潜在解，并由目标函数为之确定一个适应度值，按照上述规则，通过概率化的调整这些潜在解，逐代搜索，最后得到最优解。

1. 粒子群优化算法

设 n 维搜索空间中，粒子数为 m，$x_i = [x_{i1}, x_{i2}, \cdots, x_{in}]$，$v_i = [v_{i1}, v_{i2}, \cdots, v_{in}]$ 分别为第 i 个粒子的位置及速度，则每一粒子的速度和位置更新规则为

$$v_{i,j}(t+1) = w \cdot v_{i,j}(t) + c_1 \cdot \text{rand}() \cdot (\text{pbest}_{i,j}(t) - x_{i,j}(t)) + c_2 \cdot \text{rand}() \cdot (\text{gbest}_j(t) - x_{i,j}(t)) \tag{7-3}$$

$$x_{i,j}(t+1) = v_{i,j}(t+1) + x_{i,j}(t) \quad (i=1,2,\cdots,m; j=1,2,\cdots,n) \tag{7-4}$$

式中：$v_{i,j}(t)$、$x_{i,j}(t)$为第 t 次迭代过程中第 i 个粒子第 j 维的速度和位置；$\text{pbest}_{i,j}(t)$为第 t 次迭代时粒子 i 自身最优位置的第 j 维坐标；$\text{gbest}_j(t)$为种群最优位置的第 j 维坐标；c_1、c_2 为加速系数；w 为惯性权重，为了兼顾算法的全局和局部搜索性能，可采用线性递减惯性权策略进行调整；rand( )为随机数。

由于 n 维搜索空间中每一维相互独立，为讨论方便，可将问题空间简化到

一维。记 $\phi_1 = c_1 \cdot \text{rand}()$，$\phi_2 = c_2 \cdot \text{rand}()$，假定 pbest_i、gbest、w 在运动过程中均保持不变，并简记为 p_i、p_g、w，则式(7-3)、式(7-4)可化为

$$v_i(t+1) = wv_i(t) + \phi_1(p_i - x_i(t)) + \phi_2(p_g - x_i(t)) \tag{7-5}$$

$$x_i(t+1) = x_i(t) + v_i(t+1) \tag{7-6}$$

将式(7-5)向前推一步，并代入式(7-6)，可得粒子速度变化方程

$$v_i(t+2) + (\phi_1 + \phi_2 - w - 1)v_i(t+1) + wv_i(t) = 0 \tag{7-7}$$

与此类似，可以推得粒子的位置变化方程

$$x_i(t+2) + (\phi_1 + \phi_2 - w - 1)x_i(t+1) + wx_i(t) = \phi_1 p_i + \phi_2 p_g \tag{7-8}$$

式(7-7)、式(7-8)表明，粒子的速度变化过程和位置变化过程均为二阶差分方程，且式(7-7)是式(7-8)的齐次形式，因此本节着重对粒子的位置变化方程式(7-8)进行分析。事实上，粒子位置变化过程分析和速度变化过程分析在本质上是一致的，都是对粒子运动状态方程式(7-3)、式(7-4)的分析，只不过两种分析是从不同的角度反映了粒子的运动特征。

2. 粒子位置变化过程分析

由于 ϕ_1、ϕ_2 均为随机变量，因此式(7-8)是变系数方程。为简化研究难度，可引入随机过程理论将其转化成概率意义下的线性定常方程加以分析。

对式(7-8)的 $x_i(t)$ 取数学期望，可得关于 $E(x_i(t))$ 的差分方程

$$E(x_i(t+2)) + E((\phi_1 + \phi_2 - w - 1)x_i(t+1)) + E(wx_i(t)) = E(\phi_1 p_i + \phi_2 p_g) \tag{7-9}$$

考虑到变量之间的相互独立性，式(7-9)可化简为

$$E(x_i(t+2)) + \mu E(x_i(t+1)) + wE(x_i(t)) = p \tag{7-10}$$

式中

$$\mu = E(\phi_1 + \phi_2 - w - 1),\ p = E(\phi_1 p_i + \phi_2 p_g)$$

根据实数位移定理对差分方程式(7-10)进行 z 变换，整理可得

$$E(x_i(z)) = \frac{z^2 E(x_i(0)) + zE(x_i(1)) + \mu z E(x_i(0)) + pz/(z-1)}{z^2 + \mu z + w} \tag{7-11}$$

其特征方程为

$$z^2 + \mu z + w = 0 \tag{7-12}$$

根据离散系统的稳定性理论，方程式(7-10)解稳定的条件是其特征方程的所有零点均在 z 平面上一个以原点为圆心的单位圆内。为此，做双线性变换，将 $z = (\lambda + 1)/(\lambda - 1)$ 代入方程式(7-12)，可得

$$\left(\frac{\lambda + 1}{\lambda - 1}\right)^2 + \mu\left(\frac{\lambda + 1}{\lambda - 1}\right) + w = 0 \tag{7-13}$$

化简可得

$$(1 + \mu + w)\lambda^2 + 2(1 - w)\lambda + (1 + w - \mu) = 0 \tag{7-14}$$

根据劳斯判据可知,系统稳定的条件为

$$\begin{cases}1+\mu+w>0\\1-w\geqslant 0\\1+w-\mu\geqslant 0\end{cases} \tag{7-15}$$

因为 ϕ_1、ϕ_2 均为正实数,根据式(7-10)中 $\mu=E(\phi_1+\phi_2-w-1)$,可得 $1+\mu+w>0$。

进一步,式(7-15)可化为

$$\begin{cases}w\leqslant 1\\\mu\leqslant w+1\end{cases} \tag{7-16}$$

综上可得,方程式(7-10)解稳定条件为式(7-16)成立。下面进一步求取方程式(7-10)的解,容易得到,特征方程式(7-12)的解为

$$e_1=(-\mu+\sqrt{\mu^2-4w})/2,\ e_2=(-\mu-\sqrt{\mu^2-4w})/2$$

因此,方程式(7-10)的通解为

$$E(x_i(t))=k_1e_1{}^t+k_2e_2{}^t+C \tag{7-17}$$

式中:k_1、k_2、C 为待定常数。

当条件式(7-16)成立时,可以得到 $|e_1|<1$,$|e_2|<1$。因此,有

$$\lim_{t\to\infty}E(x_i(t))=C \tag{7-18}$$

下面进一步根据粒子的初始状态求待定系数 k_1、k_2、C。记第 i 个粒子的第0、1、2步位置的数学期望为 $E(x_i(0))$、$E(x_i(1))$、$E(x_i(2))$,则根据式(7-17)可得

$$\begin{bmatrix}E(x_i(0))\\E(x_i(1))\\E(x_i(2))\end{bmatrix}=\begin{bmatrix}1&1&1\\e_1&e_2&1\\e_1^2&e_2^2&1\end{bmatrix}\begin{bmatrix}k_1\\k_2\\C\end{bmatrix} \tag{7-19}$$

由此,可解得

$$k_1=\frac{e_2E(x_i(0))-(e_2+1)E(x_i(1))+E(x_i(2))}{(e_1-1)(e_1-e_2)} \tag{7-20a}$$

$$k_2=\frac{-e_1E(x_i(0))+(e_1+1)E(x_i(1))-E(x_i(2))}{(e_2-1)(e_1-e_2)} \tag{7-20b}$$

$$C=\frac{e_1e_2E(x_i(0))-(e_1+e_2)E(x_i(1))+E(x_i(2))}{(e_1-1)(e_2-1)} \tag{7-20c}$$

又由式(7-10)可得

$$E(x_i(2))=-\mu E(x_i(1))-wE(x_i(0))+p \tag{7-21}$$

将式(7-21)和 $e_1=(-\mu+\sqrt{\mu^2-4w})/2$,$e_2=(-\mu-\sqrt{\mu^2-4w})/2$ 代入式(7-20c),可得

$$C=\frac{p}{u+w+1}=E\left(\frac{\phi_1 p_i+\phi_2 p_g}{\phi_1+\phi_2}\right) \tag{7-22}$$

因此,式(7-18)可化为

$$\lim_{t\to\infty}E(x_i(t))=E\left(\frac{\phi_1 p_i+\phi_2 p_g}{\phi_1+\phi_2}\right) \tag{7-23}$$

至此,粒子的位置变化规律分析完毕。

3. 分析结论

(1) 式(7-16)和式(7-17)表明,粒子群算法中的参数 ϕ_1、ϕ_2 选取会直接影响算法的稳定性和粒子位置运动轨迹,其中 $\phi_1=c_1\cdot \text{rand}()$,$\phi_2=c_2\cdot \text{rand}()$,本章选取 $c_1=c_2=2$。为了提高算法的搜索能力,有必要对随机数 rand()进行优化,以增强其遍历性。

(2) 当 $c_1=c_2=2$ 时,设 rand()具有较好的遍历性,且其数学期望为0.5,则有 $E(\phi_1)=E(\phi_2)=1$。此时,式(7-23)可化为

$$\lim_{t\to\infty}E(x_i(t))=(p_i+p_g)/2 \tag{7-24}$$

也就是说,粒子稳态位置的数学期望受种群最优位置 p_g 和自身最优位置 p_i 影响。在搜索初期,算法收敛速度较快,p_i、p_g 随搜索进程不断变化,每个粒子通过跟踪群体经验和自身经验实现寻优。但是搜索一段时间后,p_i、p_g 的适应度值逐步逼近某个值,p_i、p_g 也逐步趋于稳定,群体中的各粒子开始出现停滞现象,并逐渐向式(7-24)所示的位置靠拢,粒子群丧失进一步优化的能力。如果此时还没有收敛到全局极值点,则算法出现了"早熟"现象。为了克服"早熟"现象,提高全局搜索能力,需要在群体停滞时采用适当的机制使其跳出局部极值点。

(3) 由式(7-23)可知,粒子最终收敛位置和初始值无关,但是根据式(7-20),初始值的选取会影响粒子的位置运动轨迹,即算法的收敛过程和收敛速度。因此,为了进一步提高算法的收敛速度,减少寻优的迭代次数,有必要对粒子群的初始值进行优化。

选取典型测试函数(二维 Ackley 函数)

$$y=-20\exp\left(-0.2\sqrt{\frac{1}{2}(x_1^2+x_2^2)}\right)-\exp\left(\frac{1}{2}(\cos(2\pi x_1)+\cos(2\pi x_2))\right)+20+e \tag{7-25}$$

对粒子群优化算法的寻优过程进行试验分析,验证上述理论分析结论的正确性。

该函数具有多个局部极小值点,其最小值为0,最小值位置为(0,0),此处采用粒子群算法寻找函数的最小值,可将其适应度函数定义为 IAE $=y$;由于函数具有两个自变量,因此其搜索空间为2维。选取粒子种群规模为

20，取值空间为[-5,5]进行一组寻优试验，下面着重对前40次迭代过程进行分析。

图7-1(a)为种群最优粒子适应度值的变化曲线，图7-1(b)、(c)分别为寻优过程中种群最优粒子的序号及其运动轨迹。综合上述三个图可知，在第1次迭代后，18号粒子成为种群最优粒子，其适应度(函数值y)约为3.6，在第2、3次迭代过程中，该粒子仍为种群最优粒子；第4次迭代时1号粒子替代18号粒子成为种群最优粒子，群体适应度值下降到3.45左右；此后第5~7次迭代过程最优粒子为20号粒子；以此更替，第17次迭代后，9号粒子作为种群最优粒子保持到第40次迭代，且在此过程中，由于9号粒子的历史最优位置没有发生变化(图7-1(c))，因此群体的最优适应度值也不再改变。随着种群最优粒子和个体极值逐步停滞，各粒子的位置逐渐按照式(7-24)趋于稳定位置(图7-1(d))。本例中搜索空间维数低，搜索范围小，在粒子群停滞时，最优粒子基本接近全局最小值位置(0,0)。对于更为复杂的优化问题，如果粒子群停滞，丧失进一步优化能力时，还没有收敛到全局极值点(而是陷入局部极值点)，则容易出现“早熟”现象。

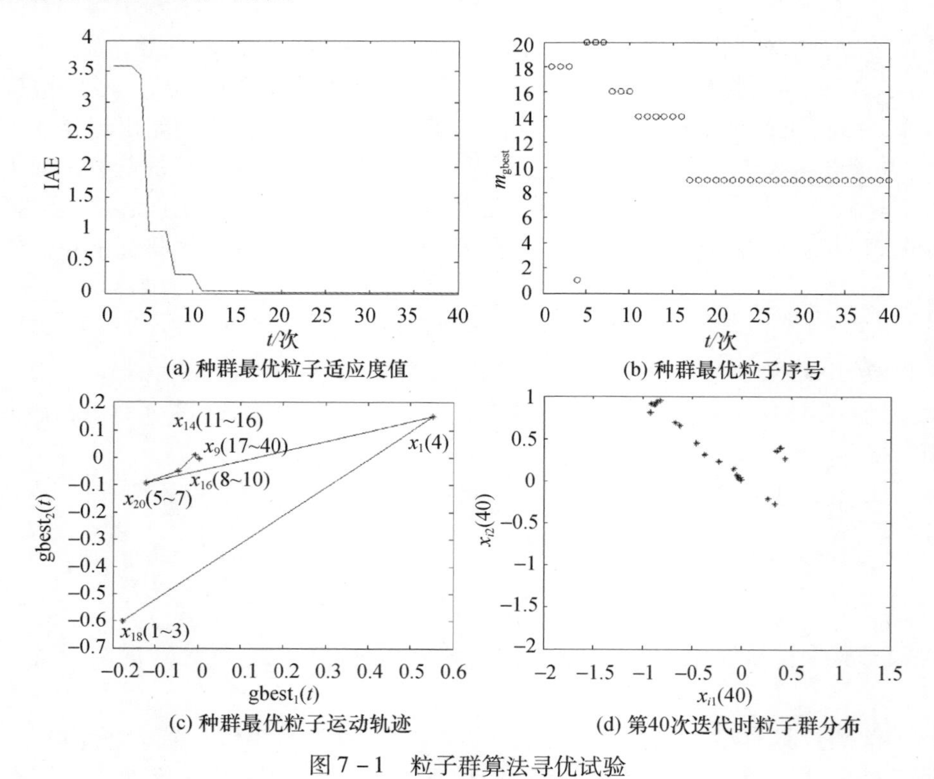

图7-1　粒子群算法寻优试验

保持粒子种群初始值不变,选取另一组随机数作为更新方程随机数时得到寻优过程的最优个体适应度值和最优粒子运动轨迹如图 7 - 2(a)和(b)所示。对比图 7 - 1(a)和(c)可知,更新方程中的随机数 rand( )对粒子运动轨迹和收敛速度等存在较大的影响,与前述理论分析一致。

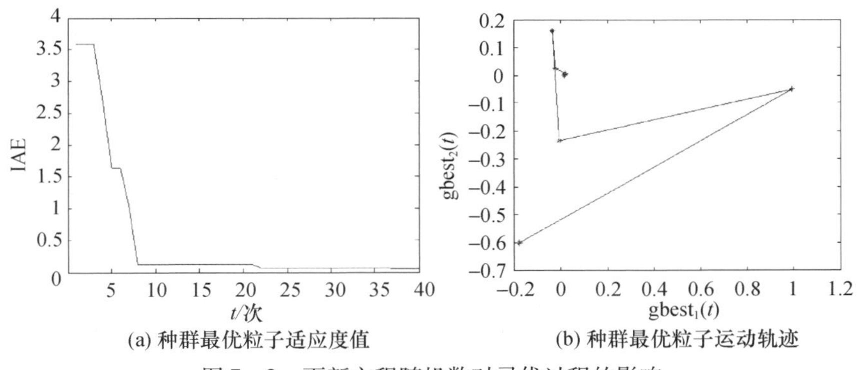

(a) 种群最优粒子适应度值　　(b) 种群最优粒子运动轨迹

图 7 - 2　更新方程随机数对寻优过程的影响

同样的,采用前述更新方程随机数,改变粒子种群初始值时得到寻优过程的最优个体适应度值和最优粒子运动轨迹如图 7 - 3(a)和(b)所示。对比图 7 - 1(a)和(c)可知,改变粒子种群初始值虽不会影响影响最终收敛位置,但是也会对粒子运动轨迹和收敛速度等存在较大的影响,与理论分析一致。

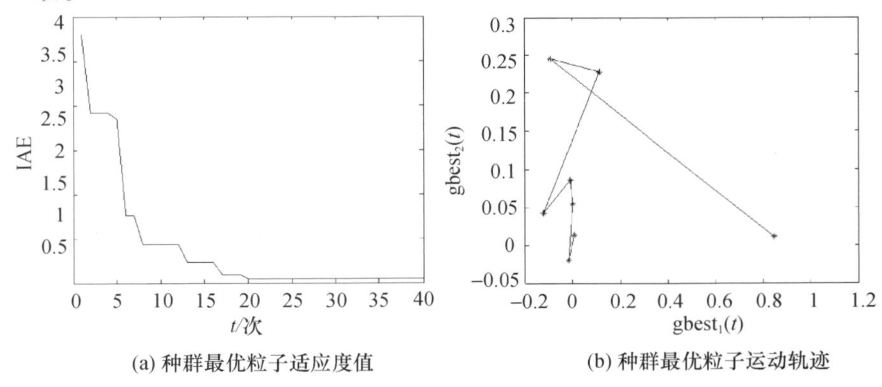

(a) 种群最优粒子适应度值　　(b) 种群最优粒子运动轨迹

图 7 - 3　初始位置对寻优过程的影响

上述分析表明,粒子初始化位置 $x_i(0)$、更新方程中的随机数 rand( )和停滞阶段的搜索机制等因素是影响算法搜索性能的重要因素,为此本章引入混沌映射思想,利用其内随机性和遍历性对上述因素进行优化,从而提高算法的寻优能力和参数整定效率。

7.1.3 采用混沌映射优化粒子群算法

1. 映射的选取

混沌是一种普遍存在的非线性现象,其行为复杂,类似随机运动,具有内随机性、初值敏感性、遍历性等特点。常用的混沌映射有 Logistic 映射和 Tent 映射。

Logistic 映射又称为虫口映射,其表达式为

$$x(k+1)=\mu\times x(k)\times(1-x(k)) \tag{7-26}$$

式中:$k=0,1,\cdots,N$;$x(0)\in(0,1)$;μ 为控制参数。

Tent 映射又称为帐篷映射,其表达式为

$$x(k+1)=\begin{cases}2x(k),0\leqslant x(k)\leqslant 0.5\\2(1-x(k)),0.5\leqslant x(k)\leqslant 1\end{cases} \tag{7-27}$$

较之 Logistic 映射,Tent 映射具有均匀的概率密度和功率谱密度,且迭代速度快,因此可选其作为混沌映射模型,针对 Tent 映射迭代序列中存在小周期和不动点等问题,加入随机项,将其改进为

$$x(k+1)=\begin{cases}2(x(k)+0.1\times \text{rand}()),0\leqslant x(k)\leqslant 0.5\\2(1-x(k)-0.1\times \text{rand}()),0.5\leqslant x(k)\leqslant 1\end{cases} \tag{7-28}$$

2. 基于 Tent 映射的混沌化粒子群改进算法

根据前述分析,改善粒子群算法的搜索性能可以从三个方面入手:一是根据混沌序列具有随机性和遍历性特征,采用混沌序列优化粒子初始位置,使其均匀的、不重复的遍布整个解空间,为全局搜索的多样性奠定基础;二是采用混沌映射替代随机数 rand( ),提高加速系数的遍历性,增强种群活性;三是在粒子群陷入“早熟”时,采用混沌搜索打破停滞“僵局”,跳出局部最优值。

(1) 采用混沌序列优化粒子初始值。首先生成一个 n 维,且每个分量数值均在区间[0,1]的向量 $\boldsymbol{c}_1(0)=[c_{1,1}(0),\ c_{1,2}(0),\ \cdots,\ c_{1,n}(0)]$;然后利用式(7-28)分别对各分量进行 m 次迭代,得到 m 个向量 $\boldsymbol{c}_i(0)=[c_{i,1}(0),\ c_{i,2}(0),\ \cdots,\ c_{i,n}(0)]$ $(i=1,2,\cdots,m)$;最后根据式(7-29)将混沌变量变化的范围[0,1]映射到优化变量的取值空间$[\min_j,\max_j]$,得到粒子群的初始值。结果为

$$x_{i,j}(0)=c_{i,j}(0)\times(\max_j-\min_j)+\min_j \tag{7-29}$$

式中:$\max_j$、$\min_j$ 分别为第 j 个参数取值的上、下界(粒子第 j 维坐标的取值上、下界)。

(2) 混沌优化加速系数中的随机数 rand( )。利用式(7-28)生成混沌序列,代替粒子运动方程式(7-3)中的随机数 rand( )。

(3) 通过混沌搜索克服“早熟”现象

如果种群最优解 T 次迭代过程中都没有变化时，即认为算法有停滞的可能，表明粒子群按照现有的运动轨迹已经或者即将陷于局部极值点。此时，以当前粒子群种群最优位置为基础产生混沌序列，并用混沌序列中的最优位置替代当前粒子群中的一个粒子。引入混沌搜索可在迭代中产生局部最优解的许多邻域点，以此帮助粒子群逃离局部极值，并快速搜寻最优解。其具体步骤：首先根据式(7－30)将种群最优粒子位置映射到[0,1]区间，即

$$c_{i,j}(t)=\frac{\mathrm{gbest}_j(t)-\min_j}{\max_j-\min_j} \tag{7-30}$$

其次利用式(7－28)分别对各分量进行 k 次迭代，产生 k 个粒子；然后通过与式(7－29)相同的方法将混沌变量逆映射回原解空间；最后计算各个粒子的适应度值，将性能最好的粒子替代当前粒子群中的一个粒子。

综上三点改进，形成混沌化粒子群优化算法。

3. 混沌化粒子群算法的收敛性分析

根据7.1.2节中粒子群算法收敛性分析过程可知，上述前两点改进将原算法中的粒子初始位置和加速系数随机赋值方法改进为采用混沌映射对其赋值，有利于提高随机分布过程的遍历性，增强算法搜索能力，不会影响其收敛性，因此下面着重对“通过混沌搜索克服‘早熟’现象”改进对算法的收敛性影响进行分析。

前面已推得粒子的单维位置变化方程

$$x_i(t+2)+(\phi_1+\phi_2-w-1)x_i(t+1)+wx_i(t)=\phi_1 p_i+\phi_2 p_g \tag{7-31}$$

当群体“早熟”并经过混沌搜索后，可能产生如下三种情况：

(1) 混沌搜索得到的最优粒子适应度值比所替代粒子自身最优位置的适应度值差；

(2) 混沌搜索得到的最优粒子适应度值比所替代粒子自身最优位置的适应度值好，但是比种群最优位置的适应度值差；

(3) 混沌搜索得到的最优粒子适应度值比种群最优位置的适应度值好。

对于情况(1)：根据式(7－31)可知，混沌搜索只影响所替代粒子，不会影响其他粒子的位置运动轨迹，因此其他粒子仍然满足式(7－23)。对于所替代的粒子，相当于重新给定式(7－31)一组初始值 $x_i(0)$。前面已经分析，初始值的选取只影响粒子的运动轨迹，不会改变最终收敛位置。因此，所替代粒子仍然满足式(7－23)。

对于情况(2)：混沌搜索影响所替代粒子，相当于重新给定式(7－31)一组初始值且在右端增加一个阶跃给定。初值不会影响最终收敛位置，下面着重讨论阶跃给定的影响。前面分析可知，粒子位置变化过程可看成一个二阶系统，因此能跟踪阶跃给定，故粒子运动过程仍然收敛，并趋近于新的收敛位置。

对于情况(3):混沌搜索影响群体中的所有粒子,对于替代粒子和情况(2)相似,对于其他粒子,也是增加一个阶跃给定,因此不会影响其收敛性。

在实际搜索过程中,希望出现的是情况(2)和(3),此时混沌搜索不影响群体收敛性,且改变粒子的最终收敛位置,以此帮助粒子群逃离局部极值,克服“早熟”现象。

7.1.4 基于混沌化粒子群算法的参数整定

根据上述分析,可以得到基于混沌粒子群算法的参数整定流程:

(1) 优化向量编码与参数设定,按照前述方法,设定系统各种工况时的待整定参数向量以及适应度函数,设置混沌粒子群的种群规模 m、迭代次数 N、种群最优值停滞代数 T 等参数。

(2) 采用混沌映射产生粒子群中各粒子的初始值和 $2n$ 组加速系数中的随机数 rand( )。

(3) 根据式(7-2)计算粒子的适应度值。

(4) 根据各个粒子的适应度值选取 pbest 和 gbest。

(5) 按照式(7-3)、式(7-4)更新粒子速度和位置,计算更新后粒子适应度值。

(6) 更新 pbest 和 gbest,判断种群最优位置是否改变,如果未改变,则执行 $T=T+1$。

(7) 判断 T 是否超过最大允许停滞代数,满足则跳到(9)。

(8) 判断结束条件(达到最大迭代次数或满足指标要求),满足则跳到(10),否则返回(5)。

(9) 以 gbest 为初始值产生混沌序列,计算混沌序列中的各粒子的适应度值,并用适应度值最优粒子替代当前粒子群中的一个粒子,重新设置 $T=0$,然后返回(6)。

(10) 取 gbest 作为最终优化参数,整定结束。

在上述参数整定流程中,每次搜索后都需要重新计算各粒子的适应度值,并据其确定粒子群下一步的运动轨迹。在实际工程调试时,适应度值的计算是通过系统试验完成的,武器稳定系统控制器根据参数整定平台给定的控制参数(更新后粒子的位置),按照预定程序驱动武器跟踪参考速度信号运动一段时间,并采集运动过程中系统的状态值(如电机速度、武器速度和武器位置等),传回参数整定平台,整定平台再根据式(7-2)计算当前参数(或当前粒子)的适应度值,每次试验时间一般设置为 10~15s。上述时间远大于参数整定算法本身的运行时间,成为影响系统调试效率的最重要因素。因此,为了缩短系统试验时间,提高调试效率,应该尽可能减小计算适应度值的次数,即试验次数。

假设适应度函数式(7-2)在搜索空间内具有连续性,且不是随机函数和欺骗函数,即当粒子的位置变化较小时,其适应度函数变化也不会太大。则在上述假设条件下可有如下邻域适应度值替代:

图 7-4 中,设 $x(t)$ 为粒子当前位置,$f(x(t))$ 为其适应度值,$x(k)$ 为某粒子曾经经历过的位置,$f(x(k))$ 为其适应度值,且在前期迭代过程中已求取,如果满足

$$\| x(t) - x(k) \| \leqslant \delta \tag{7-32a}$$

$$\| x(k) - \text{gbest} \| > L_g, \ \| x(k) - \text{pbest} \| > L_p \tag{7-32b}$$

$$|f(x(k)) - f(\text{gbest})| > f_g, \ |f(x(k)) - f(\text{pbest})| > f_p \tag{7-32c}$$

则可作邻域适应度值替代:$f(x(k)) \Rightarrow f(x(t))$。

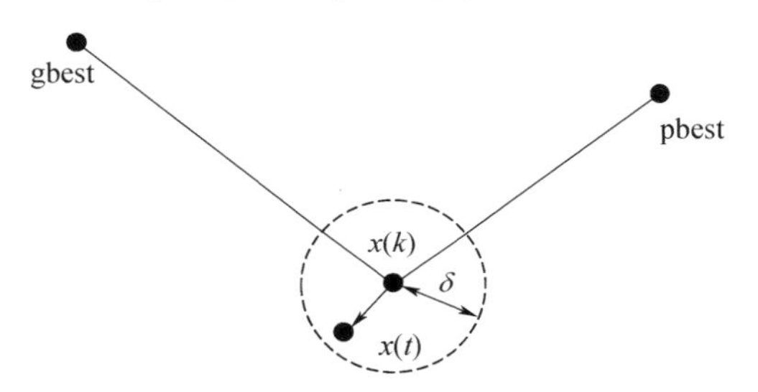

图 7-4　粒子适应度值替代示意图

根据前述假设,由于 $\| x(t) - x(k) \| \leqslant \delta$,则两点的适应度值 $f(x(k))$、$f(x(t))$ 差值也不大,又 $x(k)$ 的适应度值 $f(x(k))$ 远离 $f(\text{gbest})$、$f(\text{pbest})$,因此,粒子当前位置的适应度值 $f(x(t))$ 也会远离 $f(\text{gbest})$、$f(\text{pbest})$,故 $f(x(t))$ 不会影响下一步 pbest 和 gbest 的选取,也不会改变粒子下一步的运动轨迹,因此可直接将 $f(x(t))$ 取为 $f(x(k))$。从而避免采用试验方法计算 $f(x(t))$,以减少试验次数。

根据上述分析,可将参数整定流程中的(5)、(9)中“计算粒子的适应度值”部分修正为:“判断当前位置的 δ 邻域内是否曾经有粒子经过,且满足条件式(7-32),满足则采用邻域粒子适应度值代替当前位置适应度值,否则采用试验方法计算。”

工程试验表明,采用该方法可有效地提高调试效率,特别是在试验后期,由于粒子的运动速度减小,粒子位置变化较慢,其适应度值逐渐趋于稳定,应用递推方法代替试验求取适应度值的次数大大增加,从而有效地减少试验次数。

7.2　武器稳定系统控制参数优化平台开发

7.2.1　基于总线交互的控制参数优化平台构架

前述分析可知,工程调试中参数整定算法需从武器稳定控制系统中获取相

关的状态信息，用以计算当前控制参数的适应度值；每一次参数优化更新后，还向控制系统传送更新参数，并控制系统按照要求运行新的控制参数，因此需要在参数优化平台和武器稳定系统之间建立信息传输通道，并构建相应的通信控制协议，以实现系统的参数整定。为此，可构建基于总线交互的武器稳定系统参数优化平台构架如图 7－5 所示。参数优化平台可通过 CAN、Flexray 等总线连接武器稳定系统控制器，接收控制器传送的系统状态信息，据其计算当前控制参数的适应度值，并调用优化算法更新控制参数，再通过 CAN、Flexray 等总线下发给控制器，如此循环，直到达到参数整定结束条件后，控制器将最终参数固化入 EEROM，完成参数优化。

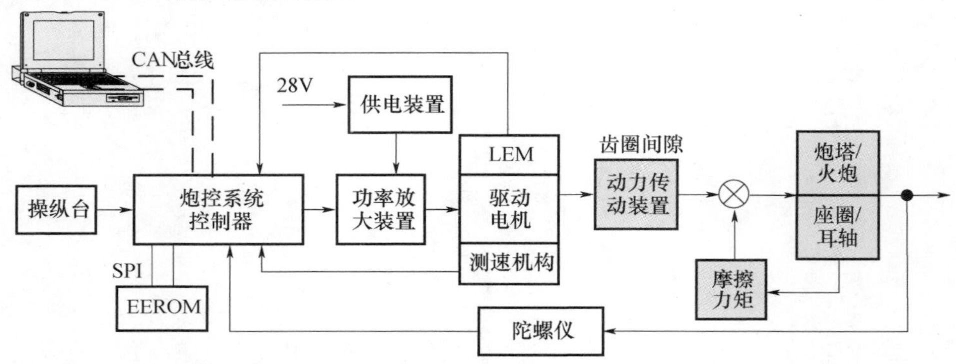

图 7－5　基于 CAN 总线的参数优化平台构架

7.2.2　开发实例分析

根据图 7－5 所示结构，并考虑到人机交互等实际操控需要，可针对一种坦克炮控系统，规划控制参数优化平台基本功能：① 参数优化功能，实现基于混沌粒子群的参数整定算法；②人机交互功能，实现整定算法参数（如粒子群规模、最大迭代次数等）设置、炮控系统状态的实时监控等功能；③协调控制功能，实现参数整定算法相应的模式配置、数据分发等协调控制；④通信控制功能，实现参数优化平台与炮控系统之间的总线通信，传送系统状态信息、控制参数等变量；⑤其他辅助功能，如炮控系统当前性能的自动评估、整定信息记录等功能。

根据上述功能规划，可建立系统参数优化平台软件体系结构如图 7－6 所示，主要分为交互层、算法层、数据层和通信层。

1. 交互层

系统交互层具有模式配置、参数设置、状态监测和性能分析等功能模块，实现人机信息交互。为了调试过程使用方便，将参数设置和状态监测模块整合为一个界面，即在线监控界面，模式配置和性能分析模块分别设计为一个独立的操作界面。优化平台启动后进入主界面，如图 7－7 所示。在主界面中，点击按钮进入相应的功能模块子界面。模式配置界面设置系统工作模式(包括状态监控和参数整定两种模式)以及总线通信的基本参数(如波特率、ID 号等),如图 7－8 所示。

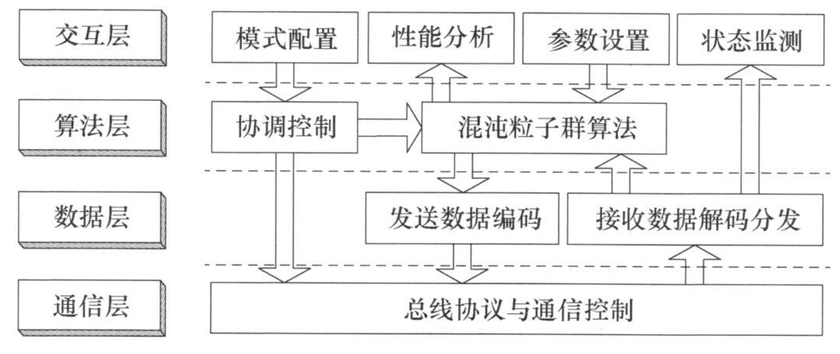

图 7－6　炮控系统参数优化平台体系结构

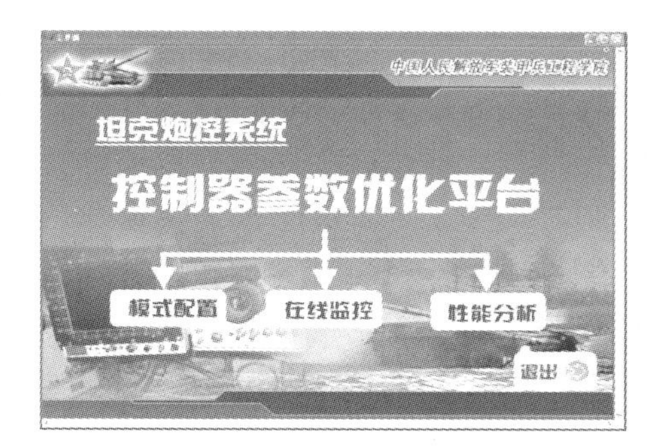

图 7－7　控制参数优化平台主界面

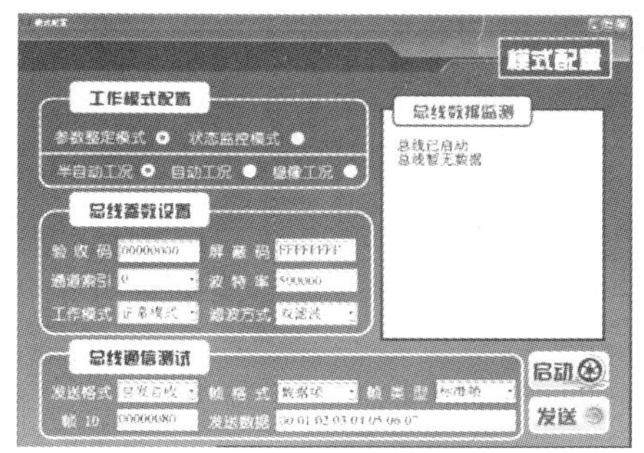

图 7－8　模式配置界面

在线监控界面中的参数设置模块用于生成炮控系统参数整定过程中所需的给定信号和参数整定算法的参数设置;状态监测模块通过实时获取炮控系统中重要的状态变量,实现系统状态的在线监测,在状态监控模式下可作为虚拟示波器等测试设备使用,以方便系统调试,特别是野外调试,如图 7－9 所示;性能分析界面根据优化算法中的信息,实现对炮控系统当前性能的评估,如图 7－10 所示。

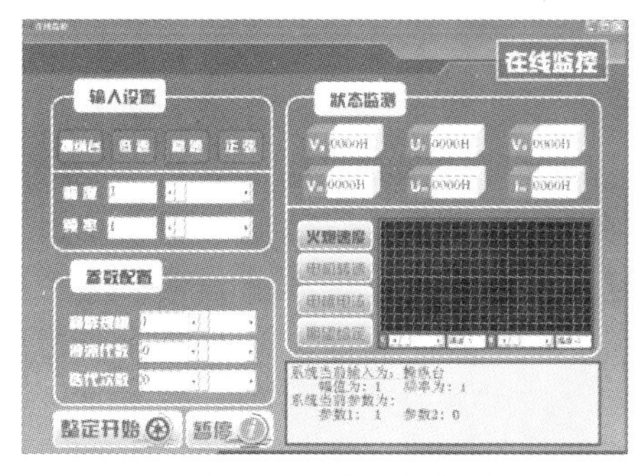

图 7－9　在线监控界面

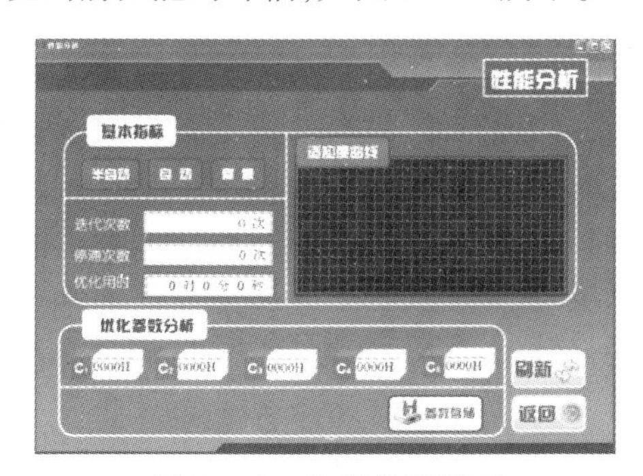

图 7－10　性能分析界面

2. 算法层

算法层实现参数优化平台的核心控制算法。根据功能需求，设计了两个算法模块，即协调控制模块和混沌化粒子群算法模块，其程序流程如图 7 – 11 所示。

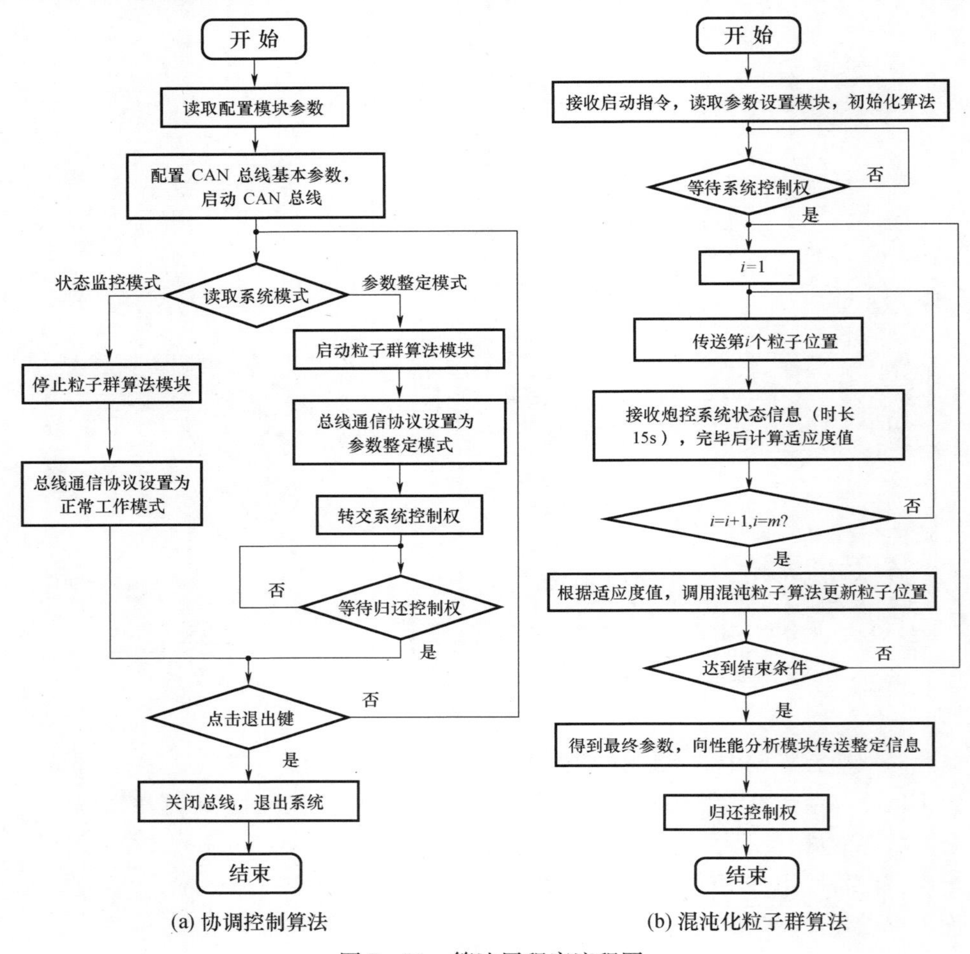

(a) 协调控制算法　　(b) 混沌化粒子群算法

图 7 – 11　算法层程序流程图

协调控制算法读取“模式配置”模块参数，初始化 CAN 总线，并根据工作模式的不同协调平台各功能模块工作，参数整定模式下，启动粒子群算法，并设置总线协议与通信控制模块，然后将系统控制权转交给粒子群算法，保证参数整定过程的独立性，直到参数整定完成后收回控制权。混沌化粒子群算法模块在接收到启动指令后开始运行，接受系统控制权，控制交互层和数据层各功能模块工作；状态监控模式下，关闭粒子群算法，此时系统降级为状态监控平台使用。

3. 数据层

数据层主要实现各种信息的编/解码,分为发送数据编码和接收数据解码分发两个模块。以发送数据为例,可将其设计为表7－1所列的编码格式,其中,Data0为功能码,标注发送参数特征,如参数个数、是否为优化最终参数;Data1为时间码,标注发送数据时间标签等信息;Data2～DataN－1为发送参数;Data N 为数据校验码。

表7－1　发送数据编码格式

数　据	Data0	Data1	Data2	Data3	…	Data $N-1$	Data N
编码内容	功能码	时间码	参数1	参数2	…	参数 m	校验码

4. 通信层

通信层主要完成CAN总线通信控制。为了提高通信可靠性和实时性,参数优化平台CAN总线可采用定时发送、中断接收模式。参数整定时,总线协议与通信控制模块在粒子群算法模块的控制下工作,根据粒子群整定算法进度向炮控系统控制器(DSP)传送控制参数和相应的功能码,DSP在接收中断中回复系统当前状态信息,总线协议与通信控制模块接收到信息后送给解码模块;状态监控模式下,总线协议与通信控制模块不受粒子群算法模块控制,定时发送状态查询信息,实现系统实时状态监控。

7.3　智能学习型武器稳定系统设计方法

7.2节分析了基于参数优化平台的武器稳定系统控制参数整定优化方法,如果能够进一步将系统控制参数优化平台中的智能优化算法融入武器稳定系统控制器设计中,则可实现在系统运行过程中,控制参数全程实时自动调整与动态自优化,即构成“智能学习型武器稳定系统”。这种智能学习型系统通过全程学习,实时修正控制参数,使系统始终处于最优或次优状态,从另一个角度看,也实现了系统性能的自维护,因此也称为“免维护武器稳定系统”。考虑这种系统的设计特殊性主要体现在控制子系统(动力子系统与其他武器稳定系统设计相似),本节对其进行重点分析。

7.3.1　多核并行开放式控制器硬件架构

由于系统需要完成复杂控制算法以及在线参数优化等功能,其逻辑复杂,运算量大,实时性要求高,同时还需具备较强的抗干扰能力和容错能力,保证系统高稳定、健康运行,采用单个微处理器(如单片机、DSP、FPGA等)往往难以满足系统性能要求。为此,本节介绍一种基于DSP＋FPGA的多核并行控制器,其总体构架如图7－12所示。

图 7－12 中系统控制器采用基于多 DSP＋多 FPGA 的“$m+n$”开放式构架模式，基本构架采用“2＋2”模式，根据系统控制功能的复杂程度可进行自由扩展。系统核心控制算法由核心处理器和协处理器组成，前者选用 DSP，主要实现武器稳定系统控制策略，后者选用 FPGA，主要用于实现控制参数的智能优化算法。系统外围接口管理由接口控制器（选用 DSP）实现。

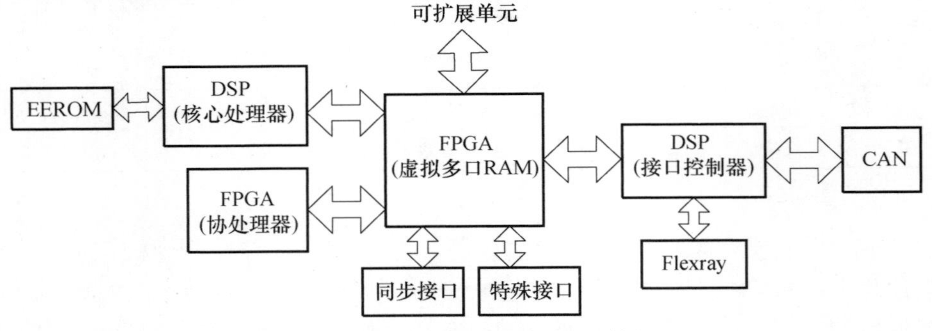

图 7－12　多核并行开放式系统总体构架

为了实现并行系统中多个微处理器高效工作，提高整系统的运算速度，系统中各 DSP 与 FPGA 之间必须进行有效协同，并进行实时数据交互。传统的基于双口 RAM 的数据传输方式（图 7－13（a））结构复杂，特别是随着信息交互节点的增多，硬件电路复杂程度会急剧增加，为此，可采用如图 7－13（b）所示的基于 FPGA 的虚拟多口 RAM 传输模式，即采用 FPGA 构建虚拟多口 RAM 实现与各节点的信息交互，同时作为整个控制系统的协调与管理核心，这种方式结构简单、可靠性高，且可扩展性强。

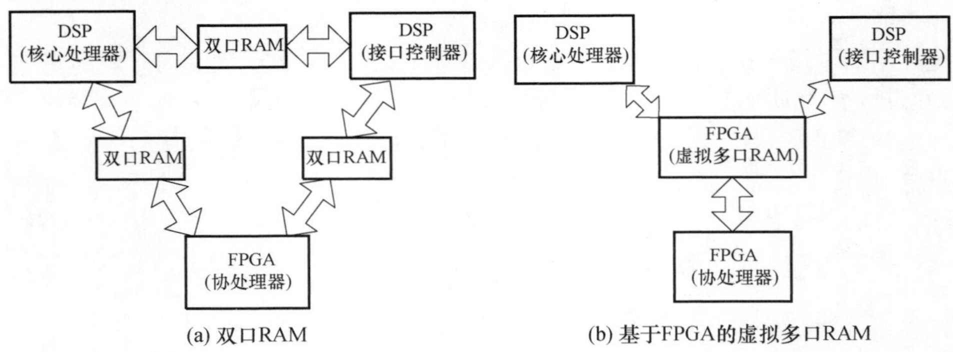

图 7－13　多核并行系统信息交互方式

7.3.2　混沌化粒子群优化算法的 FPGA 实现

由于 FPGA 的并行处理优势，采用 FPGA 实现智能算法，特别是包含大量并行计算的智能算法可有效提高其运算速度，因此近年来大量的智能算法，如神经网络、遗传算法等先后被 FPGA 实现并投入工程应用。根据 7.1 节所述的原理，可构建混沌粒子群优化算法 FPGA 硬件结构如图 7-14 所示。

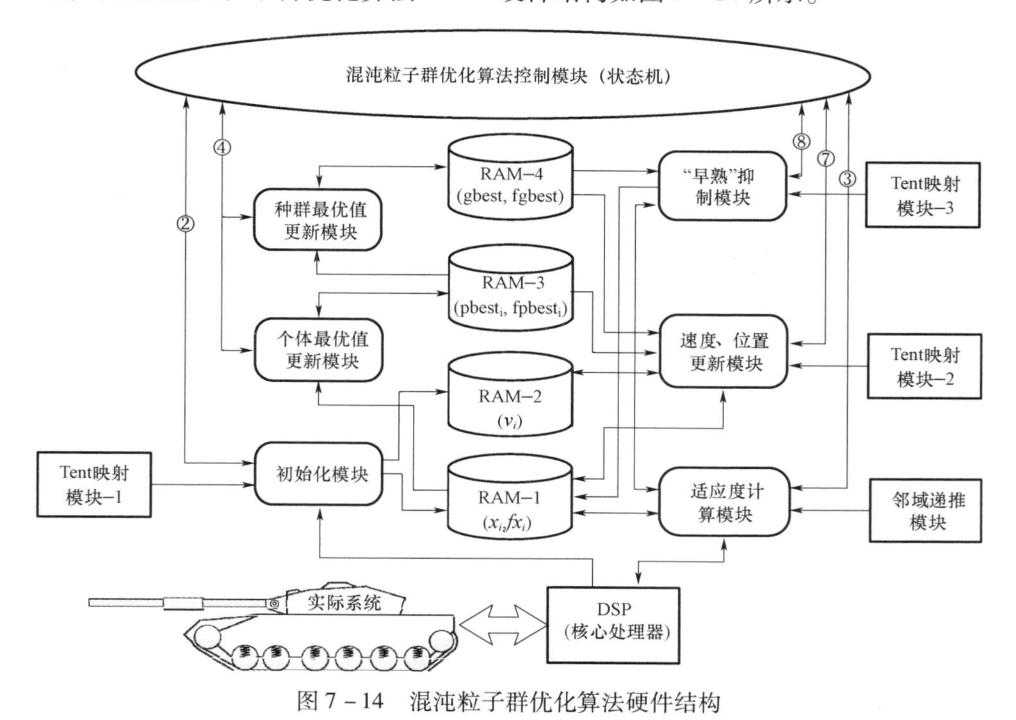

图 7-14 混沌粒子群优化算法硬件结构

如图 7-14 所示，算法硬件结构主要由存储模块、运算模块与控制模块组成，存储模块用于存储运算过程中的过程数据，运算模块用于实现优化算法的过程计算，控制模块用于控制各存储模块以及运算模块协调运行。下面对各模块的设计方法与功能进行分析。

1. 存储模块

存储模块的设计需要兼顾存取速度快慢和硬件资源消耗大小。例如，当多个数组变量使用一个 RAM 存储时，不同变量之间存取时不能同时进行，数据存取速度慢，但是其消耗的硬件资源少；反之，当每个数组变量使用单独的 RAM 存储时，存取速度较快，但是消耗硬件资源较多。因此，为了获得最优计算性能，设计时需要在存储速度和硬件资源消耗之间进行折中。

根据上述原则，同时考虑到数据大小、读取频次以及数据之间的耦合关系等因素，构建四个 RAM 数据存储模块，RAM-1 用于存储每个粒子的位置信息及其相应的适应度值，RAM-2 用于存储每个粒子的速度信息，RAM-3 用于存储个体最优位置及其相应的个体最优适应度值，RAM-4 用于存储种群最优位置及种群最优适应度值。

2. 运算模块

运算模块是实现优化算法的主要功能模块，在其设计中同样也需要兼顾计算性能和硬件资源消耗，控制算法性能的优化很大一部分都依赖于对循环代码的处理。对于逻辑上没有数据依赖性的循环代码，一般考虑完全展开或部分展开，循环代码完全展开，算法计算性能好，但消耗的硬件资源往往最多，循环代码部分展开，算法计算性能较高，消耗的硬件资源也相对较少，因此在设计时需要在计算性能和硬件资源消耗之间进行折中；对于逻辑上具有依赖性的循环代码，可以进行流水线处理，加快算法计算速度。

基于上述思路，同时考虑到混沌化粒子群算法的自身运算特点，算法硬件实现时将运算模块划分为初始化模块（包含 Tent 映射模块 -1）、适应度值计算模块（包含邻域递推模块）、个体最优值更新模块、种群最优值更新模块、速度与位置更新模块（包含 Tent 映射模块 -2）和“早熟”抑制模块（包含 Tent 映射模块 -3）6 个模块。各模块运行由控制模块统一协调调度，当接收到控制模块发出的“调用”指令时从存储模块读取数据进行运算，完成后将更新数据写入相应的存储位置，同时向控制模块反馈“完成”信号，然后待机等待下一次“调用”指令；各运算模块之间的数据流关系如图 7 -14 所示，模块工作具体流程如下：

（1）初始化模块（包含 Tent 映射模块 -1）。当接收到控制模块的“调用”指令时，从 DSP（核心处理器）中读取系统当前控制参数，然后进行变换与 Tent 映射，生成各粒子的初始位置与速度，将其分别写入 RAM -1 和 RAM -2，然后反馈“完成”信号。

（2）适应度值计算模块（包含邻域递推模块）。当接收到“调用”指令时，从 RAM -1 中读取粒子位置（控制参数）信息，根据条件选用试验或者邻域递推方式计算适应度值，写入 RAM -1 并反馈“完成”。

（3）个体最优值更新模块。当接受“调用”时，从 RAM -1 和 RAM -3 中读取粒子当前位置与适应度以及个体最优位置与适应度信息，更新个体最优位置与适应度值存入 RAM -3，种群最优值更新模块与之类似。

（4）速度与位置更新模块（包含 Tent 映射模块 -2）。当接受“调用”时，从 RAM -1、RAM -2、RAM -3 和 RAM -4 中分别读取粒子当前位置与适应度、粒子当前速度、个体最优位置与适应度以及种群最优位置与适应度信息，并利用 Tent 映射模块 -2 生成的系数，计算粒子新的速度与位置，存入 RAM -1 和 RAM -2。

（5）“早熟”抑制模块（包含 Tent 映射模块 -3）。当接受“调用”时，从 RAM -4 中读取种群最优位置，采用 Tent 映射模块 -3 变换生成混沌序列，然后调用适应度值计算模块计算其适应度，并将最优位置粒子写入 RAM -1，随机替代当前种群的一个粒子。

3. 控制模块

上述分析可知，各运算模块的协调运行均依赖于控制模块的调度，且由于其共用存储模块，如出现调度失误，则容易引起运算错误甚至导致算法失败。为提高系统可靠性和运行效率，控制模块采用状态机结构，如图 7－15 所示。其中模态 1 是复位模态，模态 9 为结束模态，其他 7 个模态为工作模态。

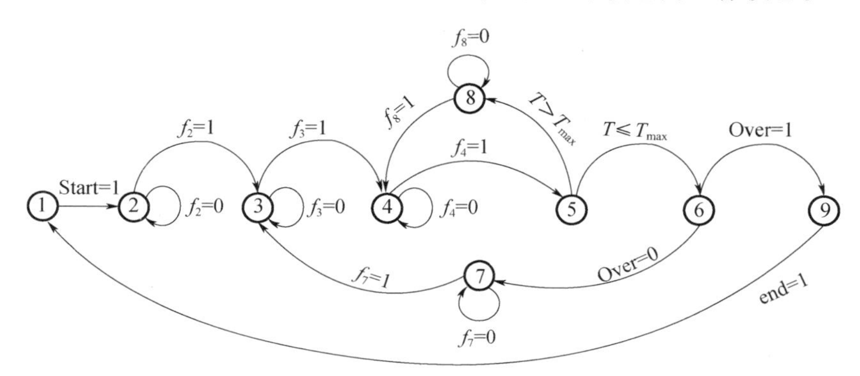

图 7－15　混沌粒子群优化算法状态机设计

状态机各模态转换关系如下：

（1）模态 1：系统上电或复位后的初始模态，此模态下不进行任何动作，当收到 DSP 指令（Start＝1）时，进入模态 2。

（2）模态 2：初始化模态，向初始化模块发出“调用”指令（图 7－14 中线②），然后等待其“完成”信号，当初始化模块完成（$f_2=1$）时，进入模态 3。

（3）模态 3：适应度计算模态，“调用”适应度值计算模块（图 7－14 中线③），当适应度值计算模块完成（$f_3=1$）时，进入模态 4。

（4）模态 4：最优值更新模态，“调用”个体最优值更新模块和种群最优值更新模块（图 7－14 中线④），当其完成（$f_4=1$）时，进入模态 5。

（5）模态 5：“早熟”判断模态，根据种群最优值的变化情况判断是否进入“早熟”，如未“早熟”（$T<T_{max}$），进入模态 6；否则，进入模态 8。

（6）模态 6：“结束”条件判断模态，判断是否达到结束条件，如“是”（Over＝1）进入模态 9；否则，进入模态 7。

（7）模态 7：速度与位置更新模态，“调用”速度与位置更新模块（图 7－14 中线⑦），当其完成（$f_7=1$）时，进入模态 3。

（8）模态 8：“早熟”抑制模态，“调用”“早熟”抑制模块（图 7－14 中线⑧），当其完成（$f_8=1$）时，进入模态 4。

（9）模态 9：结束模态，将种群最优粒子（优化后的最终控制参数）发送给 DSP，并请求优化结束，如 DSP 允许结束优化（end＝1）时，进入模态 1。

参考文献

[1] 成伟明,唐振民,赵春霞,等. 基于粒子群的控制器参数模糊规则自动提取[J]. 系统仿真学报,2007,19(9):1971 - 1975.

[2] Kennedy J,Eberhart R C. Particle Swarm Optimization[C]. In:Proc. of the Conf. on Neural Networks. Piscataway,IV. Perth:IEEE Press,1995:1942 - 1948.

[3] Kennedy J,Eberhart R C,Shi Y. Swarm Intelligence[M]. San Francisco:Morgan Kaufmann Publishers,2001.

[4] 张浩,沈继红,张铁男,等. 一种基于混沌映射的粒子群优化算法及性能仿真[J]. 系统仿真学报,2008,20(20):5462 - 5465.

[5] 华容. 一种混沌粒子群嵌入优化算法及其仿真[J]. 数据采集与处理,2010,25(1):102 - 106.

[6] 李宁,孙德宝,邹彤,等. 基于差分方程的 PSO 算法粒子群运动轨迹分析[J]. 计算机学报,2006,29(11):2052 - 2061.

[7] 金欣磊,马龙华,吴铁军,等. 基于随机过程的 PSO 收敛性分析[J]. 自动化学报,2007,33(12):1263 - 1268.

[8] 张玮,王华奎. 粒子群算法稳定性的参数选择策略分析[J]. 系统仿真学报,2009,21(14):4339 - 4345.

[9] 程志刚,张立庆,李小林. 基于 Tent 映射的混沌混合粒子群优化算法[J]. 系统工程与电子技术,2007,29(1):103 - 106.

[10] 单梁,强浩,李军. 基于 Tent 映射的混沌优化算法[J]. 控制与决策,2005,20(2):179 - 182.

[11] 黄友锐,曲立国. PID 控制器参数整定与实现[M]. 北京: 科学出版社,2010.

[12] 钟国安,靳东明. 基于硬件实现的基因算法的研究[J]. 电子学报,2000,11:72 - 76.

[13] 束礼宝,宋克柱,王现方. 伪随机数发生器的 FPGA 实现与研究[J]. 电路与系统学报,2003,8(3):121 - 123.

附录1　常用符号

E	驱动电机电枢反电动势
F_{Dx}，F_{rx}	作用在整车上的 x_V 方向的主动力和阻力
F_{Dy}，F_{ry}	作用在整车上的 y_V 方向的主动力和阻力
F_f	齿轮啮合的摩擦力
F_{MLi}，F_{MRi}	路面在左右侧各负重轮的作用力
F_n	齿轮啮合法向接触力
F_{Tz}	炮塔在 z_V 方向对车体的反作用力
F_{TXLi}，F_{TXRi}	作用在车体和左右负重轮之间的悬挂装置的弹性恢复力
F_{ZNLi}，F_{ZNRi}	作用在车体和左右负重轮之间的减振装置的减振阻尼力
J	驱动电机转动惯量
J_G	火炮转动惯量
J_m	控制对象的转动惯量
J_T	炮塔转动惯量
J_{TK}	整车对 z_V 轴的转动惯量
J_{Vx}，J_{Vy}	车体对 x_V，y_V 轴的转动惯量
k_{cd}	动力传动装置的减速比
k_{Li}	各悬挂装置的弹性系数
k_{Ni}	各减振装置的阻尼系数
k_τ	动力传动装置弹性系数
K_D	驱动电机电枢阻抗系数
K_{ic}	电流环控制器增益
K_{PWM}	采用 PWM 控制的静止功率变换装置放大倍数
K_{ZKK}	电机放大机放大倍数
l_{cn}	炮尾与磁流变液缓冲器连接处到耳轴的距离
l_G	火炮偏心距
l_T	炮塔偏心距
l_{xLi}，l_{xRi}	左右轮中心相对于车体中心位置的纵向（x_V 轴向）水平距离
l_{yLi}，l_{yRi}	左右轮中心相对于车体中心位置的横向（y_V 轴向）水平距离

m_{T}	炮塔质量
m_{TK1}	整车行驶质量参数
m_{TK2}	整车滑移质量参数
m_{V}	车体质量参数
$m_{\mathrm{WL}i}, m_{\mathrm{WR}i}$	左右侧各负重轮的质量
$n_{x\mathrm{L}i}, n_{x\mathrm{R}i}$	左右减振器中心相对于车体中心位置的纵向(x_{V} 轴向)水平距离
$n_{y\mathrm{L}i}, n_{y\mathrm{R}i}$	左右减振器中心相对于车体中心位置的横向(y_{V} 轴向)水平距离
O_{G}	火炮旋转中心
O_{T}	炮塔旋转中心
O_{V}	车体旋转中心
P_{T}	炮塔重心
R_{T}	炮塔的旋转半径
T_{c}	驱动电机的库仑摩擦力矩幅值
T_{d}	振动等效扰动力矩、摩擦力矩以及偏心力矩构成的总扰动力矩
T_{dG}	作用在炮塔上的火炮振动引起的等效扰动力矩
T_{dlm}	武器载体振动引起的等效扰动力矩以及偏心力矩的总和
T_{drv}	作用在一般控制对象上的传动装置驱动力矩
T_{drvG}	作用在火炮上的高低向传动装置驱动力矩
T_{drvT}	作用在炮塔上的水平向传动装置驱动力矩
T_{dT}	作用在火炮上的炮塔振动引起的等效扰动力矩
T_{dV}	作用在炮塔上的车体振动引起的等效扰动力矩
$T_{\mathrm{Dz}}, T_{\mathrm{rz}}$	作用整车上绕 z_{V} 轴旋转的主动力矩和阻力矩
T_{e}	驱动电机的电磁转矩
T_{eG}	作用在火炮上的高低向传动装置的额定力矩
T_{f}	驱动电机所受的摩擦力矩
T_{fG}	作用在火炮上的耳轴摩擦力矩
T_{fT}	作用在炮塔上的座圈摩擦力矩
T_{lG}	火炮偏心力矩
T_{lT}	炮塔偏心力矩
T_{mc}	控制对象的库仑摩擦力矩幅值
T_{mf}	控制对象所受的摩擦力矩
T_{ms}	控制对象的最大静摩擦力矩幅值
T_{PWM}	采用 PWM 控制的静止功率变换装置时间常数
T_{s}	驱动电机的最大静摩擦力矩幅值

T_{Tx}, T_{Ty}	炮塔对车体的绕 x_V, y_V 轴的反作用力矩
T_{TXx}, T_{TXy}	悬挂装置绕 x_V, y_V 轴作用在车体上的弹性力矩
T_w	双电机驱动偏置力矩幅值
T_{ZNx}, T_{ZNy}	减振装置绕 x_V, y_V 轴作用在车体上的阻尼力矩
T_{ZKK1}, T_{ZKK2}	电机放大机结构决定的时间常数
T_τ	齿隙环节引起的等效扰动力矩
u_c	系统控制量
u_{CZT}	操纵台输出电压
U_d	驱动电机电枢端电压
x_{TK}	坦克整车在车体局部坐标系 $O_V - x_V y_V z_V$ 中沿 x_V 轴方向的水平线位移
y_{TK}	坦克整车在车体局部坐标系中 $O_V - x_V y_V z_V$ 沿 y_V 轴方向的侧滑线位移
z_V	车体在车体局部坐标系中 $O_V - x_V y_V z_V$ 沿 z_V 轴方向的垂直线位移
z_{WLi}, z_{WRi}	左右侧负重轮在车体局部坐标系 $O_V - x_V y_V z_V$ 中沿 z_V 轴方向的垂直线位移
2α	动力传动装置齿隙宽度
α_G	武器稳定系统高低向稳定误差
α_T	武器稳定系统水平向稳定误差
ω	驱动电机转速
ω_d	系统给定角速度
ω_G	火炮旋转角速度
ω_{Gmax}	火炮最大角速度
ω_{Gmin}	火炮最低瞄准角速度
ω_l	分段控制系统切换角速度
ω_m	控制对象在惯性空间的角速度
ω_{ms}	控制对象 Stribeck 摩擦模型中的临界速度
ω_p	武器载体在惯性空间的角速度
ω_s	驱动电机 Stribeck 摩擦模型中的临界速度
ω_T	炮塔旋转角速度
ω_{Tmin}	炮塔最低瞄准角速度
ω_{xtmax}	最大协调速度
θ	驱动电机转子角度
θ_{cn}	磁流变液缓冲器轴心与火炮俯仰部分轴线之间的夹角
θ_{CZT}	操纵台转动角度
θ_d	系统给定角度

θ_{Gy}	火炮在火炮局部坐标系 $O_G - x_G y_G z_G$ 中绕 O_G 旋转的高低角位移
θ_{GT}	炮身相对于炮塔座圈平面的初始旋转角
θ_m	控制对象在惯性空间的角度
θ_p	武器载体在惯性空间的角度
θ_{TV}	炮塔相对于车首方向的初始旋转角
θ_{Tz}	炮塔在炮塔局部坐标系 $O_T - x_T y_T z_T$ 中绕 O_T 旋转的方位角位移
θ_{TKz}	坦克整车在车体局部坐标系 $O_V - x_V y_V z_V$ 中绕 z_V 轴旋转的航向角位移
θ_{Vx}	车体在车体局部坐标系 $O_V - x_V y_V z_V$ 中绕 x_V 轴旋转的侧倾角位移
θ_{Vy}	车体在车体局部坐标系 $O_V - x_V y_V z_V$ 中绕 y_V 轴旋转的俯仰角位移
θ_δ	调炮超回量

附录 2　常用缩略语

ADRC	自抗扰控制
BDCM	无刷直流电动机
CVMLS	协方差修正最小二乘法
DC/DC	直流变直流
DESO	微分扩张状态观测器
DSP	数字信号处理器
EMD	经验模态分解
ESO	扩张状态观测器
FPGA	现场可编程门阵列
HHT	希尔伯特－黄变换
HIL	硬件在环
IGBT	绝缘栅双极型晶体管
IMF	固有模态函数
LADRC	线性自抗扰控制
LESO	线性扩张状态观测器
MD	直流电动机
MHCT	鞅超收敛定理
MOS	绝缘栅型场效应管
PMSM	永磁同步电机
PSO	粒子群优化算法
PWM	脉冲宽度调制
RAM	随机存储器
RCP	快速控制原型
SSVC	串联滑模变结构控制器
SVPWM	电压空间矢量脉冲宽度调制
TD	跟踪微分器

内容简介

坦克武器稳定系统是坦克机动过程中，特别是高机动作战条件下实现“先敌开火，首发命中”的关键环节，对发挥坦克火力性能具有决定性的作用。本书以坦克武器稳定系统“分析—建模—控制—优化”理论体系和武器装备“分析论证—研制设计—使用维护”寿命周期为主线，从理论研究和工程实践两个角度系统地对坦克武器稳定系统建模与控制技术进行了研究分析。

本书共7章，主要内容有：坦克武器及其稳定控制系统的基本原理、结构和发展历程，坦克－武器耦合动力学与扰动谱测试分析技术，武器稳定系统构架与建模分析，系统非线性状态估计与参数辨识技术，武器稳定系统非线性补偿与多模态控制，无间隙传动武器稳定系统及其高精度控制，系统控制参数自适应调整与自优化技术，分析方法涉及到理论计算、仿真分析、工程设计与实装试验。

本书可供从事装甲车辆、武器系统控制等相关领域科技人员参考，也可作为高等院校教师和研究生教学及参考用书。

The tank weapon stabilization system is the crucial link to achieve the purpose of “Preemptive Fire and First - Round Hit” in the process of tank maneuvering, especially in the case of high - mobility operations, which is decisive to play the role of tank firepower. Focusing on the “Analysis - Modeling - Control - Optimization” theoretical system of the tank weapon stabilization system and the “Analysis and Demonstration - Development and Design - Operation and Maintenance” life cycle of the weapon equipment, this monograph systematically studies and analyzes the modeling and control technology of tank weapon stabilization system from two angles of theoretical research and engineering practice.

The monograph consists of 7 chapters, of which the main contents include the basic principle, structure and development process of tank weapons and their stable control systems, tank-weapon coupling dynamics and testing/analysis technology of disturbance spectrum, architecture and modeling analysis of weapon stabilization system, system non-linear state estimation and parameter identification technology, non-linear compensation and multi-mode control of weapon stabilization system, gapless-transmission weapon stabilization system and its high-accuracy control, as well as the adaptive adjustment and self-optimization technology of system control parameters. The analytical methods include theoretical calculation, simulation analysis, engineering design and practical test of real equipment.

This monograph can serve as a reference for the scientific and technical personnel engaged in armored vehicles, weapon system control and other related fields, and a textbook or reference book for instructors and postgraduates in the concerned colleges and universities as well.